山西
草地常见草本植物

张喜斌　主编

中国林业出版社
China Forestry Publishing House

图书在版编目（CIP）数据

山西草地常见草本植物/张喜斌主编.--北京:中国林业出版社,2022.12
ISBN 978-7-5219-2070-3

Ⅰ.①山… Ⅱ.①张… Ⅲ.①草本植物—介绍—山西 Ⅳ.① Q948.522.5

中国国家版本馆 CIP 数据核字 (2023) 第 001027 号

责任编辑：何　鹏　李丽菁

出版发行：中国林业出版社
　　（100009，北京市西城区刘海胡同 7 号，电话 83143543）
电子邮箱：cfphzbs@163.com
网址：www.forestry.gov.cn/lycb.html
印刷：三河市双升印务有限公司
版次：2022 年 12 月第 1 版
印次：2022 年 12 月第 1 次印刷
开本：787mm×1092mm　1/16
印张：19.5
字数：390 千字
定价：195.00 元

山西草地常见草本植物

编辑委员会名单

序　言

我非常高兴地看到《山西草地常见草本植物》即将出版，这是我省草原发展史上一件非常有意义、有价值的事，同时对从事草业学、草原生态学和植物资源保护开发利用的人们来说，也是一件非常幸运的事情。这得益于本书编委会，没有他们的决策和组织，这项工作就不可能完成。本书编写过程中，他们对山西天然草种资源进行了广泛实地调查，深入研究了每种天然草种的生物学、生态学特性和资源利用现状。在此基础上选择了 37 科 143 属 249 种乡土草本植物成书，详细介绍了每个种的形态特征、地理分布、生长环境和主要用途等，并附有插图，可谓内容丰富，图文并茂。

我认为该书的编辑出版不仅可以作为草种资源保护和合理利用的使用手册，还可以作为草原生态保护修复草种选择的科学参考资料，同时不失为各行业、部门和社会大众拓展识草、用草和爱草、护草专业知识的精品专著。

我从事植物生态学、生物多样性保护和草地生态学研究近 50 年，足迹遍布山西山水之中，一直期待着山西乡土草本植物的专著问世，今天这一期待变成了现实。在阅读书稿的过程中，我又重温草学知识，又一次升华对草的认知，浮想联翩，勾起了我对草的敬畏和崇尚，借此向读者谈几点我对草的理解，以此共勉。

草，是绿色世界的主要构建者。目前，人类已发现 30 多万种草本植物。它们是植物界分布最广的一个类群，地球陆地面积约 60% 都为草本植物覆盖，其中森林、灌丛和荒漠的群落环境也是"草的"居所。我们常常把由草本植物形成的草原比作地球的皮肤，像森林一样，草原也是地球陆地生产者的主体和生态系统服务功能的主力军。"离离原上草，一岁一枯荣"和"野火烧不尽，春风吹又生"，这些我们耳熟能详的诗句，揭示了草的生态习性、生活规律、生命特质和坚韧品质。

草，通过自身叶绿体的光合作用，始终如一地利用阳光，吸收消化大气中的二氧化碳和生境中的水分，通过光合作用合成碳水化合物，并利用这些光合产物形成自身的不同构件和支撑繁衍后代的物质基础，同时储存服务于生态系统和人类需求的物质及能量。这个过程告诉我们，草是自然界碳素的采集者和加工厂。研究证实，每平方米草地可以吸收 50 克二氧化碳，每公顷就可以吸收 0.5 吨左右的二氧化碳，可见草本植物形成的草原是地球陆地巨大而相对稳定的天然碳汇库，与森林、海洋共同组成地球的"碳汇者联盟"，具有联合抵御全球气候变化的超强势能。

草，作为生态系统的初级生产者，构建了草原生态系统生产量金字塔的基础，并与次级生产者——食草动物紧密衔接，源源不断地把光合作用的初级净生产量供给初级消费者——食草动物，进而食草动物形成次级生产量，然后再向上一级输送，由此类推，通过食物链的物流通道到达顶级消费者，由此维系了陆地生态系统的相对稳定和平衡。在生态系统由初级产品转化为不同层级生产量的过程中，人类从中获其所需。

草，在植物界进化的历史长河中是最年轻的一个类群。在地球演化的历史长河中，距今 4 亿年前的古生代泥盆纪至约 1 亿 9960 万年前古生代侏罗纪是蕨类和裸子植物兴盛时期，直到 1 亿多年前恐龙时代的白垩纪晚期古蕨类和古裸子植物衰落绝灭，现代裸子植物达到了进化发展，考古发现这个时期出现了禾草。然而，直到 6500 万年前新生代的第三纪以及第四纪地质历史阶段，才进入种子植物时代，现代被子植物成为陆地植物的主体，草的兴盛由此启程。此后，草构建了地球上草原生态系统基底，草原生态系统为草食性哺乳动物的繁荣和进化创造了优良的生态环境，也成为孕育人类的自然环境基础。我们的祖先择水而居，尝百草而择用，如以草的果实和种子作为食物，用干草为建（构）筑材料，用草净化饮用水，以草为原料制作生活用具、药物、造纸、火药、染料、饰品、衣物、造园、燃料、艺术品……人类文明与草业发展相伴，草对人类文明的演进、发展和传承的影响时至今日，将随人类社会的发展和进步持续下去。

草，构建的天然草原是牧业发展的大舞台，辽阔的草原呈现出"天苍苍，野茫茫，风吹草低见牛羊"富饶、壮观景象，草原在人们的心目中成为特定地域的代名词。但无论在什么地方，也不知从什么时间开始，把草分为有用的、无用的、有益的、有害的、主体的、次要的……不经意间就有人鄙视和歧视一些草种和草地，甚至对草原的认知也因分布空间不同、面积体量差异和生长环境有别，成为判决草和草原"生与死"的理由和条件。人们对草的作用知之甚少，那种"树木的高大，以林为尊；草种的弱小，毁草无过"。爱草护草的声音弱到极致，甚至把草与贬义关联，"杂草要防除""草包代表差劲""草率代表不认真负责"等，久而久之对草产生恶念，导致灭草毁草无忌的现象屡有发生。凡此种种将成为过去，爱草护草，草原生态保护修复，实施林草融合绿色发展战略，正在深入人心，草业兴旺，将会使地球的皮肤更绿更美。草连接了人类的过去和现在，也必将成为未来生态文明建设的受宠植物，越来越受到青睐。

正如习近平总书记在 2022 年 3 月 30 日参加首都义务植树活动时强调，森林和草原对国家生态安全具有基础性、战略性作用，林草兴，则生态兴。

最后，我由衷祝贺《山西草地常见草本植物》正式出版。

中国生物多样性委员会　委员

山西大学环境与资源学院　教授

山西省草原生态保护修复　专家

上官铁梁

2022 年 4 月 26 日

　　山西位于黄土高原东部，华北大平原西侧，介于太行山与黄河中游峡谷之间。东面和东南，以太行山作屏障，与河北、河南两省相连；南界中条山，隔黄河与河南省相望；西以黄河为襟带，与陕西省毗邻；北以长城为界，与内蒙古自治区接壤。地理座标为 34°34′8″N-40°43′4″N，110°14′6″E-114°34′4″E。南北长 682 千米，东西宽 384 千米，总面积为 1567.67 万公顷。

　　山西省地势呈东北高西南低。境内最高海拔是五台山主峰叶斗峰，海拔 3061.1 米，有"华北屋脊"之称；最低点在垣曲县境内西阳河入黄河处，海拔仅 180 米，大部分地区海拔在 1500 米以上，属典型的高原地貌，表现特点为山多川少，地形起伏，河谷纵横，盆地山区镶嵌，地貌类型复杂多样，山地、丘陵、河谷、台地、平原、湖泊俱全，其中山地和丘陵面积占全省总面积的 80.1%，属山地型省份。境内东部为太行山山脉，西部为吕梁山山脉，两山均为南北走向；此外从南到北还有中条山、太岳山、云中山、五台山、恒山和阴山等东西走向的众小山脉。

　　在中国气候区划中，山西省隶属于暖温带半湿润/半干旱大陆性季风气候区和温带大陆性半干旱季风气候区。年平均气温在 4.2-14.2℃，年平均降水量在 358-621 毫米。气温和降水量地区分布总趋向是自南向北、自平川向山地递减。

　　山西省自然生态环境的复杂多样，为丰富了植物资源多样性，已记载的野生维管植物有 2700 多种，根据国土三调结果全省共有草地面积 310.51 万公顷。草地资源主要分布在山地和盆地边缘地带，分为温性草丛类、温性灌草丛类、低地草甸类、山地草甸类、高寒草甸类和沼泽类草地等类型。其中，山地草甸类面积大分布广，尤以亚高山草甸景观最美。

　　为了摸清亚高山草甸的植物植物资源家底，在山西省林业和草原局的牵头下，山西省林业和草原科学研究院组织相关技术人员，对山西省亚高山草甸植物资源进行了为期三年的调查，主要是历山舜王坪亚高山草甸、阳城县析城山圣王坪亚高山草甸、沁源县花坡亚高山草甸、离石区西华镇亚高山草甸、娄烦县云顶山亚高山草甸、五寨县荷叶坪亚高山草甸、宁武县马仑亚高山草甸、五台山亚高山草甸、广灵县甸顶山亚高山草甸、灵丘县刁泉亚高山草甸和右玉县温性草原等，共采集标本 300 余号，获取照片 300 余幅，基本摸清了山西亚高山草甸的植物种类及分布。调查期间在忻州五寨县荷叶坪发现了山西省植物新记录种——莎草科薹草属的尖苞薹草。在调查基础上组织编写了《山西草地常见草本植物》一书。

　　本书是一部系统研究山西草本种质资源的科学论著。记载了山西草原维管束植物 37 科 143 属 249 种，配有插图 300 余幅。记述了每种植物的分类地位、学名、形态特征、花期果期、地理分布、生长环境和主要用途。书后附有中文名称及学名索引，以供查找。全书植物种按恩格勒 (1936) 的被子植物系统排列。有关植物的描述参考了《中国植物志》《山西植物志》《山西野生植物检索表》以及植物智等官方平台。

《山西草地常见草本植物》为农林牧、园林绿化、生态恢复和环境保护、景观构建及园艺美化和草本植物资源开发利用提供科学依据，为山西草地植物多样性研究等提供科学资料，是振兴山西草业和高质量发展的重要参考资料。

编写过程中承蒙山西省林业和草原局以及各直属林局等单位大力支持。山西大学上官铁梁教授和太原市迎泽公园的刘桂清老师参加了大量野外调查及室内鉴定工作，书中大量图片由刘桂清老师拍摄提供，成书过程中得到亚洲开发银行知识合作技术援助 (KSTA) "黄河流域中游林草可持续管理" 项目的支持，亚行专家李新平教授提出了宝贵意见。特向上述单位及个人表示感谢。由于编写时间短促，加之水平有限，遗漏和错误之处在所难免，恳请读者批评指正。

本书编辑委员会
2022 年 3 月

目录

Contents

Contents 目 录

Contents 目　录

Contents 目 录

1

蓼科
Polygonaceae

　　草本稀灌木或小乔木。茎直立，平卧、攀缘或缠绕，通常具膨大的节，稀膝曲，具沟槽或条棱。叶为单叶，互生，稀对生或轮生，边缘通常全缘，有时分裂，具叶柄或近无柄；托叶通常连合呈鞘状（托叶鞘），膜质、褐色或白色。花序穗状、总状、头状或圆锥状；花较小，两性，稀单性，雌雄异株或雌雄同株，辐射对称；花梗通常具关节；花被 3-5 深裂，覆瓦状或花被片 6 成 2 轮，宿存；雄蕊 6-9，稀较少或较多裂；花盘环状、腺状或缺，子房上位，1 室，花柱 2-3，稀 4，离生或下部合生。瘦果卵形或椭圆形，具 3 棱或双凸镜状，极少具 4 棱，有时具翅或刺，包于宿存花被内或外露；胚直立或弯曲，通常偏于一侧，胚乳丰富。

1.1　大黄属 *Rheum* L.

　　多年生高大草本。根粗壮。根状茎顶端常残存有棕褐色膜质托叶鞘；茎直立，中空，具细纵棱，光滑或被糙毛，节明显膨大稀无茎。基生叶呈密集或稀疏莲座状，茎生叶互生；托叶鞘发达，大型，稀不显著；叶片多宽大，全缘、皱波或不同深度的分裂；主脉掌状或掌羽状。花小，白绿色或紫红色，通常排列成密或稀疏的圆锥花序或稀为穗状及圆头状，花在枝上簇生，花梗细弱丝状，具关节；花被片 6，排成 2 轮，雄蕊 9，花药背着，内向，花盘薄；花柱 3，较短，开展反邮柱头多膨大。瘦果三棱状，棱缘具翅，翅上各具 1 条明显纵脉。

波叶大黄 ♂

学　名：*Rheum rhabarbarum Linnaeus*

俗　称：山大黄、土大黄、华北大黄

形态特征　多年生高大草本，高 1–1.5 米。茎粗壮，中空，光滑无毛，只近节部稍具糙毛。基生叶大，叶片三角状卵形或近卵形，长 30–40 厘米，宽 20–30 厘米，顶端钝尖或钝急尖，常扭向一侧，基部心形，边缘具强皱波，基出脉 5–7 条，于叶下面凸起，叶上面深绿色，光滑无毛或在叶脉处具稀疏短毛，下面浅绿色，被毛；叶柄粗壮，宽扁半圆柱状，通常短于叶片，被有短毛；上部叶较小多三角形或卵状三角形。大型圆锥花序，花白绿色，5–8 朵簇生；花梗长 2.5–4 毫米，关节位于下部；花被片不开展，外轮 3 片稍小而窄，内轮 3 片稍大，椭圆形，长近 2 毫米；雄蕊与花被等长；子房略为菱状椭圆形，花柱较短，向外反曲，柱头膨大，较平坦。果实三棱形，有翅，上端有凹口，下部心脏行；种子卵形，棕褐色，稍具光泽。

花期果期　6 月开花期，7 月以后果熟期。

地理分布　产于陵川、山阴、灵石、垣曲、夏县、五台、宁武、洪洞、霍州、交城、方山。

生长环境　喜稍干燥及较湿润的气候和稍荫蔽的环境；生长于海拔 1000 米左右的山地。

主要用途　花色由红变白，在山地可作为观赏植物；根可做黄色染料，多做兽药用。

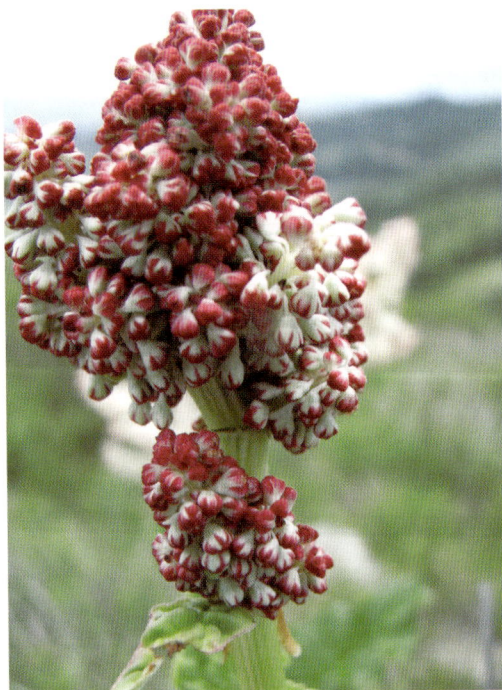

1.2 酸模属 *Rumex* L.

一年生或多年生草本，稀为灌木。根通常粗壮。有时具根状茎；茎直立，通常具沟槽，分枝或上部分枝。叶基生和茎生，茎生叶互生，边缘全缘或波状，托叶鞘膜质，易破裂而早落。圆锥花序，多花簇生成轮；花两性，有时杂性，稀单性，雌雄异株；花梗具关节；花被片6，成2轮，宿存，外轮3片果时不增大，内轮3片果时增大，边缘全缘，具齿或针刺，背部具小瘤或无小瘤；雄蕊6，花药基着；子房卵形，具3棱，1室，含1胚珠，花柱3，柱头画笔状。瘦果卵形或椭圆形，具3锐棱，包于增大的内花被片内。

酸模 ♂

学　名：*Rumex acetosa* L.

俗　称：酸溜溜

形态特征　多年生草本。根为须根。茎直立，高40–100厘米，具深沟槽，通常不分枝。基生叶和茎下部叶箭形，长3–12厘米，宽2–4厘米，顶端急尖或圆钝，基部裂片急尖，全缘或微波状；叶柄长2–10厘米；茎上部叶较小，具短叶柄或无柄；托叶鞘膜质，易破裂。花序狭圆锥状，顶生，分枝稀疏；花单性，雌雄异株；花梗中部具关节；花被片6，成2轮，雄花内花被片椭圆形，长约3毫米，外花被片较小，雄蕊6；雌花内花被片果时增大，近圆形，直径3.5–4毫米，全缘，基部心形，网脉明显，基部具极小的小瘤，外花被片椭圆形，反折。瘦果椭圆形，具3锐棱，两端尖，长约2毫米，黑褐色，有光泽。

花期果期　5–7月开花期，6–8月果熟期。

地理分布　产于沁县、介休、五台、宁武、五寨、交城、兴县、临县。

生长环境　对环境要求不高，喜温暖湿润；生长于海拔400–3000米的山坡、林缘、沟边、路旁。

主要用途　全草供药用，有凉血、解毒之效；嫩茎、叶可做蔬菜及饲料。

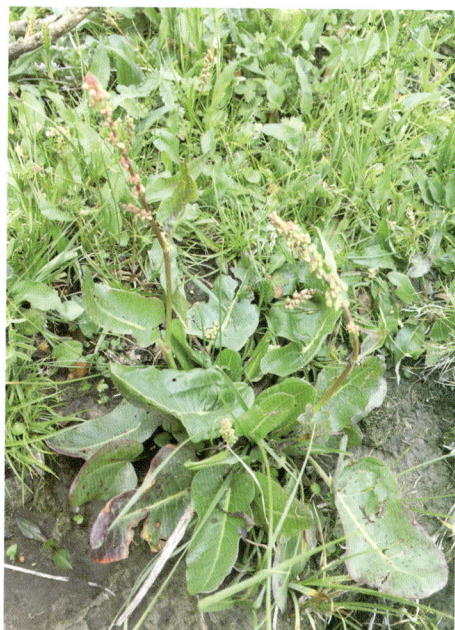

巴天酸模♂

学　名: *Rumex patientia* L.

俗　称: 羊蹄

形态特征　多年生草本。根肥厚，直径可达 3 厘米。茎直立，粗壮，高可达 150 厘米，上部分枝，具深沟槽。基生叶长圆形或长圆状披针形，长 15–30 厘米，宽 5–10 厘米，顶端急尖，基部圆形或近心形，边缘波状；叶柄粗壮，长可达 15 厘米；茎上部叶披针形，较小，具短叶柄或近无柄；托叶鞘筒状，膜质，长 2–4 厘米，易破裂。圆锥花序，大型；花两性；花梗细弱，中下部具关节，关节果时稍膨大，外花被片长圆形，内花被片果时增大，宽心形，长 6–7 毫米，顶端圆钝，基部深心形，边缘近全缘，具网脉，全部或部分具小瘤；小瘤长卵形，通常不能全部发育。瘦果卵形，具 3 锐棱，顶端渐尖，褐色，有光泽，长 2.5–3 毫米。

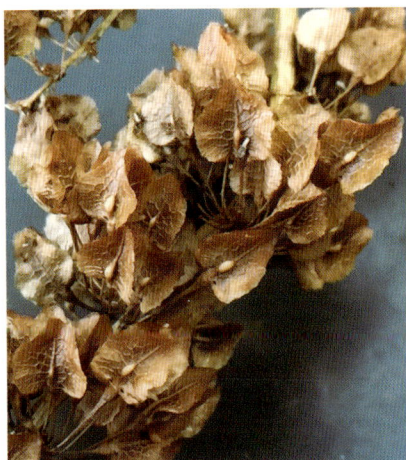

花期果期　5–6 月开花期，6–7 月果熟期。

地理分布　产于沁县、晋城、灵石、介休、夏县、永济、五台、偏关、乡宁、隰县、吕梁、交城、临县、石楼、中阳。

生长环境　喜湿；生长于海拔 20–3000 米的沟边湿地、水边。

主要用途　植株较高大，可搭配作为草地景观植物；根有小毒；可凉血止血，清热解毒，通便杀虫。

1.3 蓼属 *Persicaria*(L.) Mill

一年生或多年生草本，稀带木质。茎直立、平卧或缠绕，稀漂浮水上，通常节部膨胀。叶互生，单叶，全缘，少分裂，线形、披针形、宽卵形、戟形或箭形，连接于托叶所变之叶鞘上；有柄或几无柄；托叶鞘筒状，模质或革质，先端截形或斜形，全缘，少分裂，常有缘毛或少无缘毛。花序穗状、头状或圆锥状，腋生或顶生，花两性，少单性，簇生，有腰质苞；小花梗基部有膜质小也，花梗有关节；花被常 5 裂，少 4 或 6 裂，花瓣状，宿存，花盘发达，具蜜腺，结果后花被或增大或生翅；雄蕊 8，稀 3-9；子房由 2-3 心皮组成，扁平或三棱形，有光泽，包于宿存花被内或部分突出花被外。胚通常有柄；瘦果。

长鬃蓼 ♂

学 名：*Persicaria Longiseta* (Bruijn) Moldenke

形态特征 一年生草本。茎直立、上升或基部近平卧，自基部分枝，高 30-60 厘米，无毛，节部稍膨大。叶披针形或宽披针形，长 5-13 厘米，宽 1-2 厘米，顶端急尖或狭尖，基部楔形，上面近无毛，下面沿叶脉具短伏毛，边缘具缘毛；叶柄短或近无柄；托叶鞘筒状，长 7-8 毫米，疏生柔毛，顶端截形，缘毛长 6-7 毫米。总状花序穗状，顶生或腋生，细弱，下部间断，直立，长 2-4 厘米；苞片漏斗状，无毛，边缘具长缘毛，每苞内具 5-6 花；花梗长 2-2.5 毫米，与苞片近等长；花被 5 深裂，淡红色或紫红色，花被片椭圆形，长 1.5-2 毫米；雄蕊 6-8；花柱 3，中下部合生，柱头头状。瘦果宽卵形，具 3 棱，黑色，有光泽，长约 2 毫米，包于宿存花被内。

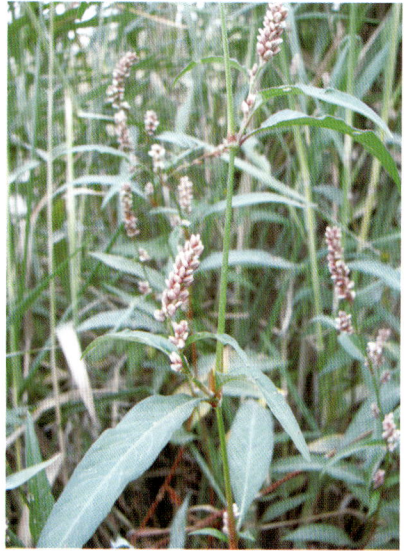

花期果期 6-8 月开花期，7-9 月果熟期。

地理分布 产于晋城、阳城、稷山、垣曲、夏县、平陆、芮城、五台、霍州。

生长环境 喜光植物，稍耐阴，耐寒，也耐热，不择土壤，耐干旱瘠薄，潮湿处也能生长；生长于海拔 30-3000 米的山谷水边、河边草地。

主要用途 宜成片栽植用于裸地、荒坡的绿化覆盖，水边阴湿处也能生长旺盛，若与碧草绿树配植，色彩明快宜人。

萹蓄 ♂

学　名：*Polygonum aviculare* L.

形态特征　一年生草本，高 15–50 厘米。茎匍匐或斜上，基部分枝甚多，具明显的节及纵沟纹；幼枝上微有棱角。叶互生；叶柄短，2–3 毫米，亦有近于无柄者；叶片披针形至椭圆形，长 5–16 毫米，宽 1.5–5 毫米，先端钝或尖，基部楔形，全缘，绿色，两面无毛；托鞘膜质，抱茎，下部绿色，上部透明无色，具明显脉纹，其上之多数平行脉常伸出呈丝状裂片。花 6–10 朵簇生于叶腋；花梗短；苞片及小苞片均为白色透明膜质；花被绿色，5 深裂，具白色边缘，结果后，边缘变为粉红色；雄蕊通常 8 枚，花丝短；子房长方形，花柱短，柱头 3 枚。瘦果包围于宿存花被内，仅顶端小部分外露，卵形，具3 棱，长 2–3 毫米，黑褐色，具细纹及小点。

花期果期　6–8 月开花期，9–10 月果熟期。

地理分布　产于太原、阳高、浑源、平顺、黎城、沁源、晋城、右玉、灵石、介休、运城、稷山、垣曲、夏县、平陆、芮城、永济、河津、五台、宁武、河曲、保德、偏关、洪洞等。

生长环境　在良好的沙质壤土生长较好；生长于田边、路旁、荒地或河边湿地。

主要用途　对生长环境要求不高，可成片栽植；嫩叶可入药。

箭头蓼 ♂

学 名: *Persicaria sagittata* (L.) H. Gross ex Nakai

俗 称: 雀翘、箭叶蓼

形态特征 一年生草本。茎基部外倾，上部近直立，有分枝，无毛，四棱形，沿棱具倒生皮刺。叶宽披针形或长圆形，长 2.5-8 厘米，宽 1-2.5 厘米，顶端急尖，基部箭形，上面绿色，下面淡绿色，两面无毛，下面沿中脉具倒生短皮刺，全缘，无缘毛；叶柄长 1-2 厘米，具倒生皮刺；托叶鞘膜质，偏斜，无缘毛，长 0.5-1.3 厘米。花序头状，通常成对，顶生或腋生，花序梗细长，疏生短皮刺；苞片椭圆形，顶端急尖，背部绿色，边缘膜质，每苞内具 2-3 花；花梗短，长 1-1.5 毫米，比苞片短；花被 5 深裂，白色或淡紫红色，花被片长圆形，长约 3 毫米；雄蕊 8，比花被短；花柱 3，中下部合生。瘦果宽卵形，具 3 棱，黑色，无光泽，长约 2.5 毫米，包于宿存花被内。

花期果期 6-9 月开花期，8-10 月果熟期。

地理分布 产于五台县耿镇、门限石，沁水下川乡。

生长环境 生长于山沟流水及潮湿地。

主要用途 全草入药，祛风除湿，清热解毒，治风湿性关节炎。

1.4 拳参属 *Bistorta* (L.) Adans.

多年生草本。根状茎粗壮；茎直立，不分枝，稀上部分枝。托叶筒状，顶端偏斜，无缘毛。花两性，稀单性，雌雄异株；总状花序呈穗状，紧密，顶生，花被 5 深裂；雄蕊 8；花柱 3，细长。瘦果，具 3 棱。

珠芽蓼 ♂

学　名： *Bistorta vivipara* (L.) Gray

俗　称： 山谷子

形态特征 茎直立，高可达 60 厘米，不分枝，通常 2–4 条自根状茎发出。基生叶长圆形或卵状披针形，长 3–10 厘米，宽 0.5–3 厘米，顶端尖或渐尖，基部圆形、近心形或楔形，两面无毛，边缘脉端增厚，外卷，具长叶柄；茎生叶较小披针形，近无柄；托叶鞘筒状，膜质，下部绿色，上部褐色，偏斜，开裂，无缘毛。总状花序穗状，顶生，紧密，下部生珠芽；苞片卵形，膜质，每苞内具 1–2 花；花梗细弱；花被深裂，白色或淡红色；花被片椭圆形，长 2–3 毫米；雄蕊 8 枚，花丝不等长；花柱 3 个，下部合生，柱头头状。瘦果卵形，具 3 棱，深褐色，有光泽，长约 2 毫米，包于宿存花被内。

花期果期 5–7 月开花期，7–9 月果熟期。

地理分布 产于浑源、沁源、运城、五台、繁峙、宁武、五寨、霍州、方山。

生长环境 耐寒性强，对温度较为敏感，在阳光充足的山地阳坡、低洼向阳沟谷、海拔较低的地区，生长旺盛，对水分和土壤条件要求较严格，不耐干旱与瘠薄土壤，适生于潮湿、土层深厚且富含有机质的高山、亚高山草甸土上。

主要用途 是高山、亚高山草甸的主要植物组成之一，可用于退化严重的草甸；草质柔软，营养较好，特别是果实成熟后富含蛋白质，是家畜催肥抓膘的良质饲料。

拳参 ♂

学　名: *Bistorta officinalis Raf.*
俗　称: 拳蓼

形态特征　多年生草本。根状茎肥厚，直径 1–3 厘米，弯曲，黑褐色；茎直立，高 50–90 厘米，不分枝，无毛，通常 2–3 条自根状茎发出。基生叶宽披针形或狭卵形，纸质，长 4–18 厘米，宽 2–5 厘米；顶端渐尖或急尖，基部截形或近心形，沿叶柄下延成翅，两面无毛或下面被短柔毛，边缘外卷，微呈波状，叶柄长 10–20 厘米；茎生叶披针形或线形，无柄；托叶筒状，膜质，下部绿色，上部褐色，顶端偏斜，开裂至中部，无缘毛。总状花序穗状，顶生，长 4–9 厘米，直径 0.8–1.2 厘米，紧密；苞片卵形，顶端渐尖，膜质，淡褐色，中脉明显，每苞片内含 3–4 朵花；花梗细弱，开展，长 5–7 毫米，比苞片长；花被 5 深裂，白色或淡红色，花被片椭圆形，长 2–3 毫米；雄蕊 8，花柱 3，柱头头状。瘦果椭圆形，两端尖，褐色，有光泽，长约 3.5 毫米，稍长于宿存的花被。

花期果期　6–7 月开花期，8–9 月果熟期。

地理分布　产于浑源、沁水、平鲁、灵石、介休、垣曲、五台、宁武、五寨、洪洞、霍州、离石、交城、兴县。

生长环境　喜凉爽气候，耐寒又耐旱；生长于海拔 800–3000 米的山坡草地、山顶草甸。

主要用途　可栽植于寒冷干旱的草地上，丰富草地植物多样性；有一定的药用价值，清热镇惊，理湿消肿。

1.5 冰岛蓼属 *Koenigia* L.

一年生草本。茎细弱，分枝。叶互生，具叶柄；托叶鞘短，2 裂。花两性，花被 3 深裂；雄蕊 3，与花被片互生；花柱 2，极短，柱头头状。瘦果卵形，双凸镜状。

冰岛蓼 ♂

学 名：*Koenigia islandica* L.Mant.

形态特征 一年生草本。茎矮小，细弱，高 3–7 厘米，通常簇生，带红色，无毛，分枝开展。叶宽椭圆形或倒卵形，长 3–6 毫米，宽 2–4 毫米，无毛，顶端通常圆钝，基部宽楔形；叶柄长 1–3 毫米；托叶鞘短，膜质，褐色。花簇腋生或顶生，花被 3 深裂，淡绿色，花被片宽椭圆形，长约 1 毫米；雄蕊 3，比花被短；花柱 2，极短，柱头头状。瘦果长卵形，双凸镜状，黑褐色，具颗粒状小点，无光泽，比宿存花被稍长。

花期果期 7–8 月开花期，8–9 月果熟期。

地理分布 产于五台。

生长环境 喜湿润，具有一定的耐寒性；生长于海拔 3000 米处的山顶草地、山沟水边、山坡草地。

主要用途 可作为高寒草甸的草种植物栽培，丰富草种多样性；全草可用于热性虫病、肾炎水肿。

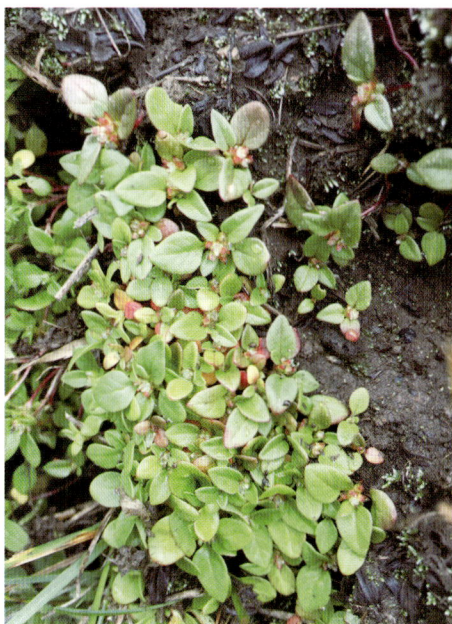

叉分蓼 ♂

学 名: *Koenigia divaricata* (L.) T. M. Schust et Reveal

形态特征 多年生草本。茎直立,高 70–120 厘米,无毛,自基部分枝,分枝呈叉状,开展,植株外型呈球形。叶披针形或长圆形,长 5–12 厘米,宽 0.5–2 厘米,顶端急尖,基部楔形或狭楔形,边缘通常具短缘毛,两面无毛或被疏柔毛;叶柄长约 0.5 厘米;托叶鞘膜质,偏斜,长 1–2 厘米,疏生柔毛或无毛,开裂,脱落。花序圆锥状,分枝开展;苞片卵形,边缘膜质,背部具脉,每苞片内具 2–3 花;花梗长 2–2.5 毫米,与苞片近等长,顶部具关节;花被 5 深裂,白色,花被片椭圆形,长 2.5–3 毫米,大小不相等;雄蕊 7–8,比花被短;花柱 3,极短,柱头头状。瘦果宽椭圆形,具 3 锐棱,黄褐色,有光泽,长 5–6 毫米,超出宿存花被约 1 倍。

花期果期 7–8 月开花期,8–9 月果熟期。

地理分布 产于五台、灵丘。

生长环境 抗寒、抗旱能力强;生长于海拔 260–2100 米的山坡草地、山谷灌丛。

主要用途 具有一定药用价值;适口性好,各种畜禽均喜食,可作饲草。

2

石竹科
Caryophyllaceae

草本，稀为半灌木。节部常膨大。单叶，对生，全缘，基部常连接；无托叶，极少具膜质托叶。花两性，稀单性，集成聚伞花序或聚伞圆锥花序，少单生或密集呈头状；有时在茎下部具闭花受精花（闭锁花），闭锁花无花瓣，可以结实；萼片 5-4，宿存，分离或合生；花瓣 4-5，分离，通常分为瓣片和爪两部分，在瓣片和爪间有时具 2 枚鳞片状附属物，稀无花瓣；雄蕊 8-10，为花瓣的 2 倍，成 2 轮，花药 2 室，纵裂；子房 1 室或分隔成不完全的 3-5 室，花柱 2-5，胚珠通常多数。蒴果顶端瓣裂或齿裂，裂齿数与花枝数相同或加倍。种子 1 至多数。

2.1　老牛筋属 *Eremogone* Fenzl

一年生或多年生草本。茎直立，稀铺散，常丛生。单叶对生，叶片全缘，扁平，卵形、椭圆形至线形。花单生或多数，常为聚伞花序；花 5 数，稀 4 数；萼片全缘，稀顶端微凹；花瓣全缘或顶端齿裂至缝裂；雄蕊 10，稀 8 或 5；子房 1 室，含多数胚珠，花柱 3，稀 2。蒴果卵形，通常短于宿存萼，稀较长或近等长，裂瓣为花柱的同数或 2 倍；种子稍扁，肾形或近圆卵形，具疣状凸起，平滑或具狭翅。

华北老牛筋 ♂

学　名: *Eremogone grueningiana* (Pax et K. Hoffm.) Rabeler et W. L. Wagner

俗　称: 高原福禄草

形态特征 多年生草本，密丛生，高 4–10 厘米。主根细长，木质化，支根须状。茎直立，基部宿存密集的枯叶，上部被腺柔毛。基生叶线形，长 1–3 厘米，宽 0.5–1 毫米，基部膜质，鞘状，顶端急尖，无毛，中脉明显；茎生叶片披针形，长 3–5 毫米，基部较宽，边缘狭膜质，顶端急尖。花单生顶端；苞片披针形，长 3–4 毫米，宽约 1 毫米，基部较宽，边缘膜质，具缘毛，顶端钝或急尖；花梗长 3–10 毫米，密被褐色腺柔毛；萼片 5，卵状长圆形，长 4–5 毫米，宽 2–2.5 毫米，边缘狭膜质，顶端钝或急尖，外面被腺毛；花瓣 5，白色，倒卵状匙形，基部渐狭，楔形，顶端钝圆；花盘碟形，具 5 个圆形腺体；雄蕊 10，花丝扁线形，长约 5 毫米，花药椭圆形，黄色；子房倒卵形，长约 1.5 毫米，具柄，花柱 3，线形，长约 2 毫米，柱头棒状。

花期果期 7 月开花期，8–9 月果熟期。

地理分布 五台山北台。

生长环境 喜湿润，有一定的耐寒性；生长于海拔 3000 米左右的高山草甸。

主要用途 具有一定的观赏价值。

老牛筋 ♂

学　名: *Eremogone juncea* (M. Bieb.) Fenzl
俗　称: 灯心草蚤缀、山银柴胡、毛轴鹅不食

形态特征 多年生草本，高达 60 厘米。根直径 0.5–3 厘米，肉质。茎密丛生。叶线形，长 5–20 厘米，宽 0.3–1 毫米，边缘具疏齿，基部鞘状抱茎。聚伞花序顶生，具多花；苞片卵形，长 3–4 毫米，被腺柔毛；花梗长 1–3 厘米，密被腺毛；萼片卵状披针形，长约 5 毫米，被腺毛；花瓣长圆状倒卵形，长 0.7–1 厘米；雄蕊短于花瓣，花药黄色，花丝基部具腺体；花柱 3。蒴果卵圆形，稍长于宿萼，顶端 6 裂，外折；种子多数，扁卵形，长约 2 毫米，背部具小疣。

花期果期 6–8 月开花期，8–9 月果熟期。

地理分布 产于五台山等地。

生长环境 生长于海拔 800–2200 米的草原、荒漠化草原、山地疏林边缘、山坡草地、石隙间。

主要用途 根可以入药，有清热凉血作用，并可治肝炎、小儿疳积。

2.2 卷耳属 *Cerastium* L.

　　一年生或多年生草本，多数被柔毛或腺毛。叶对生，叶片卵形或长椭圆形至披针形。二歧聚伞花序，顶生；萼片 5，稀为 4，离生；花瓣 5，稀 4，白色，顶端 2 裂，稀全缘或微凹；雄蕊 10，稀 5，花丝无毛或被毛；子房 1 室，具多数胚珠；花柱通常 5，稀 3，与萼片对生。蒴果圆柱形，薄壳质，露出宿萼外，顶端裂齿为花柱数的 2 倍；种子多数，近肾形，稍扁，常具疣状凸起。

卷耳 ♂

学　名： *Cerastium arvense* subsp. *strictum* Gaudin

形态特征 多年生疏丛草本，高 10–35 厘米。茎基部匍匐，上部直立，绿色并带淡紫红色，下部被下向的毛，上部混生腺毛。叶片线状披针形或长圆状披针形，长 1–2.5 厘米，宽 1.5–4 毫米，顶端急尖，基部楔形，抱茎，被疏长柔毛，叶腋具不育短枝。聚伞花序顶生，具 3–7 花；苞片披针形，草质，被柔毛，边缘膜质；花梗细，长 1–1.5 厘米，密被白色腺柔毛；萼片 5，披针形，长约 6 毫米，宽 1.5–2 毫米，顶端钝尖，边缘膜质，外面密被长柔毛；花瓣 5，白色，倒卵形，比萼片长 1 倍或更长，顶端 2 裂深达 1/4–1/3；雄蕊 10，短于花瓣；花柱 5，线形。蒴果长圆形，长于宿存萼 1/3，顶端倾斜，10 齿裂；种子肾形，褐色，略扁，具瘤状凸起。

花期果期 5–8 月开花期，7–9 月果熟期。

地理分布 产于太谷、繁峙、宁武、五寨、离石、五台、兴县。

生长环境 喜温暖；生长于海拔 580–1000 米的沙丘樟子松林下及草原砂质地。

主要用途 有水土保持及观赏作用。

簇生泉卷耳 ♂

学　名：*Cerastium fontanum* subsp. *vulgare* (Hartman) Greuter et Burdet

俗　称：簇生卷耳

形态特征　多年生或一、二年生草本，高15-30厘米。茎单生或丛生，近直立，被白色短柔毛和腺毛；基生叶近匙形或倒卵状披针形，基部渐狭呈柄状，两面被短柔毛；茎生叶近无柄，叶片卵形、狭卵状长圆形或披针形，长1-3（4）厘米，宽3-10（12）毫米，顶端急尖或钝尖，两面均被短柔毛，边缘具缘毛。聚伞花序顶生；苞片草质；花梗细，长5-25毫米，密被长腺毛，花后弯垂；萼片5，长圆状披针形，长5.5-6.5毫米，外面密被长腺毛，边缘中部以上膜质；花瓣5，白色，倒卵状长圆形，等长或微短于萼片，顶端2浅裂，基部渐狭，无毛；雄蕊短于花瓣，花丝扁线形，无毛；花柱5，短线形。蒴果圆柱形，长8-10毫米，长为宿存萼的2倍，顶端10齿裂；种子褐色，具瘤状凸起。

花期果期　5-6月开花期，6-7月果熟期。

地理分布　产于天镇张西河黑龙寺林场，沁源县鱼儿泉、灵空山。

生长环境　生长于海拔1200-2300米的山地林缘杂草间或疏松沙质土壤。

主要用途　观赏的同时能起到水土保持的作用。

2.3　繁缕属 *Stellaria* L.

　　一年生或多年生草本。叶扁平，有各种形状，但很少针形。花小，多数组成顶生聚伞花序，稀单生叶腋；萼片5，稀4；花瓣5，稀4，白色，稀绿色，2深裂，稀微凹或多裂，有时无花瓣；雄蕊10，有时少数（8或2-5）；子房1室，稀幼时3室，胚珠多数，稀仅数枚，1-2枚成熟；花柱3，稀2。蒴果圆球形或卵形，裂齿数为花柱数的2倍；种子多数，稀1-2，近肾形，微扁，具瘤或平滑，胚环形。

内弯繁缕 ♂

学　名：*Stellaria infracta* Maximowicz

形态特征　多年生草本，全株被灰白色星状毛。茎铺散、俯仰或上升，下部茎节生不定根，长 15–50 厘米，分枝。叶片披针形或线状披针形，稀狭卵形，顶端急尖，基部抱茎，全缘，灰绿色，两面被星状毛，下面中脉明显凸起。二歧聚伞花序顶生，具多数花，密被星状柔毛；苞片草质；花梗细，长 3–15 毫米；萼片 5，灰绿色，线状披针形，长 3–4 毫米，宽 1.5 毫米，边缘膜质，顶端急尖；花瓣 5，白色，略短于萼片，2 深裂达基部，裂片狭线形；雄蕊 10，稍短于花瓣；花柱 3。蒴果卵形，长约 4 毫米，微长于宿存萼，6 齿裂；种子肾脏形，长约 0.8 毫米，褐色，具凸起。

花期果期　6–7 月开花期，8–9 月果熟期。

地理分布　产于太原、浑源、沁水、山阴、太谷、垣曲、五台、宁武、翼城、霍州、离石。

生长环境　喜阳光，具有一定的耐旱性；生长于海拔 800–3000 米的石隙或草地。

主要用途　具有草原观赏价值。

2.4 蝇子草属 *Silene* L.

一年生或多年生草本。花单生或排成聚伞花序，白色、红色或粉红色；萼钟状或圆柱状，5 裂，10 至多脉；花瓣 5，全缘、2 裂或丝裂，有狭柄，基部常有鳞片 2 个；雄蕊 10；子房基部为不完全的 3-5 室，花柱 3，稀 5，有胚珠多颗。蒴果顶部 3 或 6 齿裂；种子肾形，具小疣突。

喜马拉雅蝇子草 ♂

学 名：*Silene himalayensis* (Rohrb.) Majumdar

形态特征 多年生草本，高 20-80 厘米。根粗壮。茎纤细，疏丛生或单生，直立，不分枝，被短柔毛，上部被稀疏腺毛。基生叶狭倒披针形，长 4-10 厘米，宽 4-10 毫米，基部渐狭呈柄状，顶端渐尖，稀急尖，两面被短柔毛或近无毛，边缘具缘毛；茎生叶 3-6 对，叶片披针形或线状披针形，基部楔形或渐狭。总状花序，常具 3-7 花；花微俯垂，花梗细，长 1-5 厘米，密被短柔毛和稀疏腺毛；苞片线状披针形，草质，被毛；花萼卵状钟形，长约 10 毫米，紧贴果实，密被短柔毛和腺毛，纵脉紫色，多少分叉，脉端连合，萼齿三角形，顶端钝，边缘膜质，具缘毛；雌雄蕊柄长约 1 毫米；花瓣暗红色，长约 10 毫米，不露或微露出花萼，爪楔形，无毛，耳不明显，瓣片浅 2 裂，副花冠片小，鳞片状；雄蕊内藏，花丝无毛；花柱内藏。蒴果卵形，长 8-10 毫米，短于宿存萼，10 齿裂；种子圆形，压扁，褐色，连翅直径约 1.5 毫米。

花期果期 6-7 月开花期，7-8 月果熟期。

地理分布 产于五台山。

生长环境 生长于海拔 2000-3000 米的灌丛间或高山草甸。

主要用途 形态变化较大，具有季节观赏性。

山蚂蚱草 ♂

学　名： *Silene jenisseensis* Willd.

形态特征 多年生草本，高20–50厘米。根粗壮，木质。茎丛生，直立或近直立，不分枝，无毛，基部常具不育茎。基生叶叶片狭倒披针形或披针状线形，长5–13厘米，宽2–7毫米，基部渐狭呈长柄状，顶端急尖或渐尖，边缘近基部具缘毛，余均无毛，中脉明显；茎生叶少数，较小，基部微抱茎。假轮伞状圆锥花序或总状花序，花梗长4–18毫米，无毛；苞片卵形或披针形，基部微合生，顶端渐尖，边缘膜质，具缘毛；花萼狭钟形，后期微膨大，无毛，纵脉绿色，脉端连结，萼齿卵形或卵状三角形，无毛，顶端急尖或渐尖，边缘膜质，具缘毛；雌雄蕊柄被短毛，长约2毫米；花瓣白色或淡绿色，长12–18毫米，爪狭倒披针形，无毛，无明显耳，瓣片叉状2裂达瓣片的中部，裂片狭长圆形；副花冠长椭圆状，细小；雄蕊外露，花丝无毛；花柱外露。蒴果卵形，长6–7毫米，比宿存萼短；种子肾形，长约1毫米，灰褐色。

花期果期 7–8月开花期，8–9月果熟期。

地理分布 产于太原、大同、浑源、壶关、沁县、平鲁、山阴、右玉、介休、永济、五台、繁峙、宁武、五寨、偏关、隰县、霍州、离石、交城、中阳、孝义。

生长环境 喜温暖湿润；生长于海拔250–1000米的草原、草坡、林缘或固定沙丘。

主要用途 在提高草原水土保持能力的同时提高草原的观赏价值。

2.5 　石竹属 *Dianthus* L.

多年生草本，稀一年生。根有时木质化。茎多丛生，圆柱形或具棱，有关节，节处膨大。叶禾草状，对生，叶片线形或披针形，常苍白色，脉平行，边缘粗糙，基部微合生。花红色、粉红色、紫色或白色，单生或聚伞花序，有时簇生呈头状，围以总苞片；花萼圆筒状，5 齿裂，有脉 7、9 或 11 条，基部贴生苞片 1-4 对；花瓣 5，具长爪，瓣片边缘具齿或缲状细裂，稀全缘；雄蕊 10；花柱 2，子房 1 室，具多数胚珠，有长子房柄。蒴果圆筒形或长圆形，顶端 4 齿裂或瓣裂；种子多数，圆形或盾状；胚直生，胚乳常偏于一侧。

石竹 ♂

学　名：*Dianthus chinensis* L.

形态特征　多年生草本，高 30–50 厘米，全株无毛，带粉绿色。茎由根茎生出，疏丛生，直立，上部分枝。叶片线状披针形，长 3–5 厘米，宽 2–4 毫米，顶端渐尖，基部稍狭，全缘或有细小齿，中脉较显。花单生枝端或数花集成聚伞花序；花梗长 1–3 厘米；苞片 4，卵形，顶端长渐尖，长达花萼 1/2 以上，边缘膜质，有缘毛；花萼圆筒形，长 15–25 毫米，直径 4–5 毫米，有纵条纹，萼齿披针形，长约 5 毫米，直伸，顶端尖，有缘毛；花瓣长 15–18 毫米，瓣片倒卵状三角形，长 13–15 毫米，紫红色、粉红色、鲜红色或白色；顶缘不整齐齿裂，喉部有斑纹，疏生髯毛；雄蕊露出喉部外，花药蓝色；子房长圆形，花柱线形。蒴果圆筒形，包于宿存萼内，顶端 4 裂；种子黑色，扁圆形。

花期果期　5–6 月开花期，7–9 月果熟期。

地理分布　产于太原、大同、浑源、平定、盂县、沁源、晋城、沁水、陵川、山阴、和顺、介休、稷山、绛县、垣曲、夏县、芮城、永济、五台、繁峙、宁武、五寨、偏关、原平等。

生长环境　耐寒、耐干旱，不耐酷暑，喜阳光充足、干燥、通风及凉爽湿润气候，生长于草原和山坡草地。

主要用途　在干旱寒冷的草地上，可以增加群落稳定性，同时提高草地的观赏性；根和全草入药，清热利尿，破血通经，散瘀消肿。

瞿麦 ♂

学　名: *Dianthus superbus* L.

形态特征　多年生草本，高 30-50 厘米。茎丛生，直立，上部稍分枝。叶条状披针或条形，长 3-7 厘米，宽 3-6 毫米，先端渐尖，基部短鞘围抱茎节，中脉在下面凸起。花单生或数朵集成聚伞状；苞片 2-3 对，宽倒卵形，先端骤凸，为萼片的 1/4；萼筒圆形，长 2.5-3.5 厘米，直径 3-6 毫米，粉绿色或带紫色，具多条纵脉，萼齿 5，直立，披针形，长 4-5 毫米，先端渐尖；花瓣 5，淡紫红色，长 4-5 厘米，瓣片边缘细裂呈流苏状，喉部有须毛，爪与萼近等长；雄蕊 10，微伸出冠外，花柱 2。蒴果狭圆筒形，包于宿存萼内与萼近筹长；种子广椭圆形倒卵状，长约 2 毫米。

花期果期　7-8 月开花期，8-10 月果熟期。

地理分布　产于浑源、晋城、阳城、陵川、介休、芮城、五台、宁武、洪洞、隰县、离石、交城、兴县、中阳。

生长环境　喜阳光；生长于海拔 400-3000 米丘陵山地疏林下、林缘、草甸、沟谷溪边。

主要用途　适应性较强，在草甸上起到水土保持的作用；具有一定观赏性，可布置花坛、花境或岩石园，也可盆栽或做切花；也可做农药，能杀虫。

3

毛茛科
Ranunculaceae

通常为一年生或多年生草本，稀为灌木或藤本。叶基生或互生，常掌状或羽状分裂，稀全缘。花单生或组成聚伞花序、总状花序、圆锥花序；两性稀单性；萼片通常 4-5；花被常为单被，通常花瓣状，稀分化为萼片与花瓣，常具蜜腺特化为分泌器官，比萼片小得多，杯状、筒状、二唇状，基部常有囊状或筒状的距，覆瓦状或镊合状排列，离生；雄蕊多数，离生，下位，螺旋状排列；花药 2 室，基部着生，纵裂；子房上位，心皮 1 至多个，离生，在多少凸起的花托上螺旋状排列或轮生。果实为蓇葖或瘦果。

3.1 金莲花属 *Trollius* L.

多年生草本。叶为单叶，全部基生或同时在茎上互生，掌状分裂。花单独顶生或少数组成规则的聚伞花序；花托稍隆起。萼片 5 片至较多数，花瓣状，倒卵形，通常黄色，稀淡紫色，通常脱落，间或宿存；花瓣 5 片至多数，线形，具短爪，在接近基部处有蜜槽；雄蕊多数，螺旋状排列，花药椭圆形或长圆形，在侧面开裂，花丝狭线形；心皮 5 枚至多数，无柄；胚珠多数，成 2 列着生于子房室的腹缝线上。蓇葖果开裂，具脉网及短喙；种子近球形，种皮光滑。

金莲花 ♂

学　名: *Trollius chinensis* Bunge

俗　称: 阿勒泰金莲花

形态特征　植株无毛；高达 70 厘米。茎不分枝，疏生（2）3-4 叶。基生叶 1-4，长可达 36 厘米，具长柄；叶五角形，基部心形，3 全裂，裂片分开，中裂片菱形，先端尖，3 裂达中部或稍过中部，常三回裂，具不等三角形锐齿，侧裂片扇形，2 深裂近基部，上面深裂片与中裂片相似，下面深裂片斜菱形；叶柄长 12-30 厘米，基部具窄鞘；茎生叶似基生叶，下部叶具长柄，上部叶较小。单花顶生或 2-3 朵成聚伞花序，直径约 4.5 厘米；花梗长 5-9 厘米；萼片金黄色，干时非绿色，椭圆状倒卵形或倒卵形，长 1.5-2.8 厘米，先端圆，具三角形或不明显小牙齿；花瓣稍长于萼片或与萼片近等长，稀较萼片稍短，条形；雄蕊长 0.5-1.1 厘米。蓇葖果长 1-1.2 厘米；种子近倒卵圆形。

花期果期　6-7 月开花，8-9 月结果。

地理分布　产于浑源、沁县、沁源、晋城、阳城、山阴、介休、五台、繁峙、宁武、五寨、霍州、离石、交城。

生长环境　喜冷凉阴湿气候；生长于海拔 1000-2200 米的山地草坡或疏林下。

主要用途　花开黄色，具有观赏性；花入药，治慢性扁桃体炎，与菊花和甘草合用，可治急性中耳炎、急性结膜炎等症。

3.2 乌头属 *Aconitum* L.

多年生草本。根为块根或直根。茎直立或缠绕。叶为单叶，互生，有时均基生，掌状分裂。花序通常总状；花梗有 2 小苞片。花两性，两侧对称；萼片 5，花瓣状，紫色、蓝色或黄色，上萼片 1，船形、盔形或圆筒形，侧萼片 2，近圆形，下萼片 2，较小，近长圆形；花瓣 2 枚，有爪，瓣片通常有唇和距，通常在距的顶部，偶而沿瓣片外缘生分泌组织；退化雄蕊通常不存在；雄蕊多数，花药椭圆球形，花丝有 1 纵脉，下部有翅；心皮 3-5（或 6-13），花柱短。蓇葖果有脉网，宿存花柱短；种子四面体形，只沿棱生翅或同时在表面生横膜翅。

牛扁 ♂

学　名：*Aconitum barbatum* var. *puberulum* Ledeb.

俗　称：扁桃叶根

形态特征　多年生草本，植株高达 1 余米。根为直根，暗褐色。茎被反曲而紧贴的短柔毛。基生叶 2-4 枚，具长柄，柄长可达 40 厘米，叶柄被反曲而紧贴的短柔毛；叶近圆形，掌状 3-5 全裂；叶分裂程度较小，中全裂片分裂不近中脉，末回小裂片三角形或狭披针形；茎生叶与基生叶同形，向上逐渐变小，柄也逐渐缩短。总状花序长达 30 厘米，通常单一或在下部分枝；花轴与小花梗密被贴伏的卷毛；苞片小，线形，着生花梗中下部，有毛；花黄色，上萼片圆筒形，外被卷毛，侧萼片倒卵状圆形，长约 0.9 毫米，外面中部被卷毛，里面上部有一簇长毛，边缘具纤毛；蜜腺具短而钝的距；心皮 3，疏被毛。蓇葖果长 9-12 毫米。

花期果期　7-8 月开花期，8-9 月果熟期。

地理分布　产于太岳山区。

生长环境　喜阴湿，生长于海拔 1000-2300 米的山地疏林下及阴湿坡地。

主要用途　根供药用，治腰腿痛、关节肿痛等症。

华北乌头 ♂

学　名：*Aconitum jeholense* var. *angustius* (W. T. Wang) Y. Z. Zhao

形态特征　多年生草本，高可达 120 厘米。块根 2，倒圆锥形。茎直立，光滑无毛。叶片轮廓五角形，3 全裂，裂片细裂，小裂片狭条形或条形，宽 1–3 毫米，叶上面被极短的贴伏柔毛。总状花序顶生 10–30 朵花，无毛；花梗长 1.5–3 厘米；小苞片钻形，着生在花梗中上部；萼片 5，蓝紫色，外面无毛，上萼片铲状盔形，侧萼片宽卵形，下萼片长椭圆形，两个不等长；花瓣 2，无毛，弓形，距短稍弯，唇先端 2 浅裂；雄蕊多数，花丝下部加宽，中上部被稀疏长柔毛；心皮通常 3，无毛。蓇葖果无毛，种子只沿棱生翅。

花期果期　7–8 月开花期，8–9 月果熟期。

地理分布　产于关帝山赫赫崖及太岳山区、七里峪、东陵沟、浑源、沁县、阳城、垣曲、五台、繁峙、霍州、交城等地。

生长环境　喜高燥、凉爽的气候和排水良好的沙质壤土；生长于海拔 1850–2750 米的杂木林下。

主要用途　宜于高山山坡成片栽植，也是良好的地被植物。

北乌头 ♂

学　名： *Aconitum kusnezoffii* Reichb.

俗　称： 小叶芦、勒革拉花

形态特征 块根圆锥形或胡萝卜形。茎高（65）80–150 厘米，无毛，等距离生叶，通常分枝；茎下部叶有长柄，在开花时枯萎。顶生总状花序具 9–22 朵花，通常与其下的腋生花序形成圆锥花序；轴和花梗无毛；下部苞片 3 裂，其他苞片长圆形或线形；小苞片生花梗中部或下部，线形或钻状线形，长 3.5–5 毫米，宽 1 毫米；萼片紫蓝色，外面有疏曲柔毛或几无毛，上萼片盔形或高盔形，高 1.5–2.5 厘米，有短或长喙，下缘长约 1.8 厘米，侧萼片长 1.4–2.7 厘米，下萼片长圆形；花瓣无毛，瓣片宽 3–4 毫米，唇长 3–5 毫米，距长 1–4 毫米，向后弯曲或近拳卷；雄蕊无毛，花丝全缘或有 2 小齿。蓇葖果直立；种子长约 2.5 毫米，扁椭圆球形，沿棱具狭翅，只在一面生横膜翅。

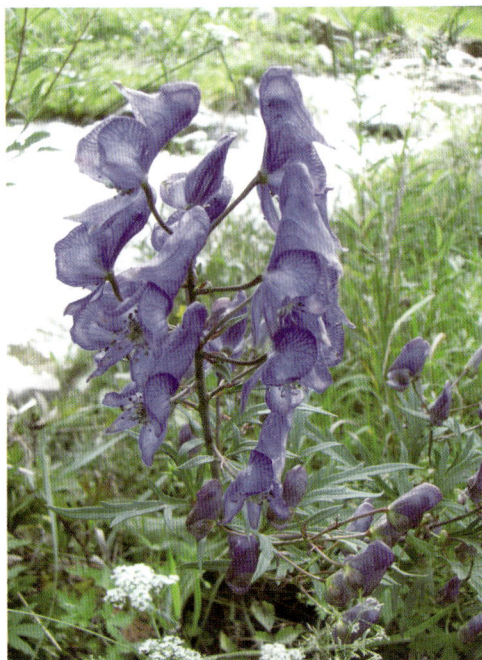

花期果期 7–9 月开花期，9 月果熟期。

地理分布 产于文水县、关帝山郝家沟、灵石县介庙林场、介休县绵山等地。

生长环境 生长于海拔 1000–2400 米山地草坡或疏林中。

主要用途 块根有巨毒，经炮制后可入药，治风湿性关节炎、神经痛、牙痛、中风等症；块根可做农药。

3.3 翠雀属 *Delphinium* L.

多年生草本，稀为一年或二年生的。叶为单叶，基生或茎生，通常掌状分裂，稀为羽状分裂。花两侧对称，排列成伞房状、总状或圆锥状花序，蓝色、紫色、粉红色或白色；萼片 5，离生或基部稍合生，上萼片基部延长成距，蜜腺 2，有距，伸入萼距中；退化雄蕊 2，瓣片中央通常被 1 簇黄色髯毛，基部具爪；雄蕊多数；心皮 3–5 分离。蓇葖果含多数种子；种子常具膜质翅。

翠雀 ♂

学 名: *Delphinium grandiflorum* L.

形态特征 多年生草本，高可达 70 厘米。茎被反曲而贴伏的短柔毛。基生叶和茎下部的叶具长柄；叶片圆五角形，3 全裂，裂片再细裂；末回裂片线形至线状披针形，宽 0.5–2 毫米，边缘干时稍反卷，两面疏生短柔毛或近无毛；叶柄长为叶片的 3–4 倍。总状花序，具 3–15 朵花，轴和花梗被反曲的微柔毛，苞片线形；萼片 5，蓝紫色，距钻形；花瓣 2，蓝色，先端圆形；退化雄蕊，瓣片宽倒卵形，微凹，有黄色髯；雄蕊多数，无毛；心皮 3，子房密被贴伏的短柔毛。蓇葖果直立，长 1.5 厘米左右。

花期果期 5–9 月开花期，9 月果熟期。

地理分布 产于沁源、析城山、宁武、荷叶坪等。

生长环境 喜好凉爽、日照充足的环境，在干燥的环境中也能正常生长，适生于排水性优良的沙质土壤，也耐旱、喜光，耐半阴，喜好温暖；生长于海拔 800–2200 米的山地草坡或丘陵地。

主要用途 花的形状像是蓝色的飞燕一样落满在枝头上面，多被用来美化园林，以及做绿化带用。

3.4 楼斗菜属 *Aquilegia* L.

多年生草本。基生叶为二至三回三出复叶，有长柄，叶柄基部具鞘；小叶倒卵形或近圆形，中央小叶 3 裂，侧面小叶常 2 裂；茎生叶比基生叶小。花序为单歧或二歧聚伞花序；花辐射对称，中等大或较大；萼片 5，花瓣状，紫色、堇色、黄绿色或白色；花瓣 5，与瓣片宽倒卵形、长方形，下部常向下延长成距，距直或末端弯曲呈钩状；雄蕊多数，花药椭圆形，黄色或近黑色，花丝狭线形；退化雄蕊少数，线形至披针形，白膜质，位于雄蕊内侧。蓇葖果，多少直立，顶端有细喙，表面有明显的网脉；种子多数，通常黑色，光滑有光泽。

紫花楼斗菜 ♂

学 名：*Aquilegia viridiflora* var. *atropurpurea* (Willdenow) Finet et Gagnepain

形态特征 根肥大，圆柱形，粗达 1.5 厘米，外皮黑褐色。茎高达 50 厘米，被柔毛或腺毛。基生叶具长柄，二回三出复叶；小叶楔状倒卵形，宽长近相等或更宽，3 裂，疏生圆齿，上面无毛，下面被短柔毛或近无毛；茎生叶较小。花 3-7 朵；萼片黄绿色，窄卵形，长 1.2-1.5 厘米；花瓣黄绿色，瓣片宽长圆形，与萼片近等长，距长 1.2-1.8 厘米，直或稍弯；萼片暗紫色或紫色，雄蕊长达 2 厘米，伸出花外，退化雄蕊长 7-8 毫米；心皮 4-6，子房密被腺毛。蓇葖果长 2-2.5 厘米。

花期果期 5-7 月开花期，7-8 月果熟期。

地理分布 产于太原、介休、稷山、中阳、阳城。

生长环境 喜欢阴凉、水分充足的环境；生长于海拔 200-2300 米的山地路旁、河边和潮湿草地。

主要用途 具有观赏性；根在民间供药用。

华北耧斗菜 ♂

学　名：*Aquilegia yabeana* Kitag.

俗　称：紫霞耧斗、五铃花、黄花华北耧斗菜

形态特征　根圆柱形，直径约 1.5 厘米。茎高 40–60 厘米，有稀疏短柔毛和少数腺毛，上部分枝。基生叶数个，有长柄，为一或二回三出复叶；叶片宽约 10 厘米；小叶菱状倒卵形或宽菱形，长 2.5–5 厘米，宽 2.5–4 厘米，3 裂，边缘有圆齿，表面无毛，背面疏被短柔毛；叶柄长 8–25 厘米。有少数花，密被短腺毛；苞片 3 裂或不裂，狭长圆形；花下垂；萼片紫色，狭卵形；花瓣紫色，瓣片长 1.2–1.5 厘米，顶端圆截形，距长 1.7–2 厘米，末端钩状内曲，外面有稀疏短柔毛；雄蕊长达 1.2 厘米，退化雄蕊长约 5.5 毫米；心皮 5，子房密被短腺毛。蓇葖果，隆起的脉网明显；种子黑色，狭卵球形。

花期果期　5–6 月开花期，7–8 月果熟期。

地理分布　在山西广为分布。

生长环境　生长于山地、草坡、林间。

主要用途　花造型奇特，极具观赏性；根含糖类，可做饴糖或酿酒；种子含油，可供工业用。

3.5 **唐松草属** *Thalictrum* L.

多年生草本植物。有须根。茎圆柱形或有棱，通常分枝。叶基生并茎生，为一至五回三出复叶；小叶通常掌状浅裂，有少数牙齿；叶柄基部稍变宽成鞘；托叶存在或不存在。花序通常为单歧聚伞花序，很多时呈圆锥状，少有为总状花序；花通常两性，雌雄异株；萼片4-5，椭圆形或狭卵形，通常较小，早落，黄绿色或白色，有时较大，粉红色或紫色，花瓣状；雄蕊通常多数；药隔顶端钝或凸起成小尖头；花丝狭线形，丝形或上部变粗；心皮2-20（68）；花柱短或长。瘦果椭圆球形或狭卵形，常稍两侧扁，有时扁平，有纵肋。

瓣蕊唐松草 ♂

学 名：*Thalictrum petaloideum* L.

`形态特征` 植株无毛。茎高达80厘米。基生叶数个，三至四回三出或羽状复叶；小叶草质，倒卵形、宽倒卵形、窄椭圆形、菱形或近圆形，长0.3-1.2厘米，宽达1.5厘米，3裂或不裂，全缘，脉平；叶柄长达10厘米。花序伞房状，具多花或少花；萼片4，白色，早落，卵形，长3-5毫米；雄蕊多数，花丝上部倒披针形，下部丝状；心皮4-13，无柄，花柱明显，腹面具柱头，宿存花柱长1毫米。瘦果窄椭圆形，稍扁，长4-6毫米。

`花期果期` 6-7月开花期，8月果熟期。

地理分布 产于太原、阳高、浑源、左云、长治、平顺、沁县、沁源、晋城、沁水、阳城、陵川、和顺、太谷、灵石、介休、稷山、垣曲、芮城、五台、代县、繁峙、宁武、五寨、岢岚、河曲、偏关、翼城、隰县、蒲县、霍州、吕梁等地。

生长环境 生长于海拔 800–1800 米的山坡草地公路边、沟中。

主要用途 用于药用植物园或植物群落的布置。

3.6 银莲花属 *Anemone* L.

多年生草本。有根状茎。叶基生，少数至多数，有时不存在，或为单叶，有长柄，掌状分裂，或为三出复叶，叶脉掌状。花葶直立或渐升；花序聚伞状或伞形，或只有 1 花；苞片或数个，对生或轮生，形成总苞，与基生叶相似，或小，掌状分裂或不分裂，有柄或无柄；花规则，通常中等大；萼片 5 至多数，花瓣状，白色、蓝紫色；花瓣不存在；雄蕊通常多数，花丝丝形或线形；有 1 颗下垂的胚珠，柱头组织生花柱腹面或形成明显的球状柱头。瘦果卵球形或近球形，少有两侧扁。

小银莲花 ♂

学　名：*Anemone exigua* Maxim.

形态特征 植株高约 6 厘米，被疏柔毛。根茎细长。基生叶 2-5，具长柄；叶心状五角形，长 1-3 厘米，宽达 4 厘米，3 全裂，中裂片宽菱形，3 浅裂，侧裂片不等 2 浅裂，两面疏被柔毛。花葶 1（2），上部疏被柔毛；苞片 3，具柄，三角状卵形或卵形，长 0.7-1.6 厘米，3 深裂；花梗长 1-3 厘米；萼片 5，白色，椭圆形或倒卵形；花丝丝状，花药长圆形；心皮 5-8（10），子房被短柔毛，花柱短。瘦果椭圆状球形。

花期果期 5-6 月开花期，6-7 月果熟期。

地理分布 产于灵石县和乡介店林场红崖底。

生长环境 生长于山地云杉林中或灌丛中。

主要用途 作为林下观赏植被。

小花草玉梅 ♂

学 名: *Anemone rivularis* var. *flore-minore* Maxim.

形态特征 根状茎粗壮,伸直或斜展,长达 6 厘米,直径约 1 厘米;茎通常单一,高 30-120 厘米,直立,直径 2.5 毫米。基生叶 3-5 枝,具柄,叶片轮廓肾状五角形,基部心形,3 全裂,中央裂片卵状菱形,上部不明显的 3 浅裂,具少数小裂片或牙齿,先端急尖,两面被紧贴短粗毛,两侧裂片较宽,不等 2 深裂,上面的深裂片斜菱形;苞片的深裂片通常不分裂,披针形至披针状线形。花较小,直径 11.8 厘米;萼片 5(-6),狭椭圆形或倒卵状狭椭圆形,长 6-9 毫米,宽 2.5-4 毫米。

花期果期 5-7 月开花期,8 月后果熟期。

地理分布 在山西各大山区均有分布。

生长环境 生长于海拔 1500-2000 米沟边草地、山坡湿地。

主要用途 可作为林草边界的修复草种,同时增加植物观赏性。

疏齿银莲花 ♂

学　名：*Anemone geum* subsp. *ovalifolia* (Bruhl) R. P. Chaudhary

形态特征　植株通常较低矮，高 3.5–15 厘米，间或高达 25 或 30 厘米。叶片长 0.8–3.2 厘米，3 全裂，两面通常多少密被短柔毛，脉平；叶的侧全裂片较小，通常比中全裂片短 1 倍左右，3 浅裂，裂片全缘或有 1–2 齿，牙齿的数目通常为中全裂片牙齿数目之半或更少。花序有 1 花；苞片倒卵形，3 浅裂，或卵状长圆形，不分裂，全缘或有 1–3 齿；萼片 5，白色、蓝色或黄色；心皮 20–30，子房密被白色柔毛，稀无毛。

花期果期　5–7 月开花期，8 月果熟期。

地理分布　产于吕梁、太原、荷叶坪。

生长环境　有一定的耐寒性；生长于海拔 1900–2800 米的高山草地或铁杉林下。

主要用途　栽植于高山草地上，可提高植物群落的抗寒性，同时提高草地的观赏性；全草药用，有止血的功效。

3.7　美花草属 *Callianthemum* C. A. Mey.

多年生草本。有根状茎；茎不分枝或分枝。叶均基生或茎生，为二至三回羽状复叶。花单生于茎或分枝顶端，两性；萼片 5，椭圆形，淡绿色或带淡紫色；花瓣 5–16，倒卵形或倒卵状长圆形，白色或带淡紫色，基部橙黄色，并有蜜槽；雄蕊多数，花药椭圆形，花丝披针状线形；心皮多数，子房有一颗下垂的胚珠，花柱短。聚合果近球形；瘦果卵球形，有短宿存花柱。

川甘美花草 ♂

学　名： *Callianhmum farreri* W. W. Smith

俗　称： 楔裂美花草

形态特征　多年生草本。叶基生或近基生，为二至三回羽状复叶。花小，单生茎顶或分枝顶，直径 10–15 毫米；萼片 5，倒卵状椭圆形，灰绿色，边缘膜质，长 3–6 毫米，宽 2–3 毫米，顶端钝或微尖；花瓣 5，淡黄或橙黄色，条形或宽条形，长 6–10 毫米，宽 1–1.5 毫米，顶端钝圆，中下部具橙黄色蜜腺槽；雄蕊多数，长为花瓣之半或更短，花药椭圆形；心皮 6–8。聚合果直径 6–8 毫米，近球形，瘦果表面皱，宿存花柱极短。

花期果期　4–5 月开花期，6 月果熟期。

地理分布　为山西特有种，属于山西省重点保护植物。分布于山西北部宁武管涔山秋千沟林场、秋家沟、介休、交城。

生长环境　生长于海拔 1650–2100 米的桦木和云杉混交林下或林缘边。

主要用途　物种分布较少，具有观赏和保护价值。

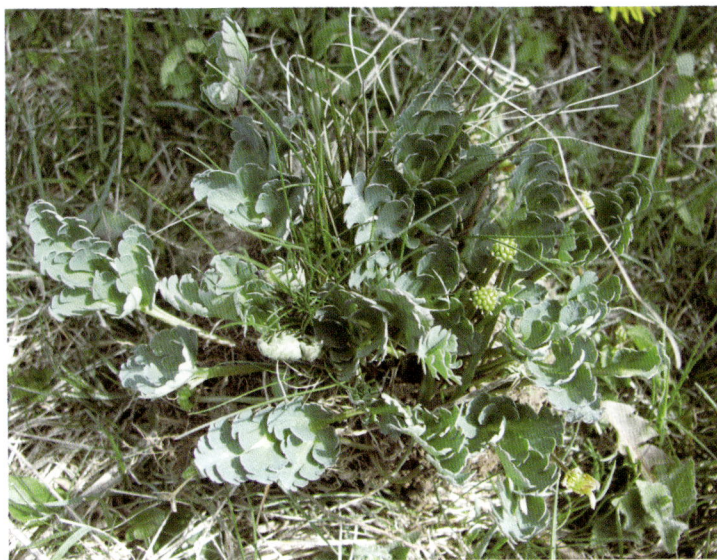

3.8　毛茛属 *Ranunculus* L.

　　多年生草本。须根纤维状，簇生，或基部粗厚呈纺锤形。少数有根状茎；茎直立、斜升或有匍匐茎。叶大多基生并茎生，单叶或三出复叶，3 浅裂至 3 深裂；叶柄伸长，基部扩大呈鞘状。花单生或聚伞花序；两性，萼片 5，绿色，草质；花瓣 5，有时 6-10 枚，黄色，基部有爪，蜜槽呈点状或杯状袋穴；雄蕊通常多数，向心发育；心皮多数，离生，含 1 胚珠，螺旋着生于有毛或无毛的花托上。聚合果球形或长圆形；瘦果卵球形或两侧压扁，背腹线有纵肋，无毛或有毛，具嘴。

云生毛茛 ♂

学　名：*Ranunculus nephelogenes* Edgeworth

形态特征　多年生草本。茎高达 35 厘米，近顶部疏被柔毛。基生叶多数，叶片披针形至线形，或外层的呈卵圆形，长 1–5 厘米，宽 2–8 毫米，全缘，基部楔形，有 3–5 脉，近革质，通常无毛，叶柄有膜质长鞘；茎生叶 1–3，无柄，叶片线形，全缘，有时 3 深裂，无毛。花单生茎顶或短分枝顶端，直径 1–1.5 厘米；花梗长 2–5 厘米或果期伸长，有金黄色细柔毛；萼片卵形，长 3–5 毫米，常带紫色，有 3–5 脉，外面生黄色柔毛或无毛，边缘膜质；花瓣 5，倒卵形，长 6–8 毫米，有短爪，蜜槽呈杯状袋穴；花托在果期伸长增厚，呈圆柱形，疏生短毛。聚合果长圆形，直径 5–8 毫米，瘦果卵球形，长约 1.5 毫米，宽约 1 毫米，为厚的 1.5 倍，无毛，有背腹纵肋，喙直伸，长约 1 毫米。

花期果期　6–8 月开花期，8 月果熟期。

地理分布　产于晋北浑源县恒山林场马鬃崖，五台山中台、北台。

生长环境　喜欢湿润环境；多生长于海拔 1800–2600 米的沼泽，水旁草地。

主要用途　可作为湿地植物或较为湿润的草甸植物，增加草地抗湿能力；全草可入药，有清热解毒、利尿解表的功效。

毛茛 ♂

学　名: *Ranunculus japonicus* Thunb.

形态特征　多年生草本。根茎短；茎中空，高达 65 厘米，下部及叶柄被开展糙毛。基生叶数枚，心状五角形，3 深裂，中裂片楔状菱形或菱形，3 浅裂，具不等牙齿，侧裂片斜扇形，不等 2 裂，茎生叶渐小。花序顶生，3-15 花，萼片 5，卵形，花瓣 5，倒卵形；雄蕊多数，花柱宿存。瘦果扁，斜宽倒卵圆形，具窄边。

花期果期　5-8 月开花期，8-9 月果熟期。

地理分布　产于浑源、沁县、沁水、阳城、右玉、和顺、太谷、介休、稷山、绛县、垣曲、夏县、芮城、永济、五台、宁武、五寨、岢岚、翼城、蒲县、霍州、吕梁、等各大山区。

生长环境　喜温暖湿润气候，生长期间需要适当的光照，忌土壤干旱，不宜在重黏性土中栽培；生长于海拔 200-2500 米的田沟旁和林缘路边的湿草地上，田野、湿地、河岸、沟边及阴湿的草丛中。

主要用途　花期较长，具有一定观赏价值；全草含原白头翁素，有毒，为发泡剂和杀菌剂，捣碎外敷，可截疟、消肿及治疮癣。

鸟足毛茛 ♂

学　名：*Ranunculus brotherusii* Freyn

俗　称：**羊耳朵、驴耳风毛菊**

形态特征　多年生草本。茎直立，高 15–60 厘米，无翼，被白色稀疏的短柔毛或通常无毛，上部或仅在顶端有短伞房花序状分枝或自中下部有长伞房花序状分枝。基生叶与下部茎叶有长或短柄，叶片披针状长椭圆形、椭圆形、长圆状椭圆形或长披针形，顶端钝或急尖，基部楔形渐狭；中上部茎叶渐小，椭圆形或披针形，基部有时有小耳；全部叶两面绿色，两面被稀疏的短柔毛及稠密的金黄色小腺点。头状花序在茎枝顶端排成伞房状或伞房圆锥花序；总苞片 4 层，外层披针形或卵状披针形顶端急尖，有细齿或 3 裂，外层被稀疏的短柔毛，中层与内层线状长椭圆形或线形，外面有白色稀疏短柔毛，顶端有淡紫红色而边缘有小锯齿的扩大的圆形附片，全部苞片外面绿色或淡绿色，有少数金黄色小腺点或无腺点；小花淡紫色，长 1.5 厘米，细管部长 9 毫米，檐部长 6 毫米；冠毛白色，2 层，外层短，糙毛状。瘦果长圆形，有 4 肋。

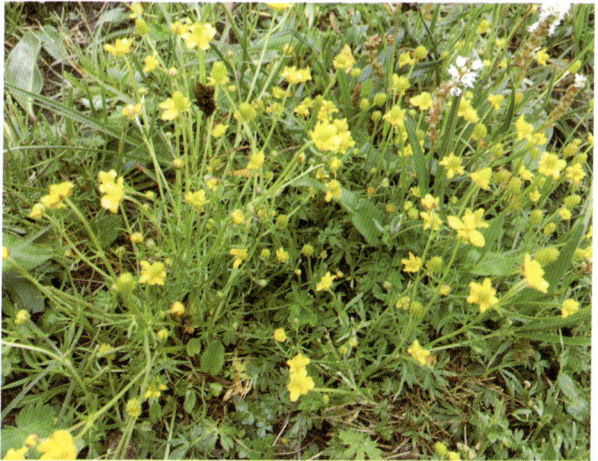

花期果期　花期 7–9 月，果期 9–10 月。

地理分布　产于太原、大同、阳高、昔阳、太谷、忻州、五台、宁武、五寨、河曲、偏关、乡宁、交城、兴县、临县、岚县、中阳。

生长环境　生长于海拔 510–3000 米荒地、路边、森林草地、山坡、草原、盐碱地、河堤、沙丘、湖边、水边。

主要用途　于高寒草甸，可增加观赏性；药用，花或全草治寒性消化不良、喉炎。

3.9　碱毛茛属 *Halerpestes* Greene

多年生草本。须根簇生。匍匐茎伸长，横走，节处生根和簇生数叶。叶多数基生，单叶全缘，有齿或 3 裂，有时多回细裂，大多质地较厚而无毛；叶柄基部变宽成鞘。花葶单一或上部分枝，无叶或有苞片；花单朵顶生；萼片绿色，5，草质，脱落；花瓣黄色，5-12 枚，基部有爪，蜜槽呈点状凹穴，位于爪的上端；雄蕊多数，花药卵圆形，花丝细长；花托圆柱形，密生白色短毛。聚合果球形至长圆形；瘦果多数，斜倒卵形，两侧扁或稍臌起，有 3-5（-7）条分歧的纵肋，边缘有窄棱，果皮薄，无厚壁组织，喙短，直或外弯。

碱毛茛 ♂

学　名: *Halerpestes sarmentosa* (Adams) Komarov et Alissova

俗　称: 水葫芦苗、圆叶碱毛茛

形态特征　多年生草本。匍匐茎细长。叶具长柄，无毛；叶近圆形、肾形或宽卵形，长 0.4-2.5 厘米，宽 0.4-2.8 厘米，基部宽楔形、平截或心形，具 3-5 齿或微 3-5 浅裂。花葶高达 16 厘米；苞片线形或窄倒卵形；花 1-2 顶生；萼片宽椭圆形，长约 3.5 毫米，无毛；花瓣 5，窄椭圆形，长约 3 毫米；雄蕊（6）14-20，与花瓣近等长。聚合果卵圆形，长达 6 毫米；瘦果紧密排列，长约 1.8 毫米。

花期果期　5-9 月。

地理分布　山西各地均有分布。

生长环境　多生长于湿草地及轻度盐碱化草甸上。

主要用途　作为盐碱地的修复草种，同时具有观赏价值。

4

罂粟科
Papaveraceae

一年生或多年生草本，常有乳汁或有色液汁。基生叶通常莲座状，茎生叶互生。花单生或排列成总状花序；花两性，对称；萼片2，通常分离，覆瓦状排列，早脱；花瓣通常2倍于花萼，4-8枚排列成2轮，覆瓦状排列，芽时皱褶，大多具鲜艳的颜色；雄蕊多数，分离，排列成数轮，源于向心系列，花丝通常丝状，花药直立，2室，药隔薄，纵裂；子房上位，2至多数合生心皮组成，花柱单生，柱头通常与胎座同数，当柱头分离时，则与胎座互生，当柱头合生时，则贴生于花柱上面或子房先端具辐射状裂片的盘，裂片与胎座对生。果为蒴果，种子细小，球形；胚小，胚乳油质。

4.1 罂粟属 *Papaver* L.

一年生或多年生草本。根纺锤形或渐狭。茎圆柱形，通常被刚毛，具乳白色、恶臭的液汁。基生叶，表面通常具白粉，两面被刚毛，具叶柄。花单生，通常被刚毛；花蕾下垂，萼片2，开花前即脱落，大多被刚毛；花瓣4，着生于短花托上，通常倒卵形，2轮排列，外轮较大，鲜艳而美丽，常早落；雄蕊多数，花丝大多丝状，花药近球形；花柱无，柱头4-18，辐射状，连合呈扁平或尖塔形的盘状体盖于子房之上；盘状体边缘圆齿状或分裂。蒴果狭圆柱形，于辐射状柱头下孔裂；种子多数，小，肾形，黑褐色，具纵向条纹或蜂窝状。

野罂粟 ♂

学　名：*Papaver nudicaule* L.

形态特征　多年生草本，高可达 60 厘米。主根圆柱形。根茎短，增粗，通常不分枝，密盖麦秆色、覆瓦状排列的残枯叶鞘；茎极缩短。叶全部基生，叶片轮廓卵形至披针形，小裂片两面稍具白粉，密被或疏被刚毛，极稀近无毛；叶柄基部扩大成鞘，被斜展的刚毛。花葶 1 至数枚，圆柱形，直立；花单生于花葶先端；花蕾宽卵形至近球形，密被褐色刚毛，通常下垂；萼片 2，舟状椭圆形，早落；花瓣 4，宽楔形或倒卵形，边缘具浅波状圆齿，基部具短爪，黄色；雄蕊多数，花丝钻形，黄色，花药长圆形，黄白色；子房倒卵形，密被紧贴的刚毛，柱头 4-8，辐射状；柱头盘平扁，具疏离、缺刻状的圆齿。蒴果狭倒卵形，密被紧贴的刚毛，具4-8 条淡色的宽肋；种子多数，近肾形，小，褐色，表面具条纹和蜂窝小孔穴。

花期果期　5-7 月开花期，8-9 月果熟期。

地理分布　产于沁县、沁源、平鲁、太谷、介休、忻州、五台、宁武等地。

生长环境　耐寒，怕暑热，喜阳光充足、排水良好、肥沃的沙壤土；生长于海拔 580-3000 米的林下、林缘、山坡草地。

主要用途　花朵颜色鲜艳，有一定观赏价值。

4.2　角茴香属 *Hypecoum* L.

　　一年生草本，无毛，具微透明的液汁。茎直立，具分枝。基生叶近莲座状，二回羽状分裂，具叶柄。花小，排列成二歧式聚伞花序；花萼小，萼片 2，披针形，先端通常具细牙齿，早落；花瓣 4，2 轮排列，基部楔形，里面 2 枚 3 深裂，侧裂片狭窄，中裂片匙形，常具柄，边缘被短缘毛；雄蕊 4，花丝大多具翅，有时基部呈披针形；子房 1 室，2 心皮。蒴果长圆柱形，大多具节，节内有横隔膜，成熟时在节间分离；种子多数，卵形，表面具小疣状凸起，稀近四棱形并具十字形的凸起。

细果角茴香 ♂

学　名：*Hypecoum leptocarpum* Hook.f.et Thoms.

形态特征　一年生草本，略被白粉，高可达 60 厘米。茎丛生，长短不一，铺散而先端向上，多分枝。基生叶多数，蓝绿色叶片，狭倒披针形，二回羽状全裂，裂片 4-9 对；茎生叶同基生叶。花茎多数，高达 40 厘米，通常二歧状分枝；苞叶轮生，卵形或倒卵形，二回羽状全裂；花小，排列成二歧聚伞花序，花梗细长，每花具数枚刚毛状小苞片；萼片卵形或卵状披针形，绿色，边缘膜质，全缘，稀具小牙齿；花瓣淡紫色，外面 2 枚宽倒卵形，全缘、近革质，里面 2 枚较小，3 裂几达基部，中裂片匙状圆形；雄蕊 4，与花瓣对生，花丝丝状，黄褐色，花药卵形，黄色；子房圆柱形，无毛，胚珠多数，花柱短，柱头 2 裂，裂片外弯。蒴果直立，圆柱形，两侧压扁，成熟时在关节处分离成数小节，每节具 1 种子；种子扁平，宽倒卵形。

花期果期　6-7 月开花期，8-9 月果熟期。

地理分布　产于浑源、沁县、右玉、太谷、五台、偏关、洪洞、隰县。

生长环境　耐寒冷，生长于海拔 1700-3000 米的山坡、草地、山谷、河滩、砾石坡、砂质地。

主要用途　可提高植物群落耐寒性；全草入药，治感冒、咽喉炎、急性结膜炎、头痛、四肢关节痛、胆囊炎，并能解食物中毒。

4.3 紫堇属 *Corydalis* DC.

一年生或多年生草本。地下具块茎或根茎。叶为二回三出羽状复叶或掌状分裂。花两侧对称，紫色、淡紫色或黄色；总状花序，具苞；萼片2片，鳞片状，早落；花瓣4，上面1片基部膨大或延伸成距，下面1片平展，内2片具爪，先端稍合生，包围雄蕊和雌蕊；雄蕊6，合成2束，上面1束雄蕊花丝具蜜腺插入距内；子房1室，由2心皮合成，花柱线形，柱头2裂；胚珠2至多枚，侧膜胎座。蒴果卵形，长圆形或线形，2瓣裂；种子细小。

小花黄堇 ♂

学　名: *Corydalis racemosa* (Thunb.) Pers.

俗　称: 黄花鱼灯草

形态特征 丛生草本，高达50厘米。具主根。茎具棱，分枝，具叶；枝花葶状。叶对生；基生叶具长柄，常早枯萎；茎生叶具短柄，叶二回羽状全裂，一回羽片3-4对，具短柄，二回羽片1-2对，宽卵形，长约2厘米，二回3深裂，裂片圆钝。总状花序长3-10厘米，多花密集；苞片披针形或钻形，与花梗近等长；花梗长3-5毫米；萼片卵形；花冠黄或淡黄色，外花瓣较窄，无鸡冠状凸起，先端稍圆，具短尖，上花瓣长6-7毫米，距短囊状，长1.5-2毫米，蜜腺长约距1/2；子房与花柱近等长，柱头具4乳突。蒴果线形，种子1列；种子近肾形，具短刺状凸起，种阜三角形。

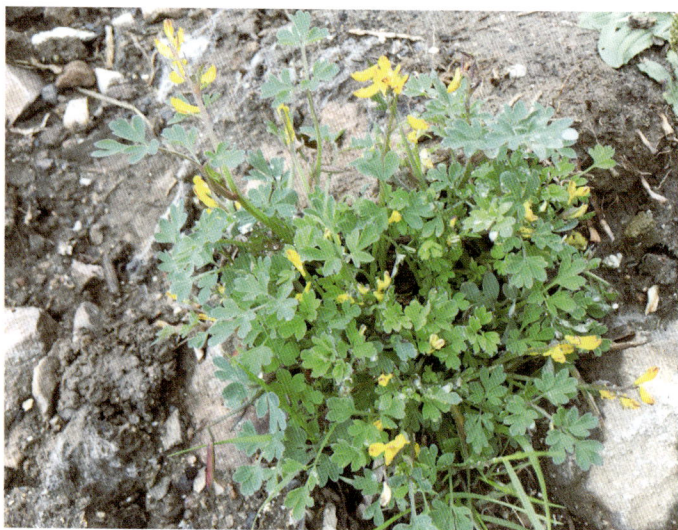

花期果期 5-8月开花期，7-8月果熟期。

地理分布 产于翼城。

生长环境 生长于海拔400-1600米的林缘阴湿地或多石溪边。

主要用途 全草入药，有杀虫解毒、外敷治疮疥和蛇伤的作用。

5

十字花科
Brassicaceae

　　一年或多年生草本；常有单毛、分枝毛或星毛。叶互生，通常无托叶；单叶或呈羽状分裂，少数为复叶，基生叶莲座状。总状花序，顶生或腋生，通常无苞片及小苞片；花两性，辐射对称；萼片 4 个，排成两轮；花瓣 4，开展成十字形，有白、黄、粉红或淡紫等色，基部多有爪，很少无花瓣；雄蕊 6，外轮 2 个短，内轮 4 个长，四强雄蕊，少数退化成 1-2 个或多数，花丝分离，很少结合，基部常有各式蜜腺。果实为长角果或短角果，成熟后开裂或不裂；种子小，无胚乳。

5.1　独行菜属 *Lepidium* L.

　　一年至多年生草本或半灌木，常具单毛、腺毛、柱状毛。茎单一或多数，分枝。叶草质至纸质，全缘、锯齿缘至羽状深裂，有叶柄，或基部深心形抱茎。总状花序顶生及腋生；萼片稍凹，基部不呈囊状，具白色或红色边缘；花瓣白色，线形至匙形，比萼片短；雄蕊 6，常退化成 2 或 4，基部间具微小蜜腺；花柱短或无，柱头头状，有时稍 2 裂；子房常有 2 胚珠。短角果卵形、倒卵形、圆形或椭圆形，扁平，开裂，有窄隔膜，果瓣有龙骨状凸起，或上部稍有翅；种子卵形或椭圆形，子叶背倚胚根，很少缘倚胚根。

独行菜 ♂

学　名：*Lepidium apetalum* Willd.

俗　称：腺茎独行菜、辣辣菜、拉拉罐

形态特征　一年或二年生草本，高可达 30 厘米。茎直立，有分枝，无毛或具微小头状毛。基生叶窄匙形，一回羽状浅裂或深裂，长 3–5 厘米，宽 1–1.5 厘米；叶柄长 1–2 厘米；茎上部叶线形，有疏齿或全缘。总状花序在果期可延长至 5 厘米；萼片早落，卵形，外面有柔毛；花瓣不存在或退化呈丝状，比萼片短；雄蕊 2 或 4。短角果近圆形或宽椭圆形，扁平，长 2–3 毫米，宽约 2 毫米，顶端微缺，上部有短翅，隔膜宽不到 1 毫米；果梗弧形；种子椭圆形，平滑，棕红色。

花期果期　5–7 月开花期，7 月果熟期。

地理分布　产于太原、大同、浑源、黎城、沁县、陵川、介休、运城、闻喜、稷山、夏县、永济、五台、宁武、偏关、翼城、乡宁、侯马、霍州、吕梁等地。

生长环境　对温度气候等没有特别的要求，生命力顽强；生长于海拔 400–2000 米山坡、山沟、路旁及村庄附近。

主要用途　可搭配矮小草本植物栽植于草原上，生长力旺盛可用于荒地修复；嫩叶做野菜食用；全草及种子供药用，有利尿、止咳、化痰功效；种子做葶苈子用，亦可榨油。

5.2　荠属 *Capsella* Medik

　　一年或二年生草本。茎直立或近直立，单一或从基部分枝，无毛、具单毛或分叉毛。基生叶莲座状，羽状分裂至全缘，有叶柄；茎上部叶无柄，叶边缘具弯缺牙齿至全缘，基部耳状，抱茎。总状花序伞房状，花疏生，果期延长；花梗丝状，果期上升；萼片近直立，长圆形，基部不呈囊状；花瓣白色或带粉红色，匙形；花丝线形，花药卵形，蜜腺成对，半月形，常有 1 外生附属物，子房 2 室，有 12-24 胚珠，花柱极短。短角果倒三角形或倒心状三角形，扁平，开裂，无翅，无毛，果瓣近顶端最宽，具网状脉，隔膜窄椭圆形，膜质，无脉；种子每室 6-12 个，椭圆形，棕色；子叶背倚胚根。

荠 ♂

学　名： *Capsella bursa-pastoris* (L.) Medic.

俗　称： 地米菜、芥、荠菜

形态特征　一年或二年生草本，高达 50 厘米，无毛、有单毛或分叉毛。茎直立，单一或从下部分枝。基生叶丛生呈莲座状，大头羽状分裂，长可达 12 厘米，宽可达 2.5 厘米，顶裂片卵形至长圆形，长 5-30 毫米，宽 2-20 毫米，侧裂片 3-8 对，长圆形至卵形，长 5-15 毫米，顶端渐尖、浅裂或有不规则粗锯齿或近全缘，叶柄长 5-40 毫米；茎生叶窄披针形或披针形，长 5-6.5 毫米，宽 2-15 毫米，基部箭形，抱茎，边缘有缺刻或锯齿。总状花序顶生及腋生，果期延长达 20 厘米；花梗长 3-8 毫米；萼片长圆形，长 1.5-2 毫米；花瓣白色，卵形，长 2-3 毫米，有短爪；花柱长约 0.5 毫米。短角果倒三角形或倒心状三角形，长 5-8 毫米，宽 4-7 毫米，扁平，无毛，顶端微凹，裂瓣具网脉；果梗长 5-15 毫米；种子 2 行，长椭圆形，长约 1 毫米，浅褐色。

花期果期　4-6 月开花期，5-6 月果熟期。

地理分布　产于太原、沁县、沁源、晋城、陵川、右玉、和顺、介休、稷山、夏县、永济、五台、繁峙、翼城、隰县、蒲县、霍州、吕梁、交城、兴县、中阳。

生长环境　喜温暖；生长于山坡、田边及路旁。

主要用途　全草入药，有利尿、止血、清热、明目、消积功效；茎叶做蔬菜食用；种子供制油漆及肥皂用。

5.3 菥蓂属 *Thlaspi* L.

一年、二年或多年生草本，常有灰白色粉霜。茎直立或近直立。基生叶莲座状，倒卵形或长圆形，有短叶柄；茎生叶多为卵形或披针形，基部心形，抱茎，全缘或有锯齿。总状花序伞房状，在果期常延长；萼片直立，基部不呈囊状，常有宽膜质边缘；花瓣白色、粉红色或带黄色，长圆状倒卵形，长为萼片的 2 倍，下部楔形；柱头头状，近 2 裂，花柱短或长。短角果倒卵状长圆形或近圆形，压扁，微有翅或有宽翅，少数翅退化，顶端常稍凹缺，少数全缘，无毛，开裂，隔膜窄椭圆形，膜质，无脉；种子椭圆形；子叶缘倚胚根。

菥蓂 ♂

学　名：*Thlaspi arvense* L.

俗　称：遏蓝菜、败酱草、布郎鼓

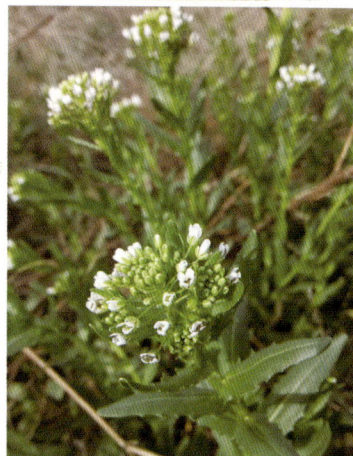

形态特征　一年生草本，高可达 60 厘米，无毛。茎直立，不分枝或分枝，具棱。基生叶倒卵状长圆形，长 3–5 厘米，宽 1–1.5 厘米，顶端圆钝或急尖，基部抱茎，两侧箭形，边缘具疏齿；叶柄长 1–3 厘米。总状花序顶生；花白色，直径约 2 毫米；花梗细，长 5–10 毫米；萼片直立，卵形，长约 2 毫米，顶端圆钝；花瓣长圆状倒卵形，长 2–4 毫米，顶端圆钝或微凹。短角果倒卵形或近圆形，长 13–16 毫米，宽 9–13 毫米，扁平，顶端凹入，边缘有翅宽约 3 毫米；种子每室 2–8 个，倒卵形，长约 1.5 毫米，稍扁平，黄褐色，有同心环状条纹。

花期果期　3–5 月开花期，5–6 月果熟期。边开花边成熟。

地理分布　产于太原、介休、五台、宁武、五寨、霍州、交城。

生长环境　适应性强；生长于平地路旁、沟边或村落附近。

主要用途　全草、嫩苗和种子均入药，全草清热解毒、消肿排脓；种子利肝明目；嫩苗和中益气、利肝明目；嫩苗用水炸后可食。

5.4 肉叶芥属 *Braya* Sternb. et Hoppe

多年生矮小草本，被分枝毛与单毛。单叶，稍肉质。花小，花梗粗；萼片基部不呈囊状，边缘膜质透明；花瓣白色或淡黄色，常于干后变为紫红色；雄蕊花丝分离，无齿；侧蜜腺半环状，向内开口，中蜜腺无；子房无柄，宽，常有毛，花柱明显，柱头扁头状或稍2裂。短角果长圆形或宽椭圆形，少数为条形长角果；果瓣顶端钝，基部钝圆，有明显的中脉与较细的网状侧脉；隔膜完整或于基部穿孔；种子每室2行，种柄丝状，种子表面光滑；子叶长圆形，背倚胚根，胚根粗短。

蚓果芥 ♂

学　名： *Braya humilis* (C. A. Mey.) B. L. Rob.

俗　称： 长角肉叶荠、无毛蚓果芥、大花蚓果芥

形态特征　多年生草本，高达30厘米。茎基部分枝。基生叶倒卵形，长约1厘米，柄长约2厘米；茎下部叶宽匙形或窄长卵形，长0.5–3厘米，先端钝圆，基部渐窄成柄，全缘或具2–3对钝齿；中上部茎生叶线形。花序最下部的花有苞片，稀所有的花均有苞片；萼片长圆形，长1.5–2.5毫米，外轮较内轮窄，边缘膜质；花瓣长椭圆形、长卵形或倒卵形，白色，长3–6毫米，先端平截、圆或微缺，基部渐窄成爪。长角果筒状，长（0.5）1.2–2.5厘米，上下等粗，两端渐细，直或弯曲；宿存花柱短，柱头2浅裂；果瓣被2叉毛；果柄长3–6毫米；种子每室1行，长圆形，长约1毫米，橘红色。

花期果期　花期4–5月，果期5–6月。

地理分布　产于平鲁、右玉、左云、浑源、稷山。

生长环境　喜温暖；生长于山坡、林下、河滩、草地。

主要用途　具有观赏性；全草治食物中毒、消化不良。

5.5 糖芥属 *Erysimum* L.

一年、二年或多年生草本，有时基部木质化呈灌木状。茎稍4棱或圆筒状，多从基部分枝，具贴生2-4叉丁字毛，少数具星状毛。单叶全缘至羽状浅裂，条形至椭圆形，有柄至无柄。总状花序具多数花，呈伞房状，果期伸长；花中等大，黄色或橘黄色，少数白色或紫色；花梗短，果期增粗，上升或开展；萼片直立，内轮基部稍呈囊状；花瓣长为萼片的2倍，具长爪，雄蕊6，花丝无附属物，花药线状长圆形；侧蜜腺环状或半环状，中蜜腺短，常2-3裂，不和侧蜜腺连结；子房有多数胚珠，柱头头状，稍2裂。长角果稍4棱或圆筒状，有柔毛，果瓣具1显明中脉，隔膜膜质，常坚硬，无脉；种子每室1行，长圆形，常有棱角，子叶背倚胚根。

糖芥 ♂

学 名: *Erysimum amurense* Kitagawa

形态特征 一年或二年生草本，高可达60厘米，密生伏贴2叉毛。茎直立，不分枝或上部分枝，具棱角。叶披针形或长圆状线形，基生叶长5-15厘米，宽5-20毫米，顶端急尖，基部渐狭，全缘，两面有2叉毛；叶柄长1.5-2厘米；上部叶有短柄或无柄，基部近抱茎，边缘有波状齿或近全缘。总状花序顶生，有多数花；萼片长圆形，密生2叉毛，边缘白色膜质；花瓣橘黄色，倒披针形，长10-14毫米，有细脉纹，顶端圆形，基部具长爪；雄蕊6，近等长；花柱长约1毫米，柱头2裂，裂瓣具隆起中肋。长角果线形，长4.5-8.5厘米，宽约1毫米，稍呈四棱形；果梗长5-7毫米，斜上开展；种子每室1行，长圆形，侧扁，深红褐色。

花期果期 6-8月开花期，7-9月果熟期。

地理分布 产于太原、阳高、浑源、左云、平定、沁县、沁源、晋城、平鲁、山阴、右玉、和顺、太谷、介休、垣曲、五台、繁峙、宁武、霍州、吕梁、离石、交城、兴县等。

生长环境 喜温暖湿润；多生长于田边荒地、山坡。

主要用途 花开黄色，可做草原观赏花卉；药用，可以清血热、镇咳、强心。

5.6 葶苈属 *Draba* L.

一年、二年或多年生草本，丛生成稠密或疏松的草丛。茎和叶通常有毛。叶为单叶，基生叶常呈莲座状。总状花序短或伸长；花小，外轮萼片长圆形或椭圆形，内轮较宽，顶端都为圆形或稍钝，基部不呈或略呈囊状，边缘白色，透明；花瓣黄色或白色，倒卵楔形，顶端常微凹，基部大多为狭爪；雄蕊通常 6 枚，花药卵形或长圆形，花丝细或基部扩大，通常在短雄蕊基部有侧蜜腺 1 对；雌蕊瓶状，无柄；花柱圆锥形或丝状；柱头头状或呈 2 浅裂。果实为短角果；2 室，具隔膜；果瓣 2，扁平或稍隆起，熟时开裂；种子小，2 行；子叶缘倚胚根。

蒙古葶苈 ♂

学　名：*Draba mongolica* Turcz.

形态特征 多年丛生草本。根茎分枝多；茎直立，被灰白色毛，高 5–20 厘米。茎下部宿存纤维状枯叶，上部簇生莲座状叶，披针形，长 0.8–1.8 厘米，顶端渐尖，基部缩窄成柄，全缘或每缘有 1–2 锯齿；茎生叶长卵形，基部宽，无柄或近于抱茎，每缘有 1–4 齿，密生毛。总状花序，花 10–20 朵，密集成伞房状，下面数花有时具叶状苞片；萼片椭圆形，背面生毛；花瓣白色，长倒卵形，长 2.5–3.5 毫米，宽约 1.5 毫米；雄蕊短卵形。短角果，长 5–10 毫米，宽 1.5–3 毫米，扁平或扭转，果梗长 2–5 毫米；种子黄棕色。

花期果期 6–8 月开花期，8 月果熟期。

地理分布 产于五台山北台台顶。

生长环境 生长于山顶岩石隙间或山顶草地、阳坡及河滩地。

主要用途 可在河岸两边栽植，起到水土保持和观赏的作用。

葶苈 ♂

学　名: *Draba nemorosa* L.

形态特征　一年或二年生草本。茎直立，单一或分枝，疏生叶片或无叶，但分枝茎有叶片；下部密生单毛、叉状毛和星状毛，上部渐稀至无毛。基生叶莲座状，长倒卵形，顶端稍钝，边缘有疏细齿或近于全缘；茎生叶长卵形或卵形，顶端尖，基部楔形或渐圆，边缘有细齿，上面被单毛和叉状毛，下面以星状毛为多。总状花序有花 25-90 朵，密集成伞房状，花后显著伸长，疏松，小花梗细；萼片椭圆形，背面略有毛；花瓣黄色，花期后呈白色，倒楔形，长约 2 毫米，顶端凹；花药短心形；雌蕊椭圆形，密生短单毛，花柱几乎不发育，柱头小。短角果长圆形或长椭圆形，被短单毛；果梗与果序轴呈直角开展，或近于直角向上开展；种子椭圆形，褐色，种皮有小疣。

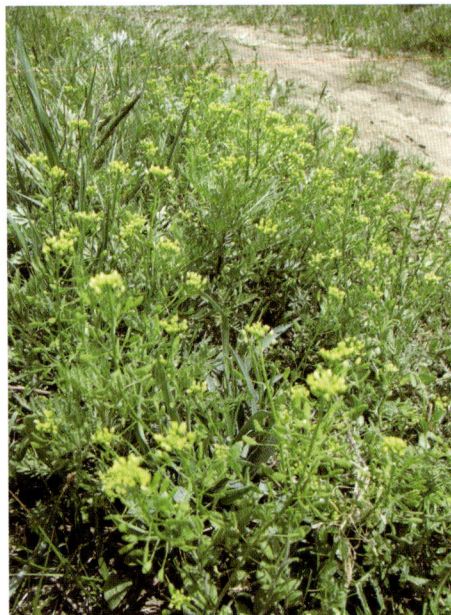

花期果期　4-5 月开花期，5-6 月果熟期。

地理分布　产于太原、定襄、平定、离石、沁源县郭道、伏牛山、关帝山及五台山。

生长环境　生长于田边路旁、山坡草地及河谷湿地。

主要用途　形态变化较大，具有一定季节观赏性。

6

景天科
Crassulaceae

草本、半灌木或灌木，常有肥厚、肉质的茎、叶。叶不具托叶，互生、对生或轮生，常为单叶，全缘或稍有缺刻，少有浅裂或为单数羽状复叶的。花两性，或为单性而雌雄异株，辐射对称，花各部常为 5 数或其倍数；萼片自基部分离，宿存；花瓣分离；雄蕊 1 轮或 2 轮，与萼片或花瓣同数或为其 2 倍，分离，或与花瓣或花冠筒部多少合生，花丝丝状或钻形，花药基生，少有为背着，内向开裂；心皮常与萼片或花瓣同数，分离或基部合生，常在基部外侧有腺状鳞片 1 枚，胚珠倒生，有两层珠被，常多数，沿腹缝线排成两行。蓇葖有膜质或革质的皮，稀为蒴果；种子小，长椭圆形，种皮有皱纹或微乳头状凸起，胚乳不发达或缺。

6.1 八宝属 *Hylotelephium* H. Ohba

多年生草本。根状茎肉质、短；新枝不为鳞片包被，茎自基部脱落或宿存而下部木质化，自其上部或旁边发出新枝。叶互生、对生或 3-5 叶轮生，不具距，扁平，无毛。花序有密生的花，顶生，有苞；花两性，5 基数；萼片不具距，常较花瓣短，基部多少合生；花瓣通常离生，先端通常不具短尖，雄蕊 10，较花瓣长或短，对瓣雄蕊着生在花瓣近基部处；鳞长圆状楔形至线状长圆形，先端圆或稍有微缺；成熟心皮几直立，分离，腹面不隆起，基部狭，近有柄。蓇葖种子多数；种子有狭翅。

华北八宝 ♂

学　名：*Hylotelephium tatarinowii* (Maxim.) H.Ohba

形态特征　多年生草本。根块状，常有小形胡萝卜状的根。茎直立或倾斜，多数，高10–15厘米，不分枝，生叶多。叶互生，狭倒披针形至倒披针形，长1.2–3厘米，宽5–7毫米，先端渐尖、钝，基部渐狭，边缘有疏锯齿至浅裂，近有柄。伞房状花序宽3–5厘米；花梗长2–3.5毫米；萼片5，卵状披针形，长1–2毫米，先端稍急尖；花瓣5，浅红色，卵状披针形，长4–6毫米，宽1.7–2毫米，先端浅尖，雄蕊10，与花瓣稍同长，花丝白色，花药紫色；鳞片5，近正方形，长0.5毫米，先端有微缺；心皮5，直立，卵状披针形，长4毫米，花柱长1毫米，稍外弯。

花期果期　7–8月开花期，9月果熟期。

地理分布　产于平定、垣曲、芮城、五台、繁峙、宁武、五寨、隰县、霍州。

生长环境　是比较好的石质地植物，生长于海拔1000–3000米处山地石缝中。

主要用途　具有一定的观赏性，可栽培于石质山地，起到一定的修复作用；药用，有调经、止渴、消炎、解毒作用。

6.2　红景天属 *Rhodiola* L.

多年生草本。根茎肉质，粗或细，被基生叶或鳞片状叶，先端部分通常出土；花茎发自基生叶或鳞片状叶的腋部，茎不分枝，多叶。茎生叶互生，厚，无托叶，不分裂。花序顶生，通常为复出或简单的伞房状或二歧聚伞状，通常有苞片，有总梗及花梗；花辐射对称，雌雄异株或两性；萼3–6裂；花瓣几分离，与萼片同数；雄蕊2轮，常为花瓣数的 2 倍，对瓣雄蕊贴生在花瓣下部，花药 2 室，底着，极少有为背着的，一般在开花前花药紫色，花药开裂后黄色；腺状鳞片线形、长圆形、半圆形或近正方形；心皮基部合生，与花瓣同数，子房上位。蓇葖有种子多数。

小丛红景天 ♂

学　名：*Rhodiola dumulosa* (Franch.) S. H. Fu

形态特征　多年生草本。根茎粗壮，分枝，地上部分常被有残留的老枝；花茎聚生主轴顶端，长 5-28 厘米，直立或弯曲，不分枝。叶互生，线形至宽线形，长 7-10 毫米，宽 1-2 毫米，先端稍急尖，基部无柄，全缘。花序聚伞状，有 4-7 花；萼片 5，线状披针形，长 4 毫米，宽 0.7-0.9 毫米，先端渐尖，基部宽；花瓣 5，白或红色，披针状长圆形，直立，先端渐尖，有较长的短尖，边缘平直，或多少呈流苏状；雄蕊 10，较花瓣短，对萼片的长 7 毫米，对花瓣的长 3 毫米，着生于花瓣基部上 3 毫米处；鳞片 5，横长方形，长 0.4 毫米，宽 0.8-1 毫米，先端微缺；心皮 5，卵状长圆形，直立，基部 1-1.5 毫米合生。种子长圆形，有微乳头状凸起，有狭翅。

花期果期　6-7 月开花期，8 月果熟期。

地理分布　产于介休、五台、宁武、离石、交城。

生长环境　适应性较强，喜稍冷凉而湿润的气候条件，耐寒耐旱，对土壤要求不十分严格；生长于海拔 1600-3000 米的山坡石上。

主要用途　根茎药用，有补肾、养心安神、调经活血、明目之效。

狭叶红景天 ♂

学　名: *Rhodiola kirilowii* (Regel) Maxim.

俗　称: 壮健红景天、条叶红景天、大鳞红景天

形态特征 多年生草本。根粗，直立。根茎直径 1.5 厘米，先端被三角形鳞片；花茎少数，高 15–60 厘米，少数可达 90 厘米，直径 4–6 毫米。叶密生，叶互生，线形至线状披针形，长 4–6 厘米，宽 2–5 毫米，先端急尖，边缘有疏锯齿或有时全缘，无柄。花序伞房状，有多花，宽 7–10 厘米；雌雄异株；萼片 5 或 4，三角形，长 2–2.5 毫米，先端急尖；花瓣 5 或 4，绿黄色，倒披针形，长 3–4 毫米，宽 0.8 毫米；雄花中雄蕊 10 或 8，与花瓣同长或稍超出，花丝花药黄色；鳞片 5 或 4，近正方形或长方形，长 0.8 毫米，先端钝或有微缺；心皮 5 或 4，直立。蓇葖果披针形，有短而外弯的喙；种子长圆状披针形，长 1.5 毫米。

花期果期 6–7 月开花期，7–8 月果熟期。

地理分布 产于洪洞县三眼窑，沁源县核桃沟、灵空山，五台县镇海寺、跑泉厂等地。

生长环境 生长于海拔 2000–2400 米的山地多石草地上或石坡上。

主要用途 具有观赏性；根茎及根可入药，能止血。

7

虎耳草科
Saxifragaceae

多年生草本、灌木、小乔木或藤本。单叶或复叶，互生或对生，一般无托叶。花两性，稀为单性；花被片 4-5 基数；萼片有时花瓣状；花冠辐射对称，离生；花丝离生，花药 2 室，有时具退化雄蕊；心皮 2，通常多少合生；子房上位、半下位至下位，多室而具中轴胎座，胚珠具厚珠心或薄珠心，2 列至多列，稀 1 粒，具 1-2 层珠被，孢原通常为单细胞；花柱离生或合生。蒴果、浆果、小蓇葖果或核果；种子具丰富胚乳，胚乳为细胞型；胚小。

7.1 **梅花草属 *Parnassia* L.**

多年生草本，无毛。茎不分枝；常在中部具 1 或 2 至数叶（苞叶），稀裸露。基生叶 2 至数片或较多呈莲座状；具长柄，有托叶，叶片全缘；茎生叶（苞叶）无柄，常半抱茎。花单生茎顶；萼筒离生或下半部与子房合生，裂片 5，覆瓦状排列；花瓣 5，覆瓦状排列，边缘全边流苏状或啮蚀状，下部流苏状或啮蚀状和全缘；雄蕊 5，与萼片对生；退化雄蕊 5，与花瓣对生，形状多样，顶端带腺体；雌蕊 1，子房 3-4 室；胚珠多数，具薄珠心，柱头连合。蒴果有时带棱，室背开裂，有 3-4 裂瓣；种子多数，沿整个腹缝线着生，平滑，褐色。

梅花草 ♂

学 名：*Parnassia palustris* L.

形态特征 多年生草本，高达 30 厘米，全株无毛。根状茎短粗，其下长出多数细长纤维状和须状根，其上有残存褐色膜质鳞片；茎 2–4 条，与基生叶同形，基部常有铁锈色的附属物，无柄半抱茎。基生叶丛生，具柄；叶片卵形至长卵形，基部近心形，边全缘，薄而微向外反卷，常被紫色长圆形斑点；叶柄长两侧有窄翼，具长条形紫色斑点；托叶膜质，贴生于叶柄，边有褐色流苏状毛，早落。花单生于茎顶，萼片椭圆形或长圆形，全缘，密被紫褐色小斑点；花瓣白色至浅黄色，宽卵形或倒卵形，常有紫色斑点；雄蕊 5，花丝扁平，长短不等，花药椭圆形；退化雄蕊 5，呈分枝状，每枝顶端有球形腺体；子房上位，卵球形，花极短，柱头 4 裂。蒴果卵球形，干后有紫褐色斑点，呈 4 瓣开裂；种子多数，长圆形，褐色，有光泽。

花期果期 7–9 月开花期，10 月果熟期。

地理分布 产于太原、阳高、右玉、忻州、五台、五寨、兴县。

生长环境 喜阴湿，生长于海拔 1580–2000 米潮湿的山坡草地、沟边或河谷地阴湿处。

主要用途 花开白色，具有丰富观赏性；药用，具有清热凉血、解毒消肿、止咳化痰之功效。

细叉梅花草 ♂

学　名：*Parnassia oreophila* Hance

形态特征　多年生小草本。根状茎形状不定，常呈长圆形或块状，其上有残存褐色鳞片，周围长出丛密细长的根。茎在在中部或中部以下具 1 叶（苞叶），基生叶 2-8，具柄；叶片卵状长圆形或三角状卵形，先端圆，有时带短尖头，基部常截形或微心形，全缘，上面深绿色，下面色淡，有 3-5 条明显凸起之脉；叶柄扁平，两侧均为窄膜质；托叶膜质，边有疏生褐色流苏状毛，早落；茎生叶卵状长圆形，先端急尖，在基部常有数条锈褐色的附属物，较早脱落，无柄半抱茎。花单生于茎顶，直径 2-3 厘米；萼筒钟状；萼片披针形，先端钝，全缘，具明显 3 条脉；花瓣白色，宽匙形或倒卵长圆形，先端圆，基部渐窄成长约 2 毫米之爪，有 5 条紫褐色之脉；雄蕊 5，向基部逐渐加宽，花药长圆形顶生；退化雄蕊 5，与花丝近等长，具柄；子房半下位，长卵球形，花柱短，长约 1 毫米，柱头 3 裂，裂片长圆形，长约 1 毫米，花后开展。蒴果长卵球形；种子多数，沿整个缝线着生，褐色，有光泽。

花期果期　花期 7-8 月，果期 9 月。

地理分布　产于沁县、平鲁、介休、五台、宁武、五寨、霍州。

生长环境　生长于高山草地、山腰林缘和阴坡潮湿处以及路旁等处。

主要用途　花开白色，具有观赏性。

7.2　虎耳草属 *Saxifraga* Tourn. ex L.

多年生、稀一年生或二年生草本。茎通常丛生或单一。单叶全部基生或兼茎生，叶片全缘，具齿或分裂；茎生叶通常互生，稀对生。花通常两性，有时单性，辐射对称，黄色、白色、红色或紫红色，多组成聚伞花序，有时单生，具苞片；花托杯状；萼片5；花瓣5，通常全缘，脉显著，具痂体或无痂体；雄蕊10，花丝棒状或钻形；心皮2，通常下部合生，有时近离生；子房近上位至半下位，通常2室，具中轴胎座，胚珠多数；蜜腺隐藏在子房基部或花盘周围。通常为蒴果，稀蓇葖果；种子多数。

爪瓣虎耳草 ♂

学　名：*Saxifraga unguiculata* Engl.

形态特征 多年生草本，丛生。小主轴分枝，具莲座叶丛；花茎具叶，中下部无毛，上部被褐色柔毛。莲座叶匙形至近狭倒卵形，长先端具短尖头，通常两面无毛，边缘多少具刚毛状睫毛；茎生叶较疏，稍肉质，长圆形、披针形至剑形，长4.4-8.8毫米，宽1-2.3毫米，先端具短尖头，通常两面无毛，萼片边缘通常多少具腺睫毛。花单生于茎顶，或聚伞花序具2-8花，长2-6厘米，细弱；花梗长0.3-2.5厘米，被褐色腺毛；萼片起初直立，后变开展至反曲，肉质，通常卵形，长1.5-3毫米，宽1-2.1毫米，先端钝或急尖，腹面和边缘无毛，背面被褐色腺毛，3-5脉于先端不汇合、半汇合至汇合；花瓣黄色，中下部具橙色斑点，狭卵形、近椭圆形、长圆形至披针形，先端急尖或稍钝，基部具长0.1-1毫米的爪，3-7脉，具不明显的2痂体或无痂体；子房近上位，阔卵球形。

花期果期 7-8月开花期，8-9月果熟期。

地理分布 产于五台山。

生长环境 生长于海拔1800-3250米的山坡石隙。

主要用途 在高寒草甸上具有一定观赏性。

8

蔷薇科
Rosaceae

草本、灌木或乔木，落叶或常绿。冬芽常具数个鳞片。叶互生，稀对生，单叶或复叶，有显明托叶。花两性，稀单性；通常整齐，周位花或上位花；花轴上端发育成碟状、钟状、杯状、坛状或圆筒状的花托（称萼筒），在花托边缘着生萼片、花瓣和雄蕊；萼片和花瓣同数，通常 4-5，覆瓦状排列，稀无花瓣，萼片有时具副萼；雄蕊 5 至多数，花丝离生，稀合生；心皮 1 至多数，离生或合生，有时与花托连合，每心皮有 1 至数个直立的或悬垂的倒生胚珠；花柱与心皮同数。果实为蓇葖果、瘦果、梨果或核果，稀蒴果；种子通常不含胚乳，极稀具少量胚乳；子叶肉质，背部隆起，稀对褶或呈席卷状。

8.1 路边青属 *Geum* L.

多年生草本。基生叶为奇数羽状复叶，顶生小叶特大，茎生叶数较少，常三出或单出如苞片状；托叶常与叶柄合生。花两性，单生或呈伞房花序；萼筒陀螺形或半球形，萼片 5，镊合状排列，副萼片 5，较小，与萼片互生；花瓣 5，黄色、白色或红色；雄蕊多数，花盘在萼筒上部，平滑或有凸起；雌蕊多数，着生在凸出花托上，彼此分离；花柱丝状，花盘围绕萼筒口部；花柱丝状，柱头细小，上部扭曲，成熟后自弯曲处脱落；每心皮含有 1 胚珠，上升。瘦果形小，果喙顶端具钩；种子直立，种皮膜质，子叶长圆形。

路边青 ♂

学　名：*Geum aleppicum* Jacq.

俗　称：兰布政、水杨梅、草本水杨梅

形态特征　多年生草本。茎高达 1 米，被粗硬毛，稀几无毛。基生叶为大头羽状复叶，小叶 2–6 对，茎生叶羽状复叶，有时重复分裂，具不规则粗大锯齿。花序顶生，疏散排列，花瓣黄色，近圆形，萼片卵状三角形，副萼片披针形，先端渐尖；花柱顶生，3/4 宿存。聚合果倒卵状球形，瘦果被长硬毛，宿存花柱顶端有小钩；果托被短硬毛。

花期果期　7–9 月开花期；9–10 月果熟期。

地理分布　产于沁县、沁源、晋城、沁水、陵川、介休、稷山、垣曲、夏县、芮城、五台、繁峙、宁武、五寨、吕梁、中阳。

生长环境　喜温暖湿润；生长于海拔 200–3000 米的山坡草地、沟边、地边、河滩、林间隙地及林缘。

主要用途　含鞣质；全草入药；种子含油；鲜嫩叶可食。

8.2　金露梅属 *Dasiphora* Raf.

　　灌木。地上部分有木质茎。叶有小叶 2 对或 3 小叶，通常显著呈羽状排列，小叶较宽大，长圆形、倒卵状长圆形或卵状披针形，长 7-20 毫米，宽 4-10 毫米；小叶片全缘，与叶柄结合处有关节。花黄色，花直径通常 15-30 毫米子房密被柔毛；花柱近基生。

金露梅 ♂

学　名：*Dasiphora fruticosa* (L.) Rydb.

俗　称：药王茶、金蜡梅、金老梅、格桑花

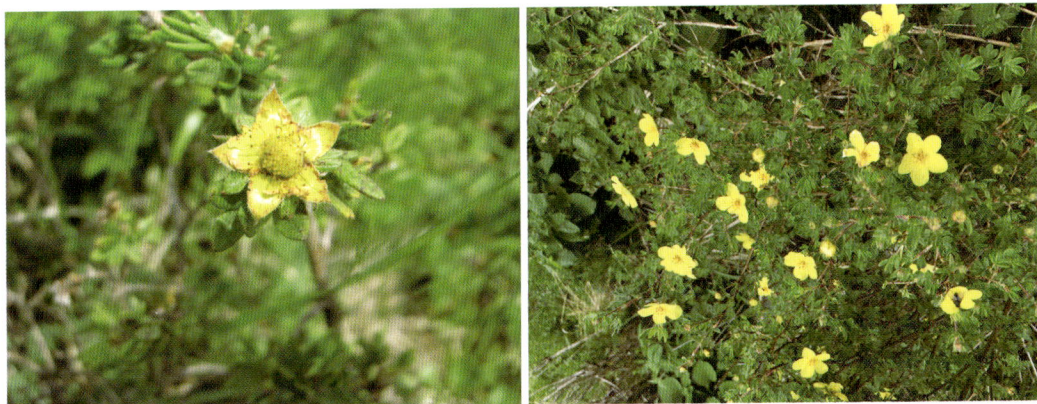

形态特征　灌木，高 0.5-2 米。多分枝，树皮纵向剥落；小枝红褐色，幼时被长柔毛。羽状复叶，有小叶 2 对，稀 3 小叶，上面一对小叶基部下延与叶轴汇合；叶柄被绢毛或疏柔毛；小叶片长圆形、倒卵长圆形或卵状披针形，长 0.7-2 厘米，宽 0.4-1 厘米，全缘，边缘平坦，顶端急尖或圆钝，基部楔形，两面绿色，疏被绢毛或柔毛或脱落近于几毛；托叶薄膜质，宽大，外面被长柔毛或脱落。单花或数朵生于枝顶，花梗密被长柔毛或绢毛；花直径 2.2-3 厘米；萼片卵圆形，顶端急尖至短渐尖，副萼片披针形至倒卵状披针形，顶端渐尖至急尖，与萼片近等长，外面疏被绢毛；花瓣黄色，宽倒卵形，顶端圆钝，比萼片长；花柱近基生，棒形，基部稍细，顶部缢缩，柱头扩大。瘦果近卵形，褐棕色，长 1.5 毫米，外被长柔毛。

花期果期　花果期 6-9 月。

地理分布　产于太原、阳曲、浑源、沁县、太谷、忻州、五台、宁武、五寨、洪洞、离石、交城、兴县、临县、中阳。

生长环境　生长于海拔 1000-3000 米的山坡草地、砾石坡、灌丛及林缘。

主要用途　枝叶茂密，黄花鲜艳，适宜做草地观赏灌木；叶与果含鞣质，可提制栲胶；嫩叶可代茶叶饮用；花、叶入药，有健脾，化湿、清暑、调经之效。

8.3 委陵菜属 *Potentilla* L.

多年生草本，稀为一年生草本或灌木。叶为奇数羽状复叶或掌状复叶；托叶与叶柄不同程度合生。花通常两性，单生、聚伞花序或聚伞圆锥花序；萼筒下凹，多呈半球形，萼片 5，镊合状排列，副萼片 5，与萼片互生；花瓣 5，通常黄色、稀白色或紫红色；雄蕊通常 20 枚，花药 2 室；雌蕊多数，着生在微凸起的花托上，彼此分离；花柱顶生、侧生或基生；每心皮有 1 胚珠，上升或下垂，倒生胚珠，横生胚珠或近直生胚珠。瘦果多数，着生在干燥的花托上，萼片宿存；种子 1 颗，种皮膜质。

莓叶委陵菜 ♂

学　名： *Potentilla fragarioides* L.

俗　称： 毛猴子、雉子筵

形态特征　多年生草本。根极多，簇生。花茎多数，丛生，上升或铺散，长 8–25 厘米，被开展长柔毛。基生叶羽状复叶，有小叶 2–3 对，间隔 0.8–1.5 厘米，稀 4 对，连叶柄长 5–22 厘米，叶柄被开展疏柔毛，小叶有短柄或几无柄；小叶片倒卵形、椭圆形或长椭圆形，长 0.5–7 厘米，宽 0.4–3 厘米，顶端圆钝或急尖，基部楔形或宽楔形，边缘有多数急尖或圆钝锯齿，近基部全缘，两面绿色，被平铺疏柔毛，下面沿脉较密，锯齿边缘有时密被缘毛；茎生叶，常有 3 小叶，与基生叶小叶相似或长圆形顶端有锯齿而下半部全缘，叶柄短或几无柄；基生叶托叶膜质，褐色，外面有稀疏开展长柔毛，茎生叶托叶草质，绿色，卵形，全缘，顶端急尖，外被平铺疏柔毛。伞房状聚伞花序顶生，多花，松散，花梗纤细，外被疏柔毛；花直径 1–1.7 厘米；萼片三角卵形，顶端急尖至渐尖，副萼片长圆披针形，顶端急尖，与萼片近等长或稍短；花瓣黄色，倒卵形，顶端圆钝或微凹；花柱近顶生，上部大，基部小。成熟瘦果近肾形，直径约 1 毫米，表面有脉纹。

花期果期　4–7 月开花期，6–8 月果熟期。

地理分布　产于雁同区，五台县白家庄、门限石，中阳县车鸣峪、三郎寨，沁源县，洪洞县米家沟。

生长环境　生长于海拔 350–2400 米的地边、沟边、草地、灌丛及疏林下。

主要用途　具有一定观赏性。

菊叶委陵菜 ♂

学　名: *Potentilla tanacetifolia* Willd. ex Schlecht.

俗　称: 蒿叶委陵菜、叉菊萎陵菜、砂地萎陵菜

形态特征　多年生草本。根粗壮，圆柱形。茎直立或上升。被长柔毛、短柔毛或卷曲柔毛，并被稀疏腺体有时脱落。基生叶羽状复叶，有小叶 5~8 对，间隔 0.3~1 厘米，连叶柄长 5~20 厘米，叶柄被长柔毛，短柔毛或卷曲柔毛，有稀疏腺体，稀脱落；小叶互生或对生，顶生小叶最大，侧生小叶向下渐变小，顶端圆钝，基部楔形，边缘有缺刻状锯齿，上面伏生疏柔毛或密被长柔毛，下面被短柔毛，叶脉伏生柔毛；基生叶托叶膜质，褐色，外被疏柔毛，茎生叶托叶革质，绿色，边缘深撕裂状，下面被短柔毛或长柔毛。伞房状聚伞花序，花梗被短柔毛；花直径 1~1.5 厘米；萼片三角卵形，顶端渐尖或急尖；花瓣黄色，倒卵形，顶端微凹，比萼片长约 1 倍；花柱近顶生，圆锥形，柱头稍扩大。瘦果卵球形，具脉纹。

花期果期　6~10 月开花期，8~10 月果熟期。

地理分布　产于大同、阳高、浑源、左云、大同、沁水、陵川、右玉、和顺、忻州。

生长环境　生长于海拔 400~2600 米的山坡草地、低洼地、砂质地、草原、丛林边及黄土高原。

主要用途　具有一定的抗旱能力，可栽植于较干旱的草地；全草入药，可清热解毒、消炎止血。

多茎委陵菜 ♂

学　名: *Potentilla multicaulis* Bge.

俗　称: 猫爪子

形态特征　多年生草本。根粗壮，圆柱形。基生叶为羽状复叶，有小叶 4–6 对，稀达 8 对，叶柄暗红色，被白色长柔毛，小叶片对生稀互生，无柄，椭圆形至倒卵形，上部小叶远比下部小叶大，边缘羽状深裂，裂片带形，排列较为整齐，顶端舌状，边缘平坦或略微反卷，上面绿色，主脉侧脉微下陷，被稀疏伏生柔毛，下面被白色绒毛，脉上疏生白色长柔毛，茎生叶与基生叶形状相似，唯小叶对数较少；基生叶托叶膜质，棕褐色，外面被白色长柔毛；茎生叶托叶草质，绿色，全缘，卵形，顶端渐尖。聚伞花序多花，初开时密集，花后疏散；花直径 0.8–1 厘米，稀达 1.3 厘米；萼片三角卵形，副萼片狭披针形比萼片短约一半；花瓣黄色，比萼片稍长或长达 1 倍；花柱近顶生，圆柱形，基部膨大。瘦果卵球形有皱纹。

花期果期　5–9 月开花期，7–9 月果熟期。

地理分布　产于太原、浑源、沁县、沁源、晋城、沁水、昔阳、介休、运城、闻喜、夏县、永济、五台、宁武、偏关、翼城、乡宁、隰县、吕梁、离石、兴县、中阳。

生长环境　生长于海拔 200–3000 米的耕地边、沟谷阴处、向阳砾石山坡、草地及疏林下。

主要用途　耐践踏、耐牧，一般用于放牧地，羊喜食；地上全草可入药，具止血、杀虫、祛湿热之作用。

委陵菜 ♂

学　名： *Potentilla chinensis* Ser.

形态特征　多年生草本。根圆柱形，稍木质化。花茎直立或上升，被稀疏短柔毛及白色绢状长柔毛。基生叶为羽状复叶，有小叶 5–15 对；小叶片对生或互生，上部小叶较长，向下逐渐减小，无柄，长圆形、倒卵形或长圆披针形，边缘羽状中裂，顶端急尖或圆钝，边缘向下反卷，中脉下陷，下面被白色绒毛，沿脉被白色绢状长柔毛，茎生叶与基生叶相似，唯叶片对数较少；基生叶托叶近膜质，褐色，外面被白色绢状长柔毛，茎生叶托叶草质，绿色，边缘锐裂。伞房状聚伞花序，花梗长 0.5–1.5 厘米，基部有披针形苞片，外面密被短柔毛；萼片三角卵形，顶端急尖，副萼片带形或披针形，顶端尖，比萼片短约 1 倍且狭窄，外面被短柔毛及少数绢状柔毛；花瓣黄色，宽倒卵形，顶端微凹，比萼片稍长；花柱近顶生，基部微扩大，稍有乳头或不明显，柱头扩大。瘦果卵球形，深褐色，有明显皱纹。

花期果期　4–9 月开花期，6–10 月果熟期。

地理分布　产于太原、平定、盂县、长治、沁县、晋城、沁水、和顺、昔阳、太谷、灵石等地。

生长环境　适应性强；生长于海拔 400–3000 米的山坡草地、沟谷、林缘、灌丛或疏林下。

主要用途　可作为草地、园林地被观赏植物。

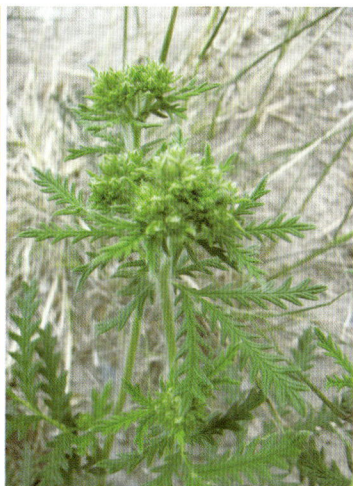

星毛委陵菜 ♂

学　名：*Potentilla acaulis* L.

俗　称：无茎委陵菜

形态特征　多年生草本，高 2-15 厘米，植株灰绿色。根圆柱形，多分枝。花茎丛生，密被星状毛及开展微硬毛。基生叶掌状三出复叶，连叶柄长 1.5-7 厘米，叶柄密被星状毛及开展微硬毛，小叶常有短柄或几无柄；小叶片倒卵椭圆形或菱状倒卵形，顶端圆钝，基部楔形，每边有 4-6 个圆钝锯齿，两面灰绿色，密被星状毛及开展微硬毛，下面沿脉较密；茎生叶 1-3，小叶与基生小叶相似；基生叶托叶膜质，淡褐色，被星状毛及开展微硬毛，茎生叶托叶草质，带形或带状披针形，外被星状毛。顶生花 1-2 或 2-5 朵呈聚伞花序，花梗长 1-2 厘米，密被星状毛及疏柔毛；花直径 1.5 厘米；萼片三角卵形，顶端急尖，副萼片椭圆形，顶端圆钝稀 2 裂，外面密被星状毛及疏柔毛；花瓣黄色，倒卵形，顶端微凹或圆钝，比萼片长约 1 倍；花柱近顶生，基部有乳头，柱头稍微扩大。瘦果近肾形，直径约 1 毫米，有不明显脉纹。

花期果期　4-7 月开花期，7-8 月果熟期。

地理分布　在右玉草原有分布。

生长环境　生长于海拔 580-3000 米的山坡草地、草滩、黄土坡、多砾石瘠薄山坡。

主要用途　优良的地被植物。

雪白委陵菜 ♂

学 名：*Potentilla nivea* L.

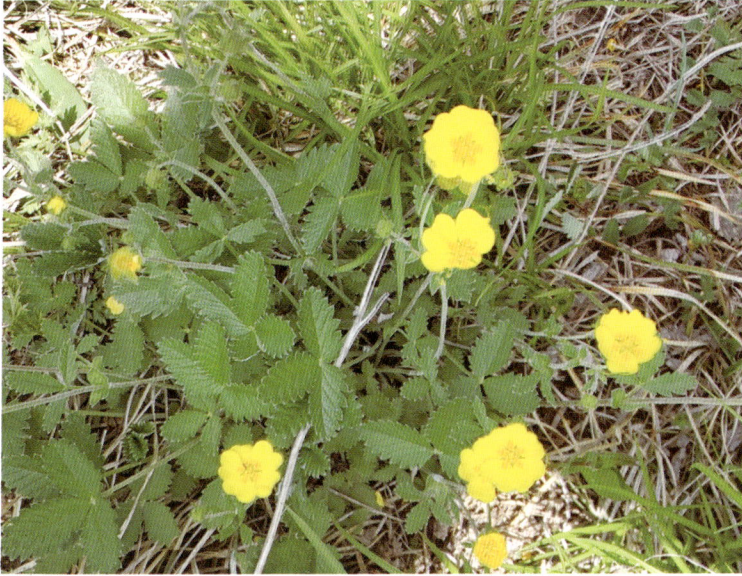

形态特征 多年生草本，高 5–25 厘米。花茎直立或上升，被白色绒毛。基生叶为掌状三出复叶，连叶柄长 1–6 厘米，叶柄被白色绒毛；小叶无柄或有时顶生小叶有短柄，小叶片卵形、倒卵形或椭圆形，顶端圆钝或急尖，基部圆形或宽楔形，边缘有圆钝锯齿，上面被伏生柔毛，下面被雪白色绒毛，脉不明显，茎生叶 1–2，小叶较小；基生叶托叶膜质，褐色，外面被疏柔毛或脱落几无毛，茎生叶托叶草质，绿色，卵形，通常全缘，稀有齿，下面密被白色绒毛。聚伞花序顶生，少花，稀单花，外被白色绒毛；萼片三角卵形，顶端急尖或渐尖，副萼片带状披针形，顶端圆钝，比萼片短，外面被平铺绢状柔毛；花瓣黄色，倒卵形，顶端下凹；花柱近顶生，基部膨大，有乳头，柱头扩大。瘦果光滑。

花期果期 6–7 月开花期，8–9 月果熟期。

地理分布 产于五台山北台、中台，宁武，右玉。

生长环境 有一定的抗旱性；生长于海拔 2000–3200 米的高山灌丛边、山坡草地及沼泽边缘。

主要用途 草甸或园林观赏植物。

西山委陵菜 ♂

学　名：*Potentilla sischanensis* Bge. ex Lehm.

形态特征　多年生草本。根粗壮，圆柱形，木质化。花茎丛生，直立或上升，高 10–30 厘米，被白色绒毛及稀疏长柔毛，老时脱落。基生叶为羽状复叶，亚革质，有小叶 3–5 对，稀达 8 对，间隔 0.5–1.8 厘米，叶柄被白色绒毛及稀疏长柔毛；小叶对生稀下部小叶互生，卵形、长椭圆形或披针形，边缘羽状深裂几达中脉，基部小叶小，掌状或近掌状，分裂，裂片长椭圆形、披针形或卵状披针形，顶端圆钝或急尖，上面绿色，被稀疏长柔毛，下面密被白色绒毛，边缘平坦或稍微反卷，沿脉伏生白色长柔毛及绒毛；茎生叶无或极不发达，呈苞叶状、掌状或羽状，3–5 全裂；基生叶托叶膜质，褐色，外面被白色长柔毛，茎生叶托叶亚革质，绿色，卵披针形，下面密被白色绒毛。聚伞花序疏生，花梗有对生小形苞片，外被稀疏柔毛；花直径 0.8–1 厘米；萼片卵状披针形或三角状卵形，顶端渐尖，副萼片狭窄，披针形，比萼片短或几等长，外面被白色绒毛和稀疏长柔毛；花瓣黄色，倒卵形；花柱近顶生，基部稍微膨大，柱头稍扩大。瘦果卵圆形，成熟后有皱纹。

花期果期　4–8 月开花期，7–8 月果熟期。

地理分布　产于太原、沁县、沁源、沁水、灵石、运城、闻喜、稷山、夏县、平陆、芮城、河津、宁武、洪洞、大宁、隰县、蒲县、侯马、霍州、吕梁等地。

生长环境　中生植物；生长于海拔 1200–3100 米的山坡草地、沟谷及林缘。

主要用途　药用，清热利湿、止血、杀虫。

钉柱委陵菜 ♂

学　名：*Potentilla saundersiana* Royle

形态特征　多年生草本。根粗壮，圆柱形。花茎直立或上升，高 10–20 厘米，被白色绒毛及疏柔毛。基生叶 3–5 掌状复叶，连叶柄长 2–5 厘米，被白色绒毛及疏柔毛，小叶无柄；小叶片长圆倒卵形，顶端圆钝或急尖，基部楔形，边缘有多数缺刻状锯齿，齿顶端急尖或微钝，上面绿色，伏生稀疏柔毛，下面密被白色绒毛，沿脉伏生疏柔毛，茎生叶 1–2，小叶 3–5，与基生叶小叶相似；基生叶托叶膜质，褐色，外面被白色长柔毛或脱落几无毛，茎生叶托叶草质，绿色，卵形或卵状披针形，通常全缘，顶端渐尖或急尖，下面被白色绒毛及疏柔毛。聚伞花序顶生，有花多朵，疏散，花梗长 1–3 厘米，外被白色绒毛；花直径 1–1.4 厘米；萼片三角卵形或三角披针形，副萼片披针形，顶端尖锐，比萼片短或几等长，外被白色绒毛及柔毛；花瓣黄色，倒卵形，顶端下凹，比萼片略长或长 1 倍；花柱近顶生，基部膨大不明显，柱头略扩大。瘦果光滑。

花期果期　6–8 月开花期，7–9 月果熟期。

地理分布　产于五台山、宁武牛头山。

生长环境　生长于海拔 1800–3000 米的山坡草地、山顶、草甸等。

主要用途　为北方高海拔地区优良地被植物。

绢毛匍匐委陵菜 ♂

学　名： *Potentilla reptans* var. *sericophylla* Franch.

俗　称： 五爪龙、金棒锤、金金棒

形态特征　多年生匍匐草本。根多分枝，常具纺锤状块根。匍匐枝长 20–100 厘米，节上生不定根，被稀疏柔毛或脱落几无毛。基生叶为三出掌状复叶，连叶柄长 7–12 厘米，边缘两个小叶浅裂至深裂，有时混生有不裂者，小叶下面及叶柄伏生绢状柔毛，稀脱落被稀疏柔毛；纤匍枝上叶与基生叶相似；基生叶托叶膜质，褐色，外面几无毛，匍匐枝上托叶草质，绿色，卵状长圆形或卵状披针形，全缘稀有 1–2 齿，顶端渐尖或急尖。单花自叶腋生或与叶对生，花梗长 6–9 厘米，被疏柔毛；花直径 1.5–2.2 厘米；萼片卵状披针形，顶端急尖，副萼片长椭圆形或椭圆披针形，顶端急尖或圆钝，与萼片近等长，外面被疏柔毛，果时显著增大；花瓣黄色，宽倒卵形，顶端显著下凹，比萼片稍长；花柱近顶生，基部细，柱头扩大。瘦果黄褐色，卵球形，外面被显著点纹。

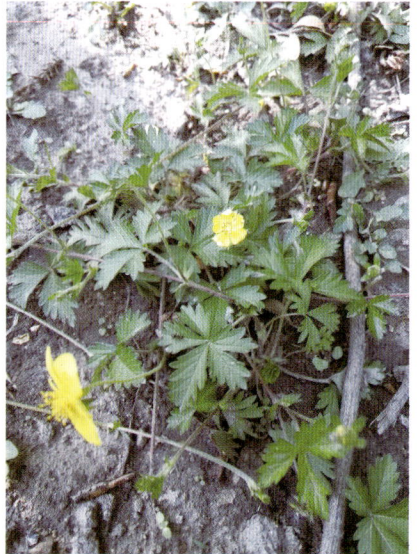

花期果期　6–8 月开花期，7–9 月果熟期。

地理分布　产于五台县台怀，太原南郊姚村，垣曲县同善及晋城等。

生长环境　生长于海拔 300–1600 的米山坡草地、渠旁、溪边灌丛中及林缘。

主要用途　块根供药用，能收敛解毒、生津止渴。

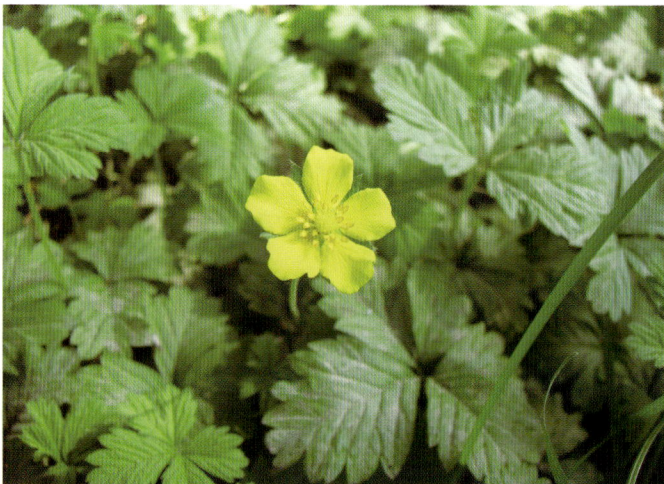

8.4 蕨麻属 Argentina Hill

多年生草本。茎直立、上升或匍匐。基生叶为间断羽状复叶；拖叶耳着生于叶柄腹面。单花腋生，疏被柔毛；萼片三角状卵形，先端急尖或渐尖，副萼片椭圆形或椭圆状披针形，常 2-3 裂，稀不裂，与萼片近等长或稍短；花瓣黄色，倒卵形；花柱侧生，小枝状，柱头稍扩大；每心皮有 1 胚珠，上升或下垂，倒生胚珠，横生胚珠或近直生胚珠。瘦果多数，着生在干燥的花托上，萼片宿存种子 1 颗，种皮膜质。

蕨麻 ♂

学　名： *Argentina anserina* (L.) Rydb.

形态特征　多年生草本。根黑褐色，圆柱形。棍状茎粗短，包被老叶柄或残余托叶。茎纤细，匍匐，节上生不定根。基生叶多数，丛生，为不整齐的奇数羽状复叶，有小叶 6-11 对；小叶间夹有极小的小叶片；小叶对生或互生，叶片顶端圆钝，基部楔形，边缘具缺刻状锐锯齿，深绿色，下面密被紧贴银白色绢毛或较稀疏，叶脉明显或不明显；茎生叶和基生叶相似，小叶对数较少；小叶无柄；托叶膜质，上部茎生叶草质，卵形，先端钝圆，黄棕色。花单生于叶腋；花梗细，被长柔毛；萼片三角卵形，被绢状长柔毛，副萼片常 2-3 裂，稀不裂；花瓣黄色，倒卵形，顶端圆形，长为萼片的 2 倍；雄蕊多数；花柱侧生，棍棒状；花托被长柔毛。瘦果卵圆形。

花期果期　5-7 月开花期，6-7 月果熟期。

地理分布　产于太原、阳高、浑源、沁县、沁源、山阴、右玉、五台、宁武、五寨、离石、交城、兴县、中阳、孝义。

生长环境　喜雨水充沛；多生长于海拔 500-3000 米的河岸、路边、山坡草地及草甸。

主要用途　作为一种较低矮的地被植物，可提高草甸植物的空间分布；根含鞣料，可提制烤胶。

8.5 **草莓属 *Fragaria* L.**

多年生草本。通常具纤匐枝，常被开展或紧贴的柔毛。叶为三出或羽状五小叶；托叶膜质，褐色，基部与叶柄合生，鞘状。花两性或单性，杂性异株，数朵呈聚伞花序，稀单生；萼筒倒卵圆锥形或陀螺形，裂片 5，镊合状排列，宿存，副萼片 5，与萼片互生；花瓣白色，稀淡黄色，倒卵形或近圆形；雄蕊 18-24 枚，花药 2 室；雌蕊多数，着生在凸出的花托上，彼此分离；花柱自心皮腹面侧生，宿存；每心皮有一胚珠。瘦果小形，硬壳质，成熟时着生在球形或椭圆形肥厚肉质花托凹陷内；种子 1 颗，种皮膜质，子叶平凸。

东方草莓 ♂

学　名： *Fragaria orientalis* Lozinsk.

俗　称：红颜草莓

形态特征 多年生草本。茎被开展柔毛。叶为 3 小叶复叶；小叶质较薄，近无柄，倒卵形或菱状卵形，顶生小叶基部楔形，侧生小叶基部偏斜，有缺刻状锯齿，上面散生疏柔毛，下面被疏柔毛，沿脉较密；叶柄被开展柔毛。花序聚伞状，基部苞片淡绿色或呈小叶状；花两性，稀单性；花梗被开展柔毛；萼片卵状披针形，先端尾尖，副萼片线状披针形，稀 2 裂；花瓣白色，近圆形；雄蕊 18-22。聚合果半圆形，成熟后紫红色；宿萼开展或微反折；瘦果卵圆形。

花期果期 5-6 月开花期，7-8 月果熟期。

地理分布 产于浑源、沁县、沁水、灵石、介休、垣曲、五台、宁武、五寨、翼城、霍州、交城、方山。

生长环境 具有一定的耐寒性；生长于海拔 600-3000 米的山坡草地或林下。

主要用途 果实质软而多汁，可生食或供制果酒、果酱。

8.6 蛇莓属 *Duchesnea* J.E.Smith.

多年生草本。具短根茎；匍匐茎细长，在节处生不定根。基生叶数个，茎生叶互生，皆为三出复叶，有长叶柄，小叶片边缘有锯齿；托叶宿存，贴生于叶柄。花多单生于叶腋，无苞片；副萼片、萼片及花瓣各 5 个；副萼片大形，和萼片互生，宿存，先端有 3-5 锯齿；萼片宿存；花瓣黄色；雄蕊 20-30；心皮多数，离生；花托半球形或陀螺形，在果期增大，海绵质，红色；花柱侧生或近顶生。瘦果微小，扁卵形；种子 1 个，肾形，光滑。

蛇莓 ♂

学　名：*Duchesnea indica* (Andr.) Focke

俗　称：三爪风、龙吐珠、蛇泡草

形态特征　多年生草本。根茎短，粗壮；匍匐茎多数，长 30-100 厘米，有柔毛。小叶片倒卵形至菱状长圆形，先端圆钝，边缘有钝锯齿，两面皆有柔毛或上面无毛，具小叶柄；叶柄有柔毛；托叶窄卵形至宽披针形，长 5-8 毫米。花单生于叶腋；花梗长 3-6 厘米，有柔毛；萼片卵形，长 4-6 毫米，先端锐尖，外面有散生柔毛；副萼片倒卵形，长 5-8 毫米，比萼片长，先端常具 3-5 锯齿；花瓣倒卵形，黄色，先端圆钝；雄蕊 20-30；心皮多数，离生；花托在果期膨大，海绵质，鲜红色，有光泽，直径 10-20 毫米，外面有长柔毛。瘦果卵形，光滑或具不显明凸起，鲜时有光泽。

花期果期　6-8 月开花期，8-10 月果熟期。

地理分布　产于阳高大峪口、五台山、太原娄烦云顶山、介休绵山、绛县、晋城、舜王坪、永济雪花山等。

生长环境　生长于海拔 1800 米以下的山坡、河岸、草地等潮湿的地方。

主要用途　果实艳丽，具有一定观赏性；全草入药，能清热解毒、散结、法风、化痰、镇痛。

8.7 龙牙草属 *Agrimonia* L.

多年生草本。根状茎倾斜，常有地下芽。奇数羽状复叶，有托叶。花小，两性，呈顶生穗状总状花序；萼筒陀螺状，有棱，顶端有数层钩刺，花后靠合、开展或反折；萼片 5，覆瓦状排列；花瓣 5，黄色；花盘边缘增厚，环绕萼筒口部；雄蕊 5-15 或更多，成 1 列着生在花盘外面；雌蕊通常 2 枚，包藏在萼筒内，花柱顶生，丝状，伸出萼筒外，柱头微扩大；胚珠每心皮 1 枚，下垂。瘦果 1-2，包藏在具钩刺的萼筒内；种子 1 枚。

龙牙草 ♂

学　名: *Agrimonia pilosa* Ldb.

俗　称: 路边黄、仙鹤草

形态特征 多年生草本。根状茎短，基部常有 1 至数个地下芽；茎高达 1.2 米，被疏柔毛及短柔毛，稀下部被长硬毛。叶为间断奇数羽状复叶，常有 3-4 对小叶，杂有小型小叶；小叶倒卵形至倒卵状披针形，具锯齿。穗状总状花序，花瓣黄色，长圆形；苞片细小，常 3 裂；花萼倒圆锥形，萼片卵状三角形，外生短柔毛；雄蕊 5 至多枚，花柱 2。瘦果倒卵状圆锥形，顶端有数层钩刺。

花期果期 6-9 月开花期，8-10 月果熟期。

地理分布 产于浑源、沁县、阳城、太谷、介休、五台、宁武、五寨、原平、洪洞、乡宁、蒲县、霍州。

生长环境 生长于海拔 100-3000 米的溪边、路旁、草地、灌丛、林缘及疏林下。

主要用途 植株较为高大，可搭配低矮草本植物丰富空间；全草入药；并可制栲胶、农药。

8.8 地榆属 *Sanguisorba* L.

多年生草本。根粗壮，下部长出若干纺锤形、圆柱形或细长条形根。叶为奇数羽状复叶。花两性，稀单性，密集成穗状或头状花序；萼筒喉部缢缩，有 4（7）萼片，覆瓦状排列，紫色、红色或白色，如花瓣状；花瓣无；雄蕊通常斗枚，稀更多，花丝通常分离，稀下部连合，插生于花盘外面，花盘贴生于萼筒喉部；心皮通常 1 枚，稀 2 枚，包藏在萼筒内，花柱顶生，柱头扩大呈画笔状；胚珠 1 枚，下垂。瘦果小，包藏在宿存的萼筒内；种子 1 颗，子叶平凸。

地榆 ♂

学　名：*Sanguisorba officinalis L.*

俗　称：一串红、山枣子、玉札

形态特征　多年生草本，高达 1.2 米。茎有棱，无毛或基部有稀疏腺毛。基生叶为羽状复叶，小叶 4–6 对，叶柄无毛或基部有稀疏腺毛；小叶有短柄，卵形或长圆状卵形，先端圆钝稀急尖，基部心形或浅心形，有粗大圆钝稀急尖锯齿，两面绿色，无毛；茎生叶较少，小叶基部微心形或圆，先端急尖；基生叶托叶膜质，褐色，茎生叶托叶草质，半卵形，有尖锐锯齿。穗状花序椭圆形、圆柱形或卵球形，直立，从花序顶端向下开放，花序梗光滑或偶有稀疏腺毛；苞片膜质，披针形，比萼片短或近等长，背面及边缘有柔毛；萼片 4，紫红色，椭圆形或宽卵形，背面被疏柔毛，雄蕊 4；子房无毛或基部微被毛；柱头盘形，具流苏状乳头。瘦果包藏宿存萼筒内，有 4 棱。

花期果期　6–7 月开花期，8–9 月果熟期。

地理分布　产于太原、浑源、平定、平顺、沁源、晋城、阳城、陵川、平鲁、山阴、太谷、运城、稷山、垣曲、夏县、平陆、芮城、永济、五台、宁武等。

生长环境　喜温暖湿润的环境，耐瘠薄，耐旱，耐热而不耐寒；生长于海拔 30–3000 米的草原、草甸、山坡草地、灌丛中、疏林下。

主要用途　可提高群落观赏性；根可止血、治疗烧伤、烫伤；有些地区用来提制栲胶；嫩叶可食，又做代茶饮。

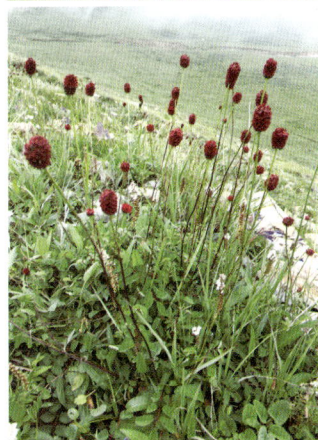

8.9 羽衣草属 *Alchemilla* L.

多年生草本，稀为一年生。有木质根状茎，直立或外倾。单叶互生，掌状浅裂或深裂，极稀掌状复叶，有长叶柄和托叶，基生和茎生；托叶与叶柄连生。花小，两性，集合成疏散的或密集的伞房花序或聚伞花序；萼筒（花托）壶形，永存，喉部收缩，萼片2轮，各为4-5片，萼片在芽中为镊合状排列；花瓣缺；雄蕊4(1)着生在萼筒喉部，花丝短，离生；花盘边厚围绕在萼筒上方；心皮1（4）着生在萼筒基部，有短柄或无柄；花柱基生或腹生，线形，无毛，柱头头状；胚珠1，着生在子房基部。瘦果1-4，全部或部分包在膜质花托内；种子基生，种皮膜质，子叶长倒卵形。

纤细羽衣草 ♂

学　名：*Alchemilla gracilis* Opiz.

形态特征　多年生草本。基生叶肾状圆形，长2-4厘米，宽4-8厘米，基部广开为截形或微心形，边缘有7-9波状浅裂片和细锐锯齿，两面均被稀疏长柔毛，下面沿叶脉较密；叶柄长5-14厘米，密被开展长柔毛；托叶膜质，黄褐色，外被稀疏柔毛；基生叶2-5个，向上逐渐减小，叶柄短或近无柄，托叶边缘有锯齿，基部合生。伞房状聚伞花序较稀疏；花梗长3-4毫米，无毛；萼筒基部稍下延无毛；副萼片比萼片短一半以上，外面均无毛。瘦果卵形；长1-2毫米，先端稍钝，光滑无毛。

花期果期　7-8月开花期，7-9月果熟期。

地理分布　产于忻州荷叶坪、沁源、宁武、五寨。

生长环境　有一定的耐寒性；生长于海拔1700-2700米的高山草原或疏密林下。

主要用途　具有水土保持作用。

9

豆科
Leguminosae

乔木、灌木、亚灌木或草本，直立或攀缘，常有能固氮的根瘤。叶通常互生，常为一回或二回羽状复叶；托叶有或无，有时叶状或变为棘刺。花两性，辐射对称或两侧对称，通常排成总状花序、聚伞花序、穗状花序、头状花序或圆锥花序；花被 2 轮；萼片 3-6，分离或连合成管，有时二唇形，稀退化或消失；花瓣 0-6，常与萼片的数目相等，通常分离且大小不等，多数呈蝶形花冠或假蝶形花冠，少数同形或结合；雄蕊通常 10 枚，分离或连合成管，单体或二体雄蕊，花药 2 室；雌蕊通常由单心皮所组成，稀较多且离生，子房上位，1 室，胚珠 2 至多颗，悬垂或上升；花柱和柱头单一，顶生。果为荚果，成熟后沿缝线开裂或断裂成含单粒种子的荚节；种子通常具革质或有时膜质的种皮和大而扁平的子叶，通常无胚乳。

9.1 草木樨属 *Melilotus* (L.) Mill.

一、二年生或短期多年生草本。主根直。茎直立。三出羽状复叶；顶生小叶具较长小叶柄，侧小叶几无柄，边缘具锯齿；无小托叶。总状花序细长，着生叶腋；苞片针刺状，无小苞片；花小；萼钟形，萼齿 5，近等长，具短梗；花冠黄色或白色，偶带淡紫色晕斑，花瓣分离，旗瓣长圆状卵形，翼瓣狭长圆形，等长或稍短于旗瓣，龙骨瓣阔镰形，钝头，通常最短；雄蕊 10 枚，呈二体雄蕊；花柱细长，先端上弯，果时常宿存，柱头点状。荚果，小而膨胀，不开裂，有种子 1-2 粒；种子阔卵形，光滑或具细疣点。

白花草木樨 ♂

学　名： *Melilotus albus* Desr.

形态特征　一、二年生草本，高 70-200 厘米。茎直立，圆柱形，中空，多分枝，几无毛。三出羽状复叶；托叶尖刺状锥形，长 6-10 毫米，全缘；叶柄比小叶短，纤细；小叶长圆形或倒披针状长圆形，长 12-35 毫米，宽（4）6-12 毫米，先端钝圆，基部楔形，边缘疏生浅锯齿，上面无毛，下面被细柔毛，侧脉 12-15 对，平行直达叶缘齿尖，两面均不隆起，顶生小叶稍大，具较长小叶柄，侧小叶叶柄短。总状花序长 9-20 厘米，腋生，具花 40-100 朵，排列疏松；苞片线形，长 1.5-2 毫米；花长 4-5 毫米；花梗短，长约 1-1.5 毫米；萼钟形，长约 2.5 毫米，微被柔毛，萼齿三角状披针形，短于萼筒；花冠白色，旗瓣椭圆形，稍长于翼瓣，龙骨瓣与翼瓣等长或稍短；子房卵状披针形，上部渐窄至花柱，无毛，胚珠 3-4 粒。荚果椭圆形至长圆形，长 3-3.5 毫米，先端锐尖，具尖喙表面脉纹细，网状，棕褐色，老熟后变黑褐色；有种子 1-2 粒；种子卵形，棕色，表面具细瘤点。

花期果期　6-8 月开花期，7-9 月果熟期。

地理分布　产于太岳山七里峪林场、介庙林场大产崖，绵山林场大胆地，阳高县谢屯、燕家堡等地。

生长环境　生长于田边、路旁荒地及湿润的砂质地。

主要用途　为保持水土的优良草种；茎、叶做饲料及绿肥。

草木樨 ♂

学　名: *Melilotus officinalis* (L.) Pall.
俗　称: 黄香草木樨、辟汗草、黄花草木樨

形态特征 一年生或二年生草本。茎直立，高 60-90 厘米，分支多，无毛。三出羽状复叶，小叶片长圆形至倒披针形，长 1-3 厘米，宽 0.5-1.2 厘米，先端钝圆，基部楔形，边缘有疏锯齿，下面被毛；托叶线状披针形或线形，全缘。总状花序，腋生；萼钟状，萼筒与萼齿近等长；花冠黄色，旗瓣比翼瓣稍长，翼瓣比龙骨瓣近等长。荚果卵球形，长约 3 毫米，无毛，有网脉，含种子 1 粒。

花期果期 6-8 月开花期，8-9 月果熟期。

地理分布 产于中条山地区芮城后坪、方山，运城盐池，垣曲龙王脚，晋城柳树口，太岳山介庙林场七沟、七里峪林场，太原各县，五台耿镇，阳高县等。

生长环境 对生长环境要求不高；生长于山坡、田边、路旁、荒地草丛。

主要用途 为保持水土的优良草种；可栽培做家畜饲料；地上部分药用，主治哮喘、支气管炎、肠绞痛、创伤、淋巴结肿痛。

9.2 苜蓿属 *Medicago* L.

一年生或多年生草本，稀灌木。羽状复叶，互生；托叶部分与叶柄合生；小叶 3，边缘通常具锯齿，侧脉直伸至齿尖。总状花序腋生，有时呈头状或单生，花小，一般具花梗；苞片小或无；萼钟形或筒形，萼齿 5；花冠黄色，旗瓣倒卵形至长圆形，基部窄，常反折，翼瓣长圆形；二体雄蕊，花丝顶端不膨大，花药同型。荚果螺旋形转曲、肾形、镰形或近于挺直，背缝常具棱或刺；种子小，通常平滑，多少呈肾形，无种阜。

野苜蓿 ♂

学　名： *Medicago falcata* L.

俗　称： 黄花苜蓿

形态特征　多年生草本。主根粗壮，木质，须根发达。茎平卧或上升，圆柱形，多分枝。三出羽状复叶；托叶披针形至线状披针形，先端长渐尖，基部戟形，全缘或稍具锯齿，脉纹明显；叶柄细，比小叶短；小叶倒卵形至线状倒披针形，先端近圆形，具刺尖，基部楔形，边缘上部 1/4 具锐锯齿，上面无毛，下面被贴伏毛，侧脉 12–15 对，与中脉呈锐角平行达叶边，不分叉；顶生小叶稍大。花序短总状，具花 6–20（25）朵，稠密，花期几不伸长；总花梗腋生，挺直，与叶等长或稍长；苞片针刺状，长约 1 毫米；花梗长 2–3 毫米，被毛；萼钟形，被贴伏毛，萼齿线状锥形，比萼筒长；花冠黄色，旗瓣长倒卵形，翼瓣和龙骨瓣等长，均比旗瓣短；子房线形，被柔毛，花柱短，略弯，胚珠 2–5 粒。荚果镰形，脉纹细，斜向，被贴伏毛；有种子 2–4 粒；种子卵状椭圆形，黄褐色，胚根处凸起。

花期果期　7–8 月开花期，8–9 月果熟期。

地理分布　偏关、大同、忻州等地。

生长环境　耐寒抗旱，耐盐碱，抗病虫害；生长于沙质偏旱耕地、山坡、草原及河岸杂草丛中。

主要用途　是营养价值很高的野生牧草。

天蓝苜蓿 ♂

学 名：*Medicago lupulina* L.

形态特征 一、二年生或多年生草本，高 15–60 厘米，全株被柔毛或有腺毛。主根浅，须根发达。三出羽状复叶；托叶卵状披针形，长可达 1 厘米，先端渐尖，基部圆或戟状，常齿裂；下部叶柄较长，长 1–2 厘米，上部叶柄比小叶短；小叶倒卵形、阔倒卵形或倒心形，纸质，先端多少截平或微凹，具细尖，基部楔形，边缘在上半部具不明显尖齿，两面均被毛，侧脉近 10 对，平行达叶边；顶生小叶较大，小叶柄长 2–6 毫米，侧生小叶柄甚短。花序小头状，具花 10–20 朵；萼钟形，长约 2 毫米，密被毛，萼齿线状披针形，稍不等长，比萼筒略长或等长；花冠黄色，旗瓣近圆形，顶端微凹，翼瓣和龙骨瓣近等长，均比旗瓣短；子房阔卵形，被毛，花柱弯曲，胚珠 1 粒。荚果肾形，表面具同心弧形脉纹，被稀疏毛，熟时变黑；有种子 1 粒；种子卵形，褐色，平滑。

花期果期 7–9 月开花期，8–10 月果熟期。

地理分布 产于中条山区晋城火星，陵川马武寨，太岳山介庙林场后悔沟、灵空寺北杉村、七里峪水库、太原汾河两岸、上兰村及东山店上、清徐、古交、娄烦、五台砂崖乡、耿镇、阳高守口堡、长城乡、重兴镇等地。

生长环境 耐旱、耐潮湿、耐热、抗寒性强，适于气候凉爽及水分良好土壤，但在各种条件下都有野生；常见于河岸、路边、田野及林缘。

主要用途 是一种良好的冬绿草坪和绿肥植物；也是一种优良的豆科牧草；全草可治蜈蚣、毒蛇咬伤及蜂蛰。

花苜蓿 ♂

学　名：*Medicago ruthenica* (L.) Trautv.

形态特征　多年生草本，高可达100厘米。主根深入土中，根系发达。茎四棱形，基部分枝，丛生。三出羽状复叶；托叶披针形，锥尖，先端稍上弯，基部阔圆，耳状，具1-3枚浅齿，脉纹清晰；小叶形状变化很大，先端截平，钝圆或微凹，中央具细尖，基部楔形、阔楔形至钝圆，边缘在基部1/4处以上具尖齿，或仅在上部具不整齐尖锯齿，上面近无毛，下面被贴伏柔毛，侧脉8-18对，分叉并伸出叶边呈尖齿，两面均隆起；顶生小叶稍大，小叶柄长2-6毫米，侧生小叶柄甚短，被毛。花序伞形，有时长达2厘米，具花4-15朵；总花梗腋生，通常比叶长；苞片刺毛状，长1-2毫米；花梗被柔毛；萼钟形，长2-4毫米，宽1.5-2毫米，萼齿披针状锥尖；花冠黄褐色，中央深红色至紫色条纹，旗瓣先端凹头，翼瓣稍短，长圆形，龙骨瓣明显短，卵形，均具长瓣柄。荚果，扁平，先端钝急尖，具短喙，基部狭尖并稍弯曲，具短颈，脉纹横向倾斜，分叉，腹缝有时具流苏状的狭翅，熟后变黑；有种子2-6粒；种子椭圆状卵形，棕色，平滑，种脐偏于一端；胚根发达。

花期果期　6-9月开花期，8-10月果熟期。

地理分布　产于太原、大同、阳高、浑源、大同、晋城、高平、平鲁、太谷、介休、稷山、夏县、忻州、五台、宁武、五寨、河曲、保德、偏关、原平、乡宁、吕梁、离石、兴县、临县、中阳。

生长环境　耐寒能力较强；生长于草原、砂质地、河岸及砂砾质土壤的山坡旷野。

主要用途　优良牧草，产草量高、草质优良，饲用价值很高；药用，可用于预防和治疗关节炎、痛风、肝炎、胆囊炎、肾结石、糖尿病、心脑血管、癌症等病征，种子研碎外敷，还可以用于治疗烫伤与蚊虫叮伤。

苜蓿 ♂

学 名: *Medicago sativa* L.

俗 称: 紫苜蓿

形态特征 多年生草本,高 30-100 厘米。根粗壮,深入土层。根茎发达,茎 4 棱。三出羽状复叶;托叶大,卵状披针形,先端锐尖,基部全缘或具 1-2 齿裂,脉纹清晰;叶柄比小叶短;小叶等大,纸质,先端钝圆,具由中脉伸出的长齿尖,基部狭窄,楔形,边缘 1/3 以上具锯齿,上面无毛,深绿色,下面被贴伏柔毛,侧脉 8-10 对,与中脉成锐角,在近叶边处略有分叉;顶生小叶柄比侧生小叶柄略长。花序总状或头状,具花 5-30 朵;总花梗挺直,比叶长;苞片线状锥形,比花梗长或等长;花长 6-12 毫米;花梗短,长约 2 毫米;萼钟形,长 3-5 毫米,萼齿线状锥形,比萼筒长,被贴伏柔毛;花冠蓝紫色或紫色,花瓣均具长瓣柄,旗瓣长圆形,先端微凹,明显较翼瓣和龙骨瓣长,翼瓣较龙骨瓣稍长;子房线形,具柔毛,花柱短阔,上端细尖,柱头点状,胚珠多数。荚果螺旋状紧卷 2-4(6)圈,被柔毛或渐脱落,脉纹细,熟时棕色;有种子 10-20 粒;种子卵形,平滑,黄色或棕色。

地理分布 产于中条山地区陵川,晋城,芮城大王、双庙,太岳山介庙林场后悔沟、七沟,太原东山刘家河、店上,娄烦县汾河水库,五台耿镇,阳高县城及丘陵山区。

花期果期 花期 5-7 月,果期 6-8 月。

生长环境 适于明显大陆性气候;生长于田边、路旁、旷野、草原、河岸及沟谷等地。

主要用途 是一种可以改良土壤的植物,多用于草地修复;茎、叶为优良饲料;也可做绿肥;种子可造酒,并可食用;根入药,有开胃、利尿排石之功效。

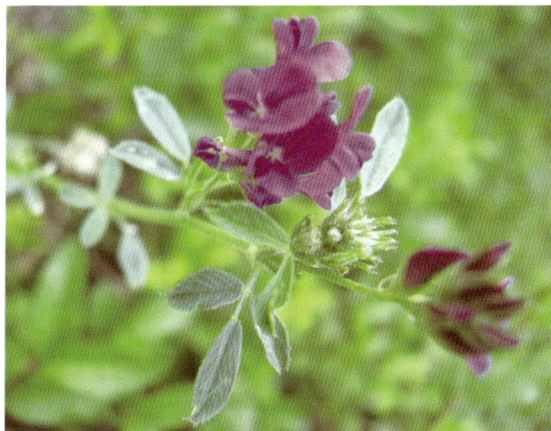

9.3 两型豆属 *Amphicarpaea* Elliott ex Nutt.

缠绕草本。叶为羽状复叶，互生，有小叶 3 片，托叶和小托叶常有脉纹。花两性，常两型，一为闭锁花（闭花受精）式，无花瓣，生于茎下部，于地下结实；二为正常花，生于茎上部，通常 3-7 朵排成腋生的短总状花序；苞片宿存或脱落，小苞片有或无；花萼管状，4-5 裂；花冠伸出于萼外，各瓣近等长，旗瓣倒卵形或倒卵状椭圆形，具瓣柄和耳，龙骨瓣略镰状弯曲；二体雄蕊（9+1），花药一式；子房基部具鞘状花盘，花柱无毛，柱头小，顶生。荚果线状长圆形，扁平，微弯，不具隔膜；在地下结的果通常圆形或椭圆形；不开裂具 1 种子。

两型豆 ♂

学　名： *Amphicarpaea edgeworthii* Benth.

俗　称： 三籽两型豆、阴阳豆、山巴豆

形态特征　一年生缠绕草本。茎纤细，被淡褐色柔毛。叶具羽状 3 小叶；托叶小具明显线纹；叶柄长 2-5.5 厘米；小叶薄纸质或近膜质；小托叶极小，常早落，侧生小叶稍小，常偏斜。花二型，生于茎上部的为正常花，排成腋生的短总状花序，有花 2-7 朵，各部被淡褐色长柔毛；苞片近膜质，卵形至椭圆形，长 3-5 毫米，具线纹多条，腋内通常具花一朵；花梗纤细，长约 1-2 毫米；花萼管状，5 裂，裂片不等；花冠淡紫色或白色，各瓣近等长，旗瓣倒卵形，具瓣柄，两侧具内弯的耳，翼瓣长圆形亦具瓣柄和耳，龙骨瓣与翼瓣近似，先端钝，具长瓣柄；二体雄蕊，子房被毛；另生于下部的为闭锁花，无花瓣，柱头弯至与花药接触，子房伸入地下结实。荚果二型；生于茎上部的完全花结的荚果为长圆形或倒卵状长圆形，长 2-3.5 厘米，宽约 6 毫米，扁平，微弯，被淡褐色柔毛，以背、腹缝线上的毛较密；种子 2-3 颗，肾状圆形，黑褐色，种脐小；由闭锁花伸入地下结的荚果呈椭圆形或近球形，不开裂，内含 1 粒种子。

花期果期　7-8 月开花期，8-10 月果熟期。

地理分布　产于太岳山七里峪林场东凌沟，右玉县。

生长环境　喜湿怕高温；生长于海拔 500-1600 米的林缘、疏林下、山坡、湿草地及灌丛中。

主要用途　是一种较好的喜湿植物；种子可入药，具抗炎、抗氧化、抗肿瘤、抗菌等作用。

9.4 野豌豆属 *Vicia* L.

一、二年生或多年生草本。茎攀缘，少数直立或匍匐。偶数羽状复叶，叶轴先端具卷须或短尖头；托叶通常半箭头形；小叶 (1) 2-12 对，先端圆、平截或渐尖，微凹，有细尖，全缘。花序腋生，总状或复总状；花多数，着生于长花序轴上部，稀单生或 2-4 簇生于叶腋，苞片甚小而且多数早落；花萼近钟状，基部偏斜，上萼齿通常短于下萼齿；花冠淡蓝色、蓝紫色或紫红色；旗瓣倒卵形、长圆形或提琴形，先端微凹，下方具较大的瓣柄，翼瓣与龙骨瓣耳部相互嵌合，二体雄蕊 (9+1)，雄蕊管上部偏斜，花药同型；花柱圆柱形，顶端四周被毛，或侧向压扁于远轴端具一束髯毛。荚果扁，种子 2-7，球形、扁球形、肾形或扁圆柱形。

歪头菜 ♂

学 名：*Vicia unijuga* A.Br.

形态特征 多年生草本。根茎粗壮近木质，主根长达 8-9 厘米，须根发达，表皮黑褐色。通常数茎丛生，具棱，疏被柔毛，老时渐脱落，茎基部表皮红褐色或紫褐红色。叶轴末端为细刺尖头；偶见卷须，托叶戟形或近披针形，边缘不规则啮蚀状；小叶一对，先端渐尖，边缘具小齿状，基部楔形，两面均疏被微柔毛。总状花序单一，稀有分支呈圆锥状复总状花序，明显长于叶；花 8-20 朵密集于花序轴上部；花萼紫色，斜钟状或钟状，无毛，萼齿明显短于萼筒；花冠蓝紫色、紫红色或淡蓝色，旗瓣倒提琴形，中部缢缩，先端圆有凹，翼瓣先端钝圆，龙骨瓣短于翼瓣，子房线形，无毛，胚珠 2-8，具子房柄，花柱上部四周被毛。荚果扁、长圆形无毛，表皮棕黄色，近革质，两端渐尖，先端具喙，成熟时腹背开裂，果瓣扭曲；种子 3-7，扁圆球形，种皮黑褐色，革质。

花期果期 花期 6-8 月，果期 8-9 月。

地理分布 产于沁源、析城山、广灵等地。

生长环境 喜阴湿及微酸性砂质土，在棕壤、灰化土，甚至瘠薄的沙土上也能生长；生长于海拔 1300-2500 米的山顶、林缘、草地。

主要用途 生长旺盛，广布荒草坡，亦用于水土保持及绿肥，为早春蜜源植物之一；为优良牧草、牲畜喜食；嫩时亦可为蔬菜；全草药用，有补虚、调肝、理气、止痛等功效。

广布野豌豆 ♂

学 名：*Vicia cracca* L.

形态特征 多年生草本，高 40–150 厘米。根细长，多分支。茎攀缘或蔓生，有棱，被柔毛。偶数羽状复叶，叶轴顶端卷须有 2–3 分支；托叶半箭头形或戟形，上部 2 深裂；小叶 5–12 对互生，下面没有粉霜；叶脉稀疏，呈三出脉状，不甚清晰。总状花序与叶轴近等长，花多数，10–40 密集一面着生于总花序轴上部；花萼钟状，萼齿 5，近三角状披针形；花冠紫色、蓝紫色或紫红色；旗瓣长圆形，中部缢缩呈提琴形，先端微缺，瓣柄与瓣片近等长；翼瓣与旗瓣近等长，明显长于龙骨瓣先端钝；子房有柄，胚珠 4–7，花柱弯与子房联接处成大于 90° 夹角，上部四周被毛。荚果长圆形或长圆菱形，先端有喙，果梗长约 0.3 厘米；种子 3–6，扁圆球形，种皮黑褐色。

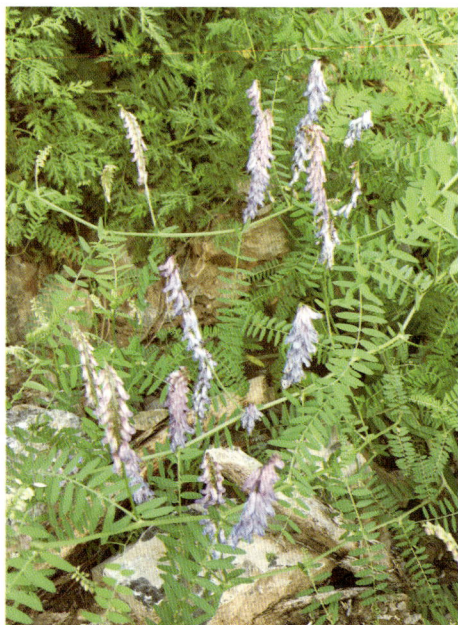

花期果期 5–8 月开花期，8–9 月果熟期。

地理分布 产于太原、浑源、黎城、沁水、垣曲、永济、五台、宁武。

生长环境 冬性植物；生长于海拔 800–1600 米的山谷、草地、路旁。

主要用途 为水土保持绿肥作物；嫩时为牛羊等牲畜喜食饲料；早春为蜜源植物之一。

9.5 黄芪属 *Astragalus* L.

稀灌木或亚灌木。茎发达或短缩，稀无茎或不明显。羽状复叶，稀三出复叶或单叶；少数种叶柄和叶轴退化成硬刺；托叶与叶柄离生或贴生，相互离生或合生而与叶对生；小叶全缘，不具小托叶。花萼管状或钟状，萼筒基部近偏斜，或花期呈肿胀囊状，具 5 齿；花瓣近等长或翼瓣和龙骨瓣较旗瓣短，旗瓣直立，翼瓣全缘，龙骨瓣内弯；二体雄蕊 (9+1)，稀单体，花药同型；子房柄有或无，花柱丝状，柱头小，头状，无毛，稀具髯毛。荚果形状多样，由线形至球形，一般肿胀，先端喙状，1 室，有时因背缝隔膜侵入分为不完全假 2 室或假 2 室，有或无果颈（即果熟后的子房柄），开裂或不开裂，果瓣膜质、革质或软骨质；种子通常肾形，无种阜，珠柄丝形。

蒙古黄芪 ♂

学　名： *Astragalus membranaceus var.mongholicus* (Bunge) P.K.Hsiao.

俗　称： 膜荚黄耆、一人挺、黄芪、木黄芪

形态特征 多年生草本，高 40–60 厘米。主根长而粗壮。茎、枝被柔毛。奇数羽状复叶，小叶 25–33，小叶片椭圆形或长圆状卵形，长 5–10 毫米，宽 3–5 毫米，先端钝圆或微凹，具小尖头，上面无毛，下面被平贴白短柔毛；托叶狭拔针形。总状花序腋生；苞片线形；花黄色，萼钟状，萼齿细，被黑色短柔毛；旗瓣矩圆状倒卵形，顶微凹，长 18–20 毫米，基具短爪，翼瓣、龙骨瓣具长爪；子房无毛，具柄。荚果膜质，膨胀，椭圆形，光滑无毛。

花期果期 6–7 月开花期，7–8 月果熟期。

地理分布 产于浑源县大西门沟，繁峙县宽滩，宁武县秋千沟大梁，芮城县王莽坪。

生长环境 喜阳光湿润；生长于海拔 1500–2300 米的山坡草甸、疏林下。

主要用途 栽植于向阳草地或山坡上，有水土保持作用；根药用，甘、微温，强壮，补气、固表、止汗。

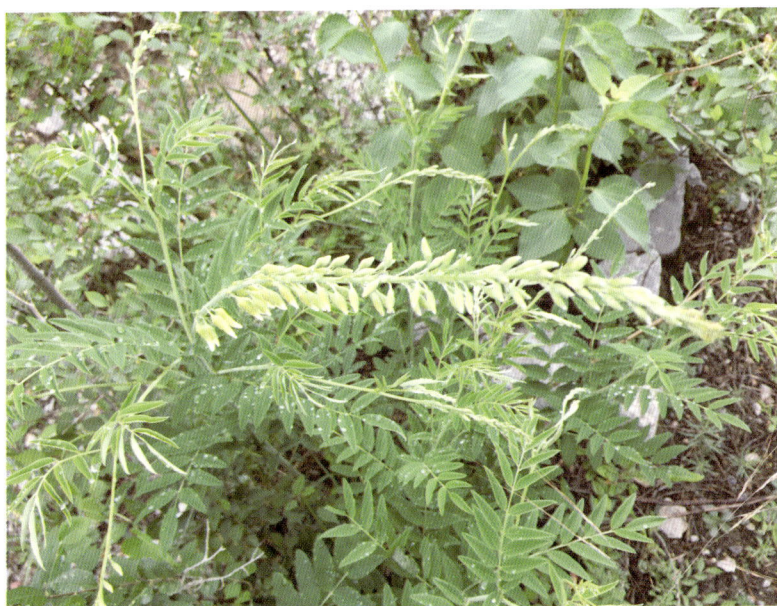

草木樨状黄芪 ♂

学　名: *Astragalus melilotoides* Pall.

形态特征　多年生草本。主根粗壮。茎直立或斜生，高 30–50 厘米，多分枝，具条棱，被白色短柔毛或近无毛。羽状复叶有 5–7 片小叶，长 1–3 厘米；叶柄与叶轴近等长；托叶离生，三角形或披针形，长 1–1.5 毫米；小叶长圆状楔形或线状长圆形，先端截形或微凹，基部渐狭，具极短的柄，两面均被白色细伏贴柔毛。总状花序生多数花，稀疏；总花梗远较叶长；花小；苞片小，披针形，长约 1 毫米；花梗连同花序轴均被白色短伏贴柔毛；花萼短钟状，长约 1.5 毫米，被白色短伏贴柔毛，萼齿三角形，较萼筒短；花冠白色或带粉红色，旗瓣近圆形或宽椭圆形，长约 5 毫米，先端微凹，基部具短瓣柄，翼瓣较旗瓣稍短，先端有不等的 2 裂或微凹，基部具短耳，瓣柄长约 1 毫米，龙骨瓣较翼瓣短，瓣片半月形，先端带紫色，瓣柄长为瓣片的 1/2；子房无毛。荚果宽倒卵状球形或椭圆形，先端微凹，具短喙，假 2 室，背部具稍深的沟，有横纹；种子 4–5 颗，肾形，暗褐色，长约 1 毫米。

花期果期　7–8 月开花期，8–9 月果熟期。

地理分布　产于五台县耿镇，太原娄烦，城关北、北郊北头村、阳曲、杨家峰大窑头村、龙山，以及浑源恒山，右玉，灵丘，平鲁，天镇等地。

生长环境　生长于向阳山坡、路旁草地或草甸草地。

主要用途　是适宜干旱寒冷地区种植及草场补播的优良豆科牧草之一。

9.6 棘豆属 *Oxytropis* DC.

多年生草本、半灌木或矮灌木，植物体被毛、腺毛或腺点。奇数羽状复叶；有托叶，小叶对生、互生或轮生，全缘，无小托叶。腋生或基生总状花序、穗形总状花序；苞片小膜质；小苞片微小或无；花萼筒状或钟状，萼齿5，近等长；花冠紫色、紫堇色、白色或淡黄色，常具较长的瓣柄；旗瓣直立；龙骨瓣与冀瓣等长或较短，先端具直立或反曲的喙；二体雄蕊（9+1），花药同型。荚果，伸出萼外，腹缝通常呈深沟槽，沿腹缝2瓣裂，1室（无隔膜）或不完全2室（稍具隔膜），稀为2室（具隔膜）；种子肾形，无种阜，珠柄线状。

多叶棘豆 ♂

学　名：*Oxytropis myriophylla* (Pall.) DC.

俗　称：狐尾藻棘豆

形态特征　多年生草本，高达30厘米，全株被白色或黄色长柔毛。茎缩短，丛生。羽状复叶轮生，长10–30厘米，小叶12–16轮，每轮4–8，线形、长圆形或披针形，长0.3–1.5厘米，先端渐尖，基部圆，两面密被长柔毛；托叶膜质，卵状披针形，密被黄色长柔毛。多花组成紧密或较疏松的总状花序，疏被长柔毛；苞片披针形，被长柔毛；花萼筒状，被长柔毛，萼齿披针形，两面被长柔毛；花冠淡红紫色，长2–2.5厘米，旗瓣长椭圆形，先端圆或微凹，基部下延为瓣柄，翼瓣长约1.5厘米，先端急尖，耳长约2毫米，瓣柄长约8毫米，龙骨瓣长约1.2厘米，耳长约1.5厘米；子房线形，被毛。荚果披针状椭圆形，革质，长约1.5厘米，密被长柔毛。

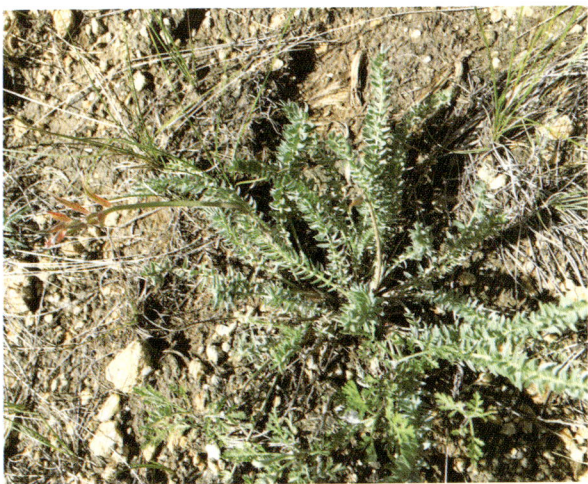

花期果期　5–8月开花期，7–9月果熟期。

地理分布　产于阳曲县杨兴林场，阳高县长城乡、观上等地。

生长环境　生长于干燥山坡或砂石地。

主要用途　用于砂石地的修复；有一定的固氮作用。

山泡泡 ♂

学　名： *Oxytropis leptophylla* (Pall.) DC.

俗　称： 薄叶棘豆、光棘豆

形态特征　多年生草本，高约 8 厘米，全株被灰白毛。根粗壮，圆柱状，深长。茎缩短。羽状复叶长 7–10 厘米；托叶膜质，三角形，与叶柄贴生，先端钝，密被长柔毛；叶柄与叶轴上面有沟纹，被长柔毛；小叶 9–13，线形，先端渐尖，基部近圆形，边缘向上反卷，上面无毛，下面被贴伏长硬毛。2–5 花组成短总状花序；总花梗纤细，与叶等长或稍短，微被开展短柔毛；苞片披针形或卵状长圆形，长于花梗，密被长柔毛；花长 18–20 毫米；花萼膜质，筒状，长 8–11 毫米，密被白色长柔毛；萼齿锥形，长为萼筒的 1/3；花冠紫红色或蓝紫色，旗瓣近圆形，长 20–23 毫米，宽 10 毫米，先端圆形或微凹，基部渐狭成瓣柄，翼瓣长 19–20 毫米，耳短，瓣柄细长；子房密被毛，花柱先端弯曲。荚果膜质，卵状球形，膨胀，先端具喙，腹面具沟，被白色或黑白混生短柔毛，隔膜窄，不完全 1 室。

花期果期　5–7 月开花期，7–9 月果熟期。

地理分布　产于太原郊区东山流家河等地。

生长环境　生长于砾石质丘陵坡地及向阳干旱山坡。

主要用途　土壤固氮，保持水土。

硬毛棘豆 ♂

学 名: *Oxytropis hirta* Bunge

形态特征 多年生草本,高 20-40 厘米。茎极短,似无地上茎,全株被长硬毛。奇数羽状复叶,基生,长 15-25 厘米,密生长硬毛;小叶 5-19(28),对生或近对生,披针形或长椭圆形,长 1.2-5(8)厘米,宽 0.6-1.6 厘米;先端锐尖或稍钝,基部圆形,上面无毛或近无毛,下面和边缘生长硬毛;托叶披针形,与叶柄合生,密生长硬毛。总状花序呈长穗状,长 5-10 厘米,花多而密;总花梗粗壮,较叶长或等长,密生长硬毛;苞片披针形,宿存萼筒状,密生长硬毛,萼齿条形,与萼筒近等长;花冠蓝紫色,旗瓣椭圆形,翼瓣与旗瓣近等长或稍短,龙骨瓣较短,顶端有长约 1-3 毫米的喙;子房被长柔毛,花柱无毛。荚果藏于萼内,短圆形,长约 12 毫米,密生长柔毛,具假隔膜,为不完全室,顶端有短喙。

花期果期 5-7 月开花期,7-9 月果熟期。

地理分布 产于太岳山、太原娄烦、阳曲、和顺、五台、阳高等地。

生长环境 生长于海拔 1250-1900 米的干旱山坡、岩石缝中、草坡、路旁、地梗等处。

主要用途 在干旱草地可起到水土保持作用。

蓝花棘豆 ♂

学 名：*Oxytropis coerulea* (Pall.) DC.

形态特征 多年生草本，高 10-20 厘米。茎缩短，基部分枝呈丛生状。羽状复叶长 5-15 厘米；托叶披针形，被绢状毛，于中部与叶柄贴生，彼此分离；叶柄与叶轴疏被贴伏柔毛；小叶 25-41，长圆状披针形，先端渐尖或急尖，基部圆形，下面疏被贴伏柔毛。12-20 花组成稀疏总状花序；花葶比叶长 1 倍，稀近等长；苞片较花梗长；花萼钟状，长 4-5 毫米，疏被黑色和白色短柔毛，萼齿三角状披针形，比萼筒短 1 倍；花冠天蓝色或蓝紫色，旗瓣长 8（12）-15 毫米，瓣片长椭圆形，先端微凹、圆形、钝或具小尖，瓣柄线形，龙骨瓣长约 7 毫米，喙长 2-3 毫米；子房几无柄，无毛，含 10-12 胚珠。荚果长圆状卵形膨胀，喙长 7-9 毫米，疏被白色和黑色短柔毛，稀无毛，1 室；果梗极短。

花期果期 6-7 月开花期，7-8 月果熟期。

地理分布 产于太岳山将台林场，介庙林场后悔沟、九沟、牛角鞍，七里峪林场，关帝山郝家沟、庞泉沟、赫赫岩、八道沟，太原郊区东山、天龙山、石千峰、庙前山、北郊新道、清徐县碾底，阳曲县前伙路坪，娄烦县皇姑山，五台山镇海寺、陈家庄、耿镇、台怀、南海寺、古南台顶，阳高县斗林、左家天、黄羊尖等地。

生长环境 耐干旱，耐寒；生长于海拔 1200-2300 米的山坡草地、灌丛、疏林及路旁。

主要用途 在草原上是牛、羊和马喜食牧草；同时具有一定的观赏性。

9.7 米口袋属 *Gueldenstaedtia* Fisch.

多年生草本。主根圆锥状。主茎极缩短成根茎，自根茎发出多数缩短的分茎。奇数羽状复叶具多对全缘的小叶，着生于缩短的分茎上而呈莲座丛状。稀退化为 1 小叶；托叶贴生于叶柄或与叶柄分离。伞形花序具 3-12 朵花；花紫堇色、淡红色及黄色；花萼钟状，密被贴伏白色长柔毛，间有黑色毛，萼齿 5，上方 2 齿较长而宽；旗瓣卵形或近圆形，基部渐狭成瓣柄，顶端微凹，翼瓣斜倒卵形，离生，稍短于旗瓣，龙骨瓣钝头，卵形，约为翼瓣长之半；二体雄蕊（9+1）；子房圆筒状，花柱内卷，柱头钝，圆形。

荚果圆筒形，1 室，无假隔膜，具多数种子；种子三角状肾形，表面具凹点。

米口袋 ♂

学　名：*Gueldenstaedtia verna* (Georgi) Boriss.

形态特征　多年生草本。主根圆锥状。分茎极缩短，叶及总花梗于分茎上丛生。托叶宿存，下面的阔三角形，上面的狭三角形，基部合生，外面密被白色长柔毛；叶的长度在不同季节有明显变化；早生叶被长柔毛，后生叶毛稀疏，甚几至无毛；叶柄具沟；小叶 7–21 片，椭圆形到长圆形，卵形到长卵形，顶端小叶有时为倒卵形，基部圆，先端具细尖、急尖、钝、微缺或下凹呈弧形。伞形花序有 2–6 朵花；总花梗具沟，被长柔毛，花期较叶稍长，花后约与叶等长或短于叶长；苞片三角状线形，长 2–4 毫米，花梗长 1–3.5 毫米；花萼钟状，长 7–8 毫米，被贴伏长柔毛，上 2 萼齿最大，与萼筒等长，下 3 萼齿较小，最下一片最小；花冠紫堇色，旗瓣先端微缺，基部渐狭成瓣柄，翼瓣具短耳，瓣柄长 3 毫米，龙骨瓣长 6 毫米，宽 2 毫米，倒卵形；子房椭圆状，密被贴伏长柔毛，花柱无毛，内卷，顶端膨大成圆形柱头。荚果圆筒状，被长柔毛；种子三角状肾形，具凹点。

花期果期　4–6 月开花期。6–7 月结果期。

地理分布　产于太原、阳高、浑源、沁县、潞城、晋城、陵川、介休、运城、垣曲、夏县、永济、五台、霍州、离石、兴县、临县、中阳。

生长环境　一般生长于海拔 1300 米以下的山坡、路旁、田边等。

主要用途　优质牧草，羊喜欢嚼食。

9.8 岩黄芪属 *Hedysarum* L.

一年生或多年生草本。叶为奇数羽状复叶，托叶 2，干膜质，与叶对生，基部合生或分离；小叶全缘，上面通常具亮点。花序总状，腋生；苞片卵形、披针形或钻状，干膜质，小苞片 2，干膜质，刚毛状；花萼钟状或斜钟状，萼齿 5，近等长或下萼齿明显长于上萼齿；花冠紫红色、玫瑰红色、黄色或淡黄白色；旗瓣通常基部收缩为瓣柄，龙骨瓣通常长于旗瓣，稀等于或短于旗瓣，顶端偏斜、截平或少数为弓形弯曲；二体雄蕊（9+1），雄蕊管上部膝曲，近旗瓣的 1 枚雄蕊分离，稍短，稀中部与雄蕊管黏着，花药同型；花柱丝状，包于雄蕊管内，上部与雄蕊管共同膝曲，柱头小，顶生。果实为节荚果，两侧扁平或双凸透镜形，具明显隆起的脉纹。

湿地岩黄芪 ♂

学　名：*Hedysarum inundatum* Turcz.

形态特征 多年生草本，高 10-20 厘米。根为直根系，主根深长。根茎向上分枝，形成若干地上茎；茎直立或基部仰卧，被短柔毛和细沟纹。下部茎节具大而褐色的托叶，无叶片。上部托叶披针形，棕褐色干膜质，合生至上部；小叶 11-17，具不明显短柄；小叶片上面无毛，下面被疏柔毛，沿脉和边缘被毛较密。总状花序腋生，高度稍超出叶；花多数，外展，密集排列成塔形的花序；花具被柔毛的短花梗；苞片披针形，暗棕褐色，与花萼约等长，背面被柔毛；花萼宽钟状，被柔毛，萼齿三角状，近等长，长为萼筒的 1 半，齿间呈宽的凹陷；花冠紫红色；旗瓣倒长卵形，长 14-16 毫米，宽约 6 毫米，先端圆形，微凹，基部楔形，翼瓣稍短于旗瓣，龙骨瓣稍短于或等于翼瓣；子房线形，无毛。荚果 3-4 节，下垂，节荚椭圆形，两侧具明显网纹，边缘具狭翅。

花期果期 6-7 月开花期，7-8 月果熟期。

地理分布 产于五台县台怀乡东台顶、宁武马仑、荷叶坪。

生长环境 分布在高寒地区，有一定耐寒性；生长于海拔 2500 米以上的山坡草甸上。

主要用途 可引种栽培做草地修复草种及景观草。

10

牻牛儿苗科
Geraniaceae

草本，稀为亚灌木或灌木。叶互生或对生，叶片通常掌状或羽状分裂，具托叶。聚伞花序腋生或顶生，稀花单生；花两性，整齐，辐射对称或稀为两侧对称；萼片通常 5 或稀为 4，覆瓦状排列；花瓣 5 或稀为 4，覆瓦状排列；雄蕊 10-15，2 轮，外轮与花瓣对生，花丝基部合生或分离，花药丁字着生，纵裂；蜜腺通常 5，与花瓣互生；子房上位，花柱与心皮同数，通常下部合生，上部分离。果实为蒴果，通常由中轴延伸成喙，每果瓣具 1 种子，成熟时果瓣通常爆裂或稀不开裂，开裂的果瓣常由基部向上反卷或呈螺旋状卷曲，顶部通常附着于中轴顶端；种子具微小胚乳或无胚乳，子叶折叠。

10.1 老鹳草属 *Geranium* L.

草本，稀为亚灌木或灌木，通常被倒向毛。茎具明显的节。叶对生或互生，具托叶，通常具长叶柄；叶片通常掌状分裂，稀二回羽状或仅边缘具齿。花序聚伞状或单生，每总花梗通常具 2 花，稀为单花或多花；总花梗具腺毛或无腺毛；花整齐，花萼和花瓣 5，覆瓦状排列，腺体 5，每室具 2 胚珠。蒴果具长喙，5 果瓣，每果瓣具 1 种子，果瓣在喙顶部合生，成熟时沿主轴从基部向上端反卷开裂，弹出种子或种子与果瓣同时脱落，附着于主轴的顶部，果瓣内无毛。

灰背老鹳草 ♂

学　名：*Geranium wlassovianum* Fischer ex Link

形态特征　多年生草本，高达70厘米。具簇生纺锤形块根。直立或基部仰卧，常分枝。叶对生，五角状肾圆形，长4-6厘米，宽6-9厘米，5裂达叶2/3，裂片倒卵状楔形，下部全缘，上部3深裂，中间小裂片窄长，3裂，侧小裂具1-3牙齿，上面被伏毛，下面灰白色，沿脉被糙毛。花序稍长于叶，花序梗被倒向柔毛，具2花；花梗长为花1.5-2倍；萼片长卵形或椭圆形，长0.8-1厘米，密被柔毛和开展疏散长柔毛；花瓣淡紫红色，宽倒卵形，长约萼片2倍，先端圆；雄蕊稍长于萼片，褐色；花柱分枝褐色。蒴果长约3厘米，被糙毛。

花期果期　7-8月开花期，8-9月果熟期。

地理分布　产于关帝山、管涔山、五台山（鸿门岩、东台、小北台、中台）及娄烦云顶山等高山区。

生长环境　生长于海拔2300-2894米的山坡林缘或草坡、山地疏林内部、山地河谷阶地或平原河岸和扇缘地带。

主要用途　质地柔软，绵羊、山羊、马和牛喜食叶片和花序。

粗根老鹳草 ♂

学 名：*Geranium dahuricum* DC.

俗 称：长白老鹳草

形态特征 多年生草本，高 20–60 厘米。具簇生纺锤形块根。根茎短粗，斜生；茎多数，直立，具棱槽，假二叉状分枝，被疏短伏毛或下部近无毛，亦有时全茎被长柔毛或基部具腺毛。叶基生和茎上对生；托叶披针形或卵形，先端长渐尖，外被疏柔毛；基生叶和茎下部叶具长柄，柄长为叶片的 3–4 倍，密被短伏毛，向上叶柄渐短，最上部叶几无柄；叶片七角状肾圆形，长 3–4 厘米，宽 5–6 厘米，掌状 7 深裂近基部，裂片羽状深裂，小裂片披针状条形、全缘，表面被短伏毛，背面被疏柔毛，沿脉被毛较密或仅沿脉被毛。花序腋生和顶生，长于叶，密被倒向短柔毛，总花梗具 2 花；花梗与总梗相似，长约为花的 2 倍，花、果期下弯；花瓣紫红色，倒长卵形，长约为萼片的 1.5 倍，先端圆形，基部楔形，密被白色柔毛；雄蕊稍短于萼片，花丝棕色，下部扩展，被睫毛，花药棕色；雌蕊密被短伏毛。种子肾形，具密的微凹小点。

花期果期 7–8 月开花期，8–9 月果熟期。

地理分布 产于太原、浑源、沁源、晋城、沁水、阳城、平鲁、山阴、介休、五台、宁武等地。

生长环境 适应高寒气候，具有一定的耐寒性；生长于海拔 3500 米以下的山地草甸或亚高山草甸。

主要用途 根状茎含鞣酸，可提取栲胶。

11

远志科
Polygalaceae

多年生草本。单叶互生、对生或轮生，叶片纸质或革质，全缘，具羽状脉。花两性，两侧对称，排成总状花序、圆锥花序或穗状花序，基部具苞片；花萼下位，萼片 5，外面 3 枚小，里面 2 枚大，常呈花瓣状，或 5 枚几相等；花瓣 5，通常仅 3 枚，基部通常合生，中间 1 枚常内凹，呈龙骨瓣状，顶端背面常具 1 流苏状或蝶结状附属物；花丝通常合生成向后开放的鞘（管），花药基底着生，顶孔开裂；花盘通常无；花柱 1，柱头 2，头状。果实或为蒴果，2 室，或为翅果、坚果，具种子 2 粒，或因 1 室败育，仅具 1 粒；种子卵形、球形。

11.1　远志属 *Polygala* L.

多年生草本。单叶互生，叶片纸质或近革质，全缘。总状花序顶生、腋生或腋外生；花两性，左右对称，具苞片 1-3 枚；萼片 5，不等大，2 轮列，外面 3 枚小，里面 2 枚大，常花瓣状；花瓣 3，侧瓣与龙骨瓣常于中部以下合生，顶端背部具鸡冠状附属物；雄蕊 8，花丝连合成一开放的鞘，并与花瓣贴生，花药基部着生，顶孔开裂；子房 2 室，两侧扁，每室具 1 下垂倒生胚珠。蒴果，两侧压扁，种子 2 粒；种子卵形、圆形通常黑色，种脐端具 1 帽状、盔状全缘种阜。

西伯利亚远志 ♂

学　名: *Polygala sibirica* L.

俗　称: 万年青、地丁、蓝花地丁

形态特征　多年生草本，高达 30 厘米。根木质。茎丛生，被短柔毛。叶互生，叶片纸质至亚革质，下部叶小卵形，基部楔形，全缘，略反卷，绿色，两面被短柔毛，主脉上面凹陷，背面隆起，侧脉不明显，具短柄。总状花序腋外生，通常高出茎顶，被短柔毛，具少数花；花具 3 枚小苞片，钻状披针形，被短柔毛；萼片 5，宿存，背面被短柔毛，具缘毛，外面 3 枚披针形，里面 2 枚花瓣状，近镰刀形，基部具爪，淡绿色；花瓣 3，蓝紫色，侧瓣倒卵形，基部内侧被柔毛，龙骨瓣较侧瓣长，背面被柔毛，具流苏状鸡冠状附属物；雄蕊 8，花丝 2/3 以下合生成鞘，且具缘毛，花药卵形，顶孔开裂；花柱肥厚，柱头 2，间隔排列。蒴果近倒心形，具狭翅及短缘毛；种子长圆形，扁，密被白色柔毛，具白色种阜。

花期果期　4–7 月开花期，5–8 月果熟期。

地理分布　产于太原、浑源、沁县、沁水、介休、运城、稷山、垣曲、夏县、永济、五台等地。

生长环境　喜干燥；生长于海拔 1100–3200 米的沙质土、石砾和石灰岩山地灌丛，林缘或草地。

主要用途　可作为石灰岩草地的修复草种；根入药，主治心肾不交、失眠多梦、健忘惊悸、神志恍惚、咳痰不爽、疮疡毒肿、乳房疼痛等症。

12

大戟科
Euphorbiaceae

乔木、灌木或草本，常有乳状汁液。木质根。单叶互生或叶退化呈鳞片状，边缘全缘或有锯齿；具羽状脉或掌状脉；基部或顶端有时具有 1-2 枚腺体；托叶 2，着生于叶柄的基部两侧。花单性，雌雄同株或异株，萼片分离或在基部合生，覆瓦状或镊合状排列；花盘环状或分裂成为腺体状；雄蕊 1 枚至多数，花丝分离或合生呈柱状，药室 2，纵裂；子房上位，3 室，花柱与子房室同数，分离或基部连合，顶端常 2 至多裂，表面平滑或有小颗粒状凸体。果为蒴果，常从宿存的中央轴柱分离成分果爿，或为浆果状或核果状；种子常有显著种阜。

12.1 大戟属 *Euphorbia* L.

草本，灌木或乔木；植物体具乳状液汁。根圆柱状或具不规则块根。叶常互生或对生，全缘；叶常无叶柄。杯状聚伞花序，单生或组成复花序，复花序呈单歧或二歧或多歧分枝，多生于枝顶或植株上部；每个杯状聚伞花序由 1 枚位于中间的雌花和多枚位于周围的雄花同生于 1 个杯状总苞内而组成，为本属所特有，故又称大戟花序；雄花无花被，仅有 1 枚雄蕊，花丝与花梗间具不明显的关节；雌花常无花被，子房 3 室，每室 1 个胚株；花柱 3，常分裂或基部合生；柱头 2 裂。蒴果，成熟时分裂为 3 个 2 裂的分果爿；种子每室 1 枚，常卵球状，种皮革质，深褐色或淡黄色；胚乳丰富；子叶肥大。

甘遂 ♂

学 名: *Euphorbia kansui* T.N.Liou ex S.B.Ho

俗 称: 漂甘遂、猫儿眼

形态特征 多年生草本。根圆柱状,末端呈念珠状膨大,直径可达 6–9 毫米。茎自基部多分枝或仅有 1–2 分枝,每个分枝顶端分枝或不分枝。叶互生,变化较大,先端钝或具短尖头,基部渐狭,全缘;侧脉羽状,不明显或略可见;总苞叶 3–6 枚,倒卵状椭圆形,先端钝或尖,基部渐狭;苞叶 2 枚,三角状卵形,先端圆,基部近平截或略呈宽楔形。花序单生于二歧分枝顶端,基部具短柄;总苞杯状;边缘 4 裂,裂片半圆形,边缘及内侧具白色柔毛;腺体 4,新月形,两角不明显,暗黄色至浅褐色;雄花多数,明显伸出总苞外;雌花 1 枚;子房光滑无毛,花柱 3,2/3 以下合生。蒴果三棱状球形,长与直径均等;花柱宿存,易脱落,成熟时分裂为 3 个分果爿。种子长球状,灰褐色至浅褐色;种阜盾状,无柄。

花期果期 4–6 月开花期,6–8 月果熟期。

地理分布 产于夏县、河曲、保德、临县、中阳。

生长环境 喜温暖湿润气候,耐旱、耐寒喜潮湿;生长于荒坡、沙地、田边、低山坡、路旁等。

主要用途 耐旱、耐寒,可作为修复草种;根入药,具有泻水逐饮、消肿散结的功效。

13

藤黄科
Guttiferae

乔木或灌木，在裂生的空隙或小管道内含有树脂或油。叶为单叶，全缘，对生一般无托叶。花序各式；小苞片通常生于花萼之紧接下方；花两性或单性，轮状排列或；萼片覆瓦状排列或交互对生，内部的有时花瓣状；花瓣离生，覆瓦状排列；雄蕊多数，离生或不同程度合生；子房上位，1-12室，具胎座；胚在各室中1至多数。果为蒴果、浆果或核果；种子1至多颗，完全被直伸的胚所充满，假种皮有或不存在。

13.1　金丝桃属 *Hypericum* L.

灌木或草本，无毛，具暗淡黑红色的腺体。叶对生，全缘。花序为聚伞花序；花两性；萼片 (4)5，覆瓦状排列；花瓣 (4)5，黄至金黄色，通常不对称；雄蕊连合成束或明显不规则且不连合成束，前种情况或为 5 束而与花瓣对生，或更有合并成 3-4 束的，此时合并的束与萼片对生，每束具多至 80 枚的雄蕊，花药背着或多少基着，纵向开裂，药隔上有腺体；无退化雄蕊及不育的雄蕊束；子房 3-5 室，具中轴胎座，具侧膜胎座。果为一室间开裂的蒴果，果爿常有含树脂的条纹或囊状腺体；种子小，通常两侧或一侧有龙骨状凸起或多少具翅，表面有各种雕纹，无假种皮；胚纤细，直。

黄海棠 ♂

学　名：_Hypericum ascyron_ L.

俗　称：八宝茶

形态特征　多年生草本，高可达 1.3 米。茎直立，茎及枝条幼时具 4 棱，后明显具 4 纵线棱。叶无柄，叶片全缘，硬纸质，上面绿色，下面通常淡绿色且散布淡色腺点，中脉、侧脉及近边缘脉下面明显，脉网较密。花序顶生；花蕾卵珠形，萼片全缘，结果时直立；花瓣金黄色，倒披针形，具腺斑或无腺斑，宿存；雄蕊极多数，5 束，每束有雄蕊约 30 枚，花药金黄色，具松脂状腺点；子房 5 室，具中央空腔；花柱 5。蒴果为卵珠形，棕褐色，成熟后先端 5 裂，柱头常折落；种子棕色或黄褐色，圆柱形，有明显的龙骨状凸起。

花期果期　7–8 月开花期，8–9 月果熟期。

地理分布　产于沁县、沁源、阳城、陵川、介休、夏县、芮城、五台等地。

生长环境　喜温暖和阳光照射的气候环境；生长于海拔 0–2800 米的山坡林下、林缘、灌丛间、草丛或草甸中、溪旁及河岸湿地等处。

主要用途　在草甸上具有较高的观赏价值；全草药用，主治吐血、出血、疮疖痈肿、风湿、痢疾以及月经不调等症；种子泡酒服，可治胃病，并可解毒和排脓；全草也是烤胶原料。

赶山鞭 ♂

学 名: *Hypericum attenuatum* Choisy

形态特征 多年生草本。根茎具发达的侧根及须根；茎数个丛生，直立，圆柱形，常有 2 条纵线棱，且全面散生黑色腺点。叶片卵状长圆形，全缘，两面通常光滑，下面散生黑腺点，侧脉 2 对，与中脉在上面凹陷，下面凸起。花序顶生，为近伞房状或圆锥花序；苞片长圆形；花平展；花蕾卵珠形；萼片卵状披针形，表面及边缘散生黑腺点；花瓣淡黄色，长圆状倒卵形，表面及边缘有稀疏的黑腺点，宿存；雄蕊 3 束，每束有雄蕊约 30 枚，花药具黑腺点；子房卵珠形，3 室；花柱 3，自基部离生。蒴果卵珠形，具长短不等的条状腺斑；种子圆柱形，微弯，两端钝形且具小尖突，两侧有龙骨状凸起，表面有细蜂窝纹。

花期果期 7–8 月开花期，8–9 月果熟期。

地理分布 产于沁县、陵川、平鲁、夏县、五台、五寨、洪洞等地。

生长环境 对温度和光照要求不严；生长于海拔 2000 米以下的田野、半湿草地、草原、山坡草地、石砾地、草丛、林内及林缘等处。

主要用途 适应性较强，具有水土保持作用；具有凉血止血、活血止痛、解毒消肿之功效。

14

董菜科
Violaceae

多年生草本、半灌木或小灌木。单叶互生，全缘、有锯齿或分裂，有叶柄；托叶小或叶状。花单生或组成腋生或顶生的穗状、总状或圆锥状花序，有2枚小苞片；萼片5，下位，覆瓦状，宿存；花瓣5，下位，覆瓦状或旋转状，异形，下面1枚通常较大，基部囊状或有距；雄蕊5，通常下位，花药直立；花丝下方两枚雄蕊基部有距状蜜腺；子房上位，完全被雄蕊覆盖，1室，由3-5心皮联合构成，具3-5侧膜胎座，花柱单一，柱头形状多变化，胚珠1至多数，倒生。果实为沿室背弹裂的蒴果或浆果状；种皮坚硬，有光泽，常有油质体，有时具翅，胚乳丰富，肉质，胚直立。

14.1 菫菜属 *Viola* L.

多年生草本。根状茎，具匍匐枝。单叶互生或基生，全缘、具齿或分裂；托叶呈叶状，离生或不同程度的与叶柄合生。花两性，两侧对称，单生，生于春季者有花瓣，生于夏季者无花瓣，名闭花。花梗腋生，有2枚小苞片；萼片5，基部延伸成明显或不明显的附属器；花瓣5，异形，下方（远轴）1瓣通常稍大且基部延伸成距；雄蕊5，花丝极短，花药环生于雌蕊周围，药隔顶端延伸成膜质附属器，下方2枚雄蕊的药隔背方近基部处形成距状蜜腺，伸入下方花瓣的距中；花柱棍棒状，基部较细，柱头孔位于喙端或在柱头面上。蒴果球形、长圆形或卵圆状，成熟时3瓣裂；果瓣舟状，有厚而硬的龙骨；种子倒卵状，种皮坚硬，有光泽，内含丰富的内胚乳。

双花堇菜 ♂

学　名：*Viola biflora* L.

形态特征　多年生草本。根状茎细或稍粗壮，具结节，有多数细根；地上茎较细弱，簇生，无毛或幼茎上被疏柔毛。基生叶 2 至数枚，叶片肾形，基部深心形，边缘具钝齿，上面散生短毛，下面无毛，叶柄无毛至被短毛，叶片较小；托叶与叶柄离生，卵形。花黄色；花梗细弱，上部有 2 枚披针形小苞片；萼片线状披针形，基部附属器极短，具膜质缘；花瓣长圆状倒卵形，具紫色脉纹，侧方花瓣里面无须毛；下方雄蕊之距呈短角状；子房无毛，花柱棍棒状，基部微膝曲，上半部 2 深裂，其间具明显的柱头孔。蒴果长圆状卵形，无毛。

花期果期　5-8 月开花期，6-9 月果熟期。

地理分布　产于太原、介休、垣曲、五台、宁武、交城。

生长环境　喜凉爽环境，忌高温；生长于海拔 1000-3000 米的高山及亚高山地带草甸、灌丛或林缘、岩石缝隙间。

主要用途　可作为亚高山草甸修复草种使用，同时具有一定的观赏性；全草入药，具有活血散瘀、止血之功效。

早开堇菜 ♂

学　名： *Viola prionantha* Bunge

形态特征　多年生草本。无地上茎；根状茎垂直。叶多数，均基生，叶在花期长圆状卵形、卵状披针形或窄卵形，长1–4.5厘米，基部稍下延，幼叶两侧常向内卷折，密生细圆齿，两面无毛或被细毛，果期叶增大，呈三角状卵形，基部常宽心形；叶柄较粗，上部有窄翅，托叶苍白色或淡绿色，干后呈膜质，2/3与叶柄合生，离生部分线状披针形，疏生细齿。花紫堇色或紫色，喉部色淡有紫色条纹；花梗高于叶，近中部有2线形小苞片；萼片披针形或卵状披针形，具白色膜质缘，基部附属器末端具不整齐牙齿或近全缘；上方花瓣倒卵形，向上反曲，侧瓣长圆状倒卵形，下瓣连距长1.4–2.1厘米，距粗管状，末端微向上弯；柱头顶部平或微凹，两侧及后方圆或具窄缘边，前方具不明显短喙，喙端具较窄的柱头孔。蒴果长椭圆形，无毛。

花期果期　4–8月开花期，8–9月果熟期。

地理分布　产于太原、长治、沁源、晋城、陵川、运城、稷山、夏县、永济、五台、河曲、保德、翼城、蒲县、交城、兴县、临县、孝义。

生长环境　喜温暖阳光；生长于山坡草地、沟边、宅旁等向阳处。

主要用途　花形较大，色艳丽，是一种美丽的早春观赏植物；全草供药用，可清热解毒，除脓消炎；捣烂外敷可排脓、消炎、生肌。

15

伞形科
Umbelliferae

草本或亚灌木，常具芳香气味。根常为肉质直根，茎中空。叶互生，单叶或复叶，有分裂或一至四回羽状复叶，叶柄基部膨大成叶鞘，无托叶。单伞形花序或复伞形花序；小伞形花序基部常具小总苞；花小，花两性或杂性，花萼不明显，花瓣5枚，雄蕊5枚，与花瓣互生；子房下位，2室，每室有1粒种子，柱头2，基部膨大。果实为干果，裂成两个分果，又称双悬果，分果外有5条棱脊，棱间有沟槽。

15.1 柴胡属 *Bupleurum* L.

多年生。有木质化的主根和须状支根。茎直立。枝互生或上部呈叉状分枝，光滑。单叶全缘，基生叶多有柄，叶柄有鞘；茎生叶通常无柄。复伞形花序，顶生或腋生，并有少数至多数伞辐；花瓣，顶端有内折小舌片。分生果椭圆形或卵状长圆形，两侧略扁平，果棱线形，稍有狭翅或不明显，横剖面圆形或近五边形。

黑柴胡 ♂

学 名：*Bupleurum smithii* Wolff

形态特征 多年生草本，常丛生。根黑褐色，质松，多分枝。茎有显著的纵槽纹。叶多，质较厚，基部叶顶端钝或急尖，有小突尖，叶基带紫红色，扩大抱茎，叶脉 7–9，叶缘白色，膜质；中部的茎生叶狭长圆形或倒披针形，下部较窄成短柄或无柄，顶端短渐尖，基部抱茎，叶脉 11–15；托叶长卵形，最宽处 10–17 毫米，基部扩大，有时有耳，顶端长渐尖，叶脉 21–31。总苞片有明显的棱；小总苞片黄绿色，长过小伞形花序 0.5–1 倍；小伞花序，花瓣黄色，有时背面带淡紫红色；花柱基干燥时紫褐色。果棕色，卵形，薄，狭翼状。

花期果期　7 月开花期，8–9 月果熟期。

地理分布　产于沁源，历山舜王坪，五寨荷叶坪，大同广灵等。

生长环境　偏爱潮湿温暖的环境；生长于海拔 1400–2400 米的山坡草地、山谷、山顶阴处。

主要用途　药用，解表退热、升阳举陷、舒肝解郁。

北柴胡 ♂

学　名：*Bupleurum chinense* DC.

形态特征　多年生草本，高可达 85cm。主根粗大坚硬，深褐色。茎实心，表面有细纵槽纹。基生叶倒披针形或狭椭圆形，顶端渐尖，基部收缩成柄，早枯落；茎中部叶倒披针形或广线状披针形，基部收缩成叶鞘抱茎，叶背面淡绿色，常有白霜。复伞形花序，瓣鲜黄色，上部向内折，中肋隆起，小舌片矩圆形，顶端 2 浅裂。果广椭圆形，棕色，两侧略扁，长约 3 毫米，宽约 2 毫米，棱狭翼状，淡棕色。

花期果期　9 月开花期，10 月果熟期。

地理分布　产于浑源、平定、阳城、陵川、山阴、左权、和顺、太谷、介休、垣曲、夏县、平陆、芮城、永济、五台、宁武等。

生长环境　喜阳光；分布广泛，多见于向阳山坡路边、岸旁或草丛中。

主要用途　可引入种植，在实现美化的同时可为当地带来一定经济价值；根部干燥后可入药，具有清热解毒和疏肝解郁等多种功效。

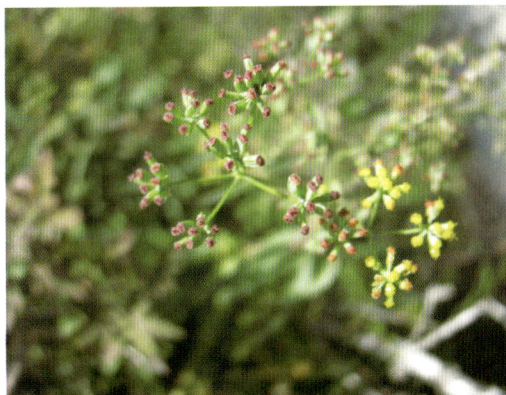

15.2 山芎属 *Conioselinum* Fisch. ex Hoffm.

多年生草本。茎直立,圆柱形,中空,具纵条纹。叶具柄,基部扩大成鞘;叶片二至三回羽状全裂。复伞形花序顶生和侧生;总苞片少数或无;小总苞片多数,线形;花白色;萼齿不发育;花瓣卵形至倒卵形,具内折小舌片;花柱基隆起至圆锥状。分生果背腹扁压,长圆状卵形至卵形,背棱狭翅状,侧棱呈宽翅状;每棱槽内油管1-3,合生面油管2-6;胚乳腹面平直或微凹。

辽藁本 ♂

学　名: *Conioselinum smithii* (H. Wolff) Pimenov et Kljuykov

形态特征　植株高达80厘米。根圆锥形。茎中上部分枝。基生叶及茎下部叶柄长达19厘米;叶三出二至三回羽裂,一回羽片4-6对,小裂片卵圆形或长圆状卵形,脉上被毛,3-5裂;茎上部叶一回羽裂或3裂。复伞形花序;总苞片2-6,线状披针形,边缘窄膜质,早落;伞辐8-16(19),近等长,长3厘米左右;小总苞片8-10,线形,全缘。果长圆形,近背腹扁;背棱线形,侧棱窄翅状;每棱槽油管1(2),合生面油管2-4;胚乳腹面平直。

花期果期　8月开花期,9-10月果熟期。

地理分布　产于沁县、晋城、介休、五台、宁武、离石、大同灵丘。

生长环境　喜温和湿润环境,耐寒怕热,喜湿怕涝;野生分布较广,多生于海拔1250-2500米的林下、草甸及沟边等阴湿处。

主要用途　花开白色,具有观赏作用;根及根茎供药用,散风寒燥湿,外用治疥癣、神经性皮炎等皮肤病。

15.3 岩风属 *Libanotis* Haller ex Zinn

多年生植物，通常为大型草本，植株贴近地面生长。茎直立，圆柱形，有纵条纹轻微凸起，或有时为方形至多角形，条棱呈棱角状尖锐凸起，具分枝。基生叶有柄，叶柄基部有叶鞘；叶片全缘至羽状浅裂。复伞形花序顶生和侧生；小总苞片通常多数，线形或披针形，全缘，常离生；花瓣卵形、倒心形或长圆形，小舌片内折，通常为白色，稀带红色，有时中脉为黄棕色或边缘带紫红色；萼齿显著，脱落性；子房有毛或粗糙；花柱长，直立或外曲，花柱基短圆锥形，底部边缘常呈波状。分生果卵形至长圆形，横剖面近五角形；果棱线形凸起或尖锐凸起，有时侧棱稍宽。

密花岩风 ♂

学　名：*Libanotis condensata* (L.) Crantz

俗　称：胡芹菜、山胡萝卜

形态特征　多年生草本，高可达 90 厘米。根茎粗，密覆棕色枯鞘纤维；根细长，圆柱形，灰褐色。茎通常单一，圆柱形，基部空管状，有明显凸起的条棱和浅纵沟纹，光滑无毛，不分枝，或有时上部有少数分枝。基生叶有柄，基部有膜质边缘的叶鞘；叶片轮廓长圆形，叶轴及两面叶脉上有短硬毛，边缘有长硬毛。复伞形花序顶生，通常不分枝，偶有 1–2 分枝，花序梗粗壮，顶部密生糙毛，复伞形花序直径 3–7 厘米；总苞片 6–10，线形，边缘稍膜质，白色，有毛；伞辐 15–25，粗壮，稍不等长；小伞形花序边缘狭窄白色膜质，有长柔毛；花瓣白色，长圆形或倒卵状长圆形，顶端小舌片内曲；花柱稍叉开，果时增长，与果近等长，花柱基圆锥形，黑紫色；萼齿钻形。分生果椭圆形，密生长柔毛，背棱线形，稍凸起，侧棱呈狭翅状；每棱槽内油管 2–4，合生面油管 4。

花期果期　7–8 月开花期，9 月果熟期。

地理分布　我国特有植物，产于太谷、宁武、荷叶坪、五台山、五寨。

生长环境　耐寒冷；生长于海拔 1400–2400 米山坡草地、路旁或林中。

主要用途　花开白色，可做景观草地配置草种使用；药用，具有祛风通络止痛之功效，主治风湿关节痛、胸痛。

15.4 茴芹属 *Pimpinella* L.

一年生、二年生或多年生草本。须根或有长圆锥形的主根。叶柄基部有叶鞘；叶片不分裂或羽状分裂，裂片卵形、心形、披针形或线形；茎生叶向上逐渐简化变小，茎上部叶通常无柄，只有叶鞘。复伞形花序顶生和侧生，线形，稀披针形，全缘，偶有 3 裂；小伞形花序通常有多数花；花瓣白色，稀为淡红色或紫色，基部一般为楔形，罕有爪，顶端凹陷，有内折小舌片，或全缘不内折；花柱基圆锥形、短圆锥形，一般长于花柱基，向两侧弯曲。果实卵形、长卵形或卵球形，基部心形，两侧扁压；分生果横剖面五角形或近圆形。

直立茴芹 ♂

学　名： *Pimpinella smithii* Wolff

形态特征 多年生草本，高可达 1.5 米。根圆柱形，长 10–20cm。茎直立，中、上部分枝。基生叶和茎下部叶有柄；叶片二回羽状分裂或二回三出式分裂，末回裂片卵形，卵状披针形，基部楔形，顶端长尖，叶脉上有毛；茎中、上部叶有短柄或无柄。无总苞，或偶有 1 片；伞辐 5–25，粗壮，极不等长，果期长达 7 厘米，或近于无；小总苞片 2–8，线形；小伞形花序有花 10–25；无萼齿；花瓣卵形、阔卵形，白色，基部楔形，顶端微凹，有内折小舌片；花柱较短，一般与花柱基近等长或短于花柱基。果实卵球形，直径约 2 毫米；果柄极不等长，果棱线形，有稀疏的短柔毛。

花期果期 7–9 月开花期，9 月果熟期。

地理分布 产于沁县、垣曲、宁武、交城。

生长环境 喜湿怕旱、耐阴；生长于海拔 1400–2000 米，沟边、林下的草地上或灌丛中。

主要用途 可以作为湿地、林下植被修复草种。

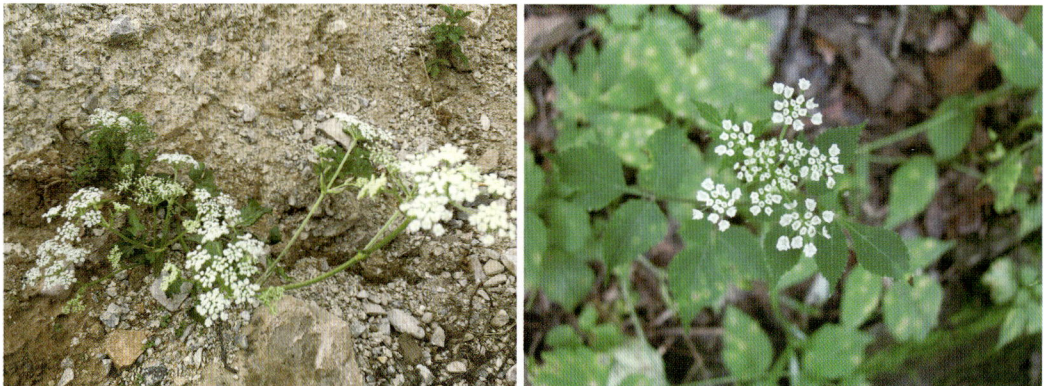

羊红膻 ♂

学　名：*Pimpinella thellungiana* Wolff

形态特征　多年生草本。根长圆锥形，直径可达 1 厘米。茎直立，有细条纹，密被短柔毛，基部有残留的叶鞘纤维束，上部有少数分枝。基生叶和茎下部叶有柄，被短柔毛；叶片轮廓卵状长圆形，一回羽状分裂，小羽片 3–5 对，有短柄至近无柄，卵形或卵状披针形，基部楔形或钝圆，边缘有缺刻状齿或近于羽状条裂，表面有稀疏的柔毛，背面和叶轴上密被柔毛；茎上部叶较小，无柄，叶鞘长卵形或卵形，边缘膜质；叶片羽状分裂，裂片线形。复伞形花序顶生，无总苞片和小苞片；花瓣倒卵形，白色，花柱基部楔形，花柱向外翻卷。果实长卵形，果棱线形，无毛；胚乳腹面平直。

花期果期　6–9 月开花期，9 月果熟期。

地理分布　产于古交、沁县、沁源、沁水、陵川、和顺、介休、稷山、翼城、乡宁、吕梁、离石、中阳。

生长环境　适应性强，耐寒；生长于海拔 600–1700 米的河边、林下、草坡和灌丛中。

主要用途　用全草做兽药，民间有"家有羊红膻，牛羊养满厩"的谚语，可作为牧草添加剂使用；药用，能健脾胃、活血、补血、平肝、止泻等。

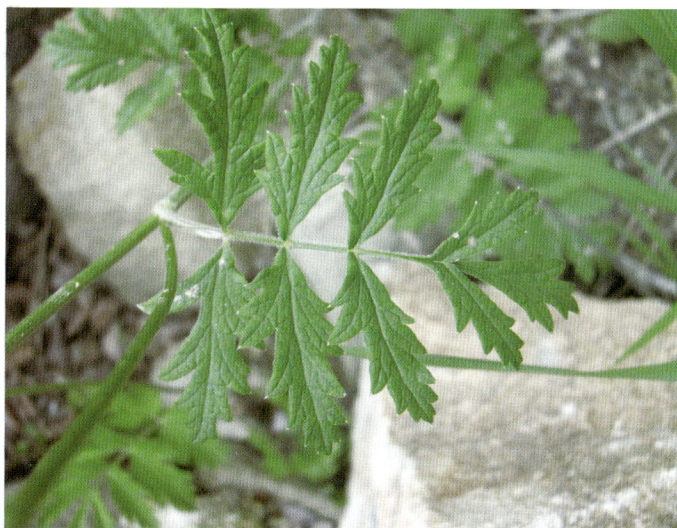

15.5 葛缕子属 *Carum* L.

二年生或多年生草本，最高可达 80 厘米。直根肉质。茎直立，具纵条纹，乳绿色。叶具鞘，基生叶及下部的茎生叶有柄，叶片二至四回羽状分裂，末回裂片线形或披针形。复伞形花序顶生或侧生，无总苞片或 1-6，线形或披针形，全缘或有细齿；伞辐光滑或粗糙；无小总苞片或 1-10，线形，披针形或卵状披针形；小伞形花序，通常无萼齿；花瓣阔倒卵形，基部楔形，顶端凹陷，有内折的小舌片，白色或红色；花柱基圆锥形，花柱长于花柱基部。果实长卵形或卵形，两侧扁压，果棱明显；棱槽内油管通常单生，稀为 3，合生面油管 2-4；分生果横剖面五角形。

葛缕子 ♂

学　名：*Carum carvi* L.

形态特征　多年生草本，高可达 70 厘米。根圆柱形，表皮棕褐色。茎通常单生，稀 2-8。基生叶及茎下部叶的叶柄与叶片近等长，叶片轮廓长圆状披针形，二至三回羽状分裂，茎中、上部叶与基生叶同形，较小，无柄或有短柄。无总苞片，稀 1-3，线形；伞辐 5 个或以上，不等长，长 1-4 厘米，无小总苞或偶有 1-3 片，线形；小伞形花序有花 5-15，花杂性，无萼齿，花瓣白色，或带淡红色，花柄不等长，花柱长约为花柱基的 2 倍。果实长卵形，成熟后黄褐色，果棱明显，每棱槽内油管 1，合生面油管 2。

花期果期　5-7 月开花期，8 月果熟期。

地理分布　产于娄烦云顶山、荷叶坪、西华镇、右玉、五台山。

生长环境　生长于河滩草丛中、林下或高山草甸。

主要用途　可作为高山草甸的辅助修复草种和观赏草种；果实可以提取挥发油，提取挥发油后剩下的残渣又可作为家畜饲料。

田葛缕子 ♂

学　名：*Carum buriaticum* Turcz.

形态特征　多年生草本，高可达 80 厘米。根圆柱形，长达 18 厘米，直径一般不超过 2 厘米。茎通常单生，自茎中、下部以上分枝。基生叶及茎下部叶有柄，茎基部有叶鞘纤维残留物，基生叶三至四回羽状分裂，末回裂片较细，宽 1 毫米以下。有总苞片和小总苞片；小伞形花序，无萼齿；花瓣白色。果实长卵形，每棱槽内油管 1，合生面油管 2。

花期果期　5–9 月开花期，9–10 月果熟期。

地理分布　产于忻州荷叶坪、五台山、大同广灵。

生长环境　喜湿润；生长于田边、路旁、河岸、林下及山地草丛中。

主要用途　分布范围较广，适应性强，可作为先锋草种与禾本科植物配合种植。

15.6 西风芹属 *Seseli* L.

　　多年生草本。根茎单一或呈指状分叉，多木质化；根圆锥形。茎多数为圆柱形，有纵长细条纹和浅纵沟。叶通常具叶柄；叶片为一至数回羽状分裂或全裂。复伞形花序多分枝；小总苞片披针形或线形，基部常连合，多为薄膜质或仅边缘为膜质；有花柄，以至小伞形花序呈头状；花瓣顶端微凹陷，小舌片稍宽阔内曲，背部多有柔毛或硬毛，白色或黄色，中脉棕黄色而显著；萼齿宿存；花柱基圆锥形或垫状。分生果卵形，长圆形或长圆状圆筒形，稍两侧扁压，横剖面近五边形，果棱线形凸起，钝，通常背棱与侧棱近等宽；胚乳腹面平直；心皮柄 2 裂达基部。

山西西风芹 ♂

学　名：*Seseli sandbergiae* Fedde ex Wolff

形态特征　多年生草本，高可达 70 厘米。根茎短，存留多数棕色枯鞘纤维；根圆锥形，分叉，皮暗棕色。茎单一，直立，圆柱形，有细条纹凸起和浅纵槽，有短柔毛，下部开始分枝。基生叶近无柄，有稍宽阔披针形叶鞘，基部抱茎，有柔毛；叶片轮廓三角状卵形，基部明显下延，表面绿色，背面灰绿色，两面均疏生有短毛，以背面和边缘稍多。花序梗密生柔毛；复伞形花序直径 3–7 厘米；伞辐 6–12，不等长，有毛；总苞片边缘膜质，有柔毛，长不及伞辐的 1/2；小总苞片 8–10，线状披针形，顶端尾状渐尖，边缘膜质，比花柄长，绿色，有毛；花瓣近卵形，小舌片内曲，外面有柔毛；花柱外曲，比花柱基长 2 倍，花柱基短圆锥形，基部呈皱波状；子房密生柔毛。果棱线形尖锐凸起；每棱槽内油管 2–3，合生面油管 4–6。

花期果期　8 月开花期，9 月果熟期。

地理分布　为山西特有种，产于曲沃县、析城山等山西南部地区。

生长环境　喜温暖；生长于山坡草地和路旁。

主要用途　具有观赏性。

15.7　蛇床属 *Cnidium* Cusson

一年生至多年生草本。叶通常为二至三回羽状复叶，稀为一回羽状复叶，末回裂片线形、披针形至倒卵形。复伞形花序顶生或侧生；总苞片线形至披针形；小总苞片线形、长卵形至倒卵形，常具膜质边缘；花白色，稀带粉红色；萼齿不明显；花柱 2，向下反曲。果实卵形至长圆形，果棱翅状，常木栓化；分生果横剖面近五角形；每棱槽内油管 1，合生面油管 2；胚乳腹面近于平直。

蛇床 ♂

学　名：*Cnidium monnieri* (L.) Cuss.

俗　称：山胡萝卜、蛇米、蛇粟、蛇床子

形态特征　一年生草本。根圆锥状，较细长。茎直立或斜上，多分枝，中空，表面具深条棱，粗糙。下部叶具短柄，叶鞘短宽，边缘膜质，上部叶柄全部鞘状；叶片轮廓卵形至三角状卵形，长 3-8 厘米，宽 2-5 厘米，二至三回三出羽状全裂，羽片轮廓卵形至卵状披针形，先端常略呈尾状，末回裂片线形至线状披针形，具小尖头，边缘及脉上粗糙。复伞形花序直径 2-3 厘米；总苞片 6-10，线形至线状披针形，长约 5 毫米，边缘膜质，具细睫毛；伞辐 8-20，不等长，棱上粗糙；小总苞片多数，线形，长 3-5 毫米，边缘具细睫毛；小伞形花序具花 15-20，萼齿无；花瓣白色，先端具内折小舌片；花柱基略隆起，花柱长 1-1.5 毫米，向下反曲。分生果长圆状，横剖面近五角形，主棱 5，均扩大成翅；每棱槽内油管 1，合生面油管 2；胚乳腹面平直。

花期果期　6-8 月开花期，7-10 月果熟期。

地理分布　产于忻州地区、临汾地区、晋东南地区及新绛等地。

生长环境　生长于田边、路旁、草地及河边湿地。

主要用途　作为水陆两栖植物，应用于湿地边；果实"蛇床子"入药，有燥湿、杀虫止痒、壮阳之效。

(15.8) 当归属 *Angelica* L.

　　二年生或多年生草本。通常有粗大的圆锥状直根。茎直立，圆筒形，常中空。叶三出羽状分裂或羽状多裂，有齿；叶柄膨大呈管状或囊状的叶鞘。复伞形花序，顶生和侧生；总苞片和小总苞片多数至少数，全缘；花白色带绿色；花瓣卵形至倒卵形，顶端渐狭，内凹成小舌片，背面无毛；花柱基扁圆锥状至垫状，花柱短至细长。果实卵形至长圆形，背棱及中棱线形，稍隆起，侧棱宽阔或狭翅状，成熟时两个分生果互相分开；分生果横剖面半月形，每棱槽中有油管 1 至数个，合生面有油管 2 至数个；胚乳腹面平直或稍凹入；心皮柄 2 裂至基部。

白芷 ♂

学　名：*Angelica dahurica* (Fisch. ex Hoffm.) Benth. et Hook. f. ex Franch. e

形态特征　多年生高大草本，植株高达 2.5 米。根圆柱形，有分枝，黄褐色，有浓香。茎中空，带紫色，有纵长沟纹。基生叶一回羽裂，有长柄，叶鞘管状，边缘膜质；茎上部叶柄长达 15 厘米，叶鞘囊状，紫色；叶宽卵状三角形，小裂片卵状长圆形，无柄，长 2.5–7 厘米，有不规则白色软骨质重锯齿，小叶基部下延，叶轴呈翅状。复伞形花序，花序梗、伞辐、花梗均有糙毛；总苞片常缺或 1–2 片，卵形鞘状；小总苞片 5–10，线状披针形，膜质；萼无齿；花瓣倒卵形，白色；花柱基短圆锥形。果长圆形，无毛，背棱钝状凸起，侧棱宽翅状，角果窄。

花期果期　7–8 月开花期，8–9 月果熟期。

地理分布　产于浑源、沁县、介休、运城、稷山、永济、五台、宁武、翼城、蒲县、交城、兴县。

生长环境　适应性很强，耐寒、喜温和湿润气候，常生长于林下、林缘、溪旁、灌丛及山谷草地。

主要用途　花色变化具有一定的观赏价值；根入药，能发表、祛风除湿；根的水煎剂有杀虫、灭菌作用，对防治菜青虫、大豆蚜虫、小麦杆锈病等有一定效果；嫩茎剥皮后可供食用。

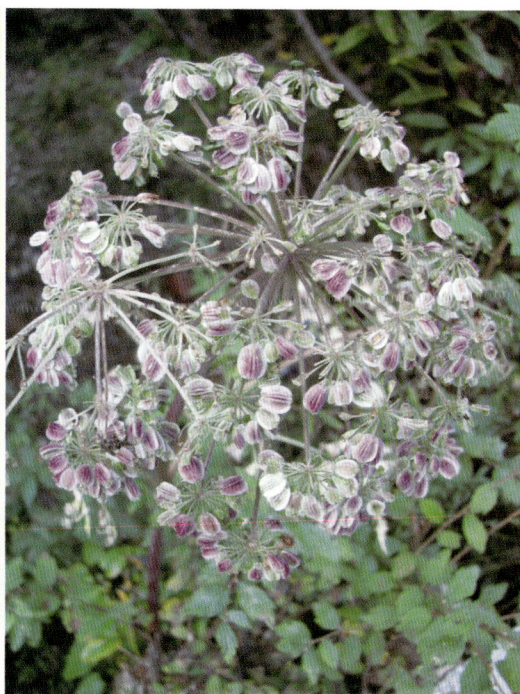

15.9 前胡属 *Peucedanum* L.

多年生直立草本。根通常纺锤形或细长，根茎部短粗，常存留有枯萎叶鞘纤维和环状叶痕。茎圆柱形，具细条纹。叶一至三回羽状分裂或三出分裂，叶有柄，基部有叶鞘，茎生叶鞘稍膨大，叶缘不具白色软骨质。复伞形花序顶生或侧生；花瓣圆形至倒卵形，顶端微凹，通常白色，花萼齿明显。果实椭圆形、长圆形或近圆形，背部扁压，光滑或有毛，分果中棱和背棱线形，侧棱翅状，分果的侧棱相互紧密靠合，棱槽中具 1-3 条油管。

华北前胡 ♂

学　名：*Peucedanum harry-smithii* Fedde ex Wolff

形态特征　多年生草本，株高可达 100 厘米。根茎木质化，存留纤维状枯鞘；主根圆锥形。茎有纵突细条纹，髓部充实。叶三回羽状分裂或全裂，末裂片菱状倒卵形，基部楔形，边缘有缺刻状牙齿，茎生叶向上逐渐简化，无柄。复伞形花序顶生和侧生；花瓣倒卵形，白色，小舌片内曲。双悬果卵状椭圆形，密被短硬毛，具凸起背棱线，侧棱翅状。

花期果期　8-9 月开花期，9-10 月果熟期。

地理分布　产于兴县、离石、中阳、孝义、临县、太谷、岢岚、芮城、夏县、蒲县。

生长环境　喜阴湿；生长于海拔 600-2200 米的山坡林缘，山谷溪边或草地，多见于阴坡草地或林下草本层。

主要用途　做景观草地配置草种使用，河溪湿草地生态恢复的群落辅助草种；根药用，具降气化痰、散风清热的功效。

16

报春花科
Primulaceae

多年生或一年生草本，稀为亚灌木。茎直立或匍匐，具互生、对生或轮生之叶，或无地上茎而叶全部基生，并常形成稠密的莲座丛。花单生或组成总状、伞形或穗状花序，两性，辐射对称；花萼通常 5 裂，稀 4 或 6-9 裂，宿存；花冠下部合生成短或长筒，上部通常 5 裂，稀 4 或 6-9 裂；雄蕊多少贴生于花冠上，与花冠裂片同数而对生，极少具 1 轮鳞片状退化雄蕊，花丝分离或下部连合成筒；子房上位，1 室；花柱单一。蒴果通常 5 齿裂或瓣裂；种子小，有棱角，常为盾状，种脐位于腹面的中心。

16.1 假报春属 *Cortusa* L.

多年生草本，植株通常被长柔毛。叶全部基生，具长柄，叶片心状圆形，７９裂，裂片有牙齿或缺刻。花葶直立；伞形花序顶生，具苞片；花梗纤细，不等长；花萼 5 深裂，裂片披针形，宿存；花冠漏斗状钟形，红色或黄色，分裂达中部以下，裂片 5，通常卵圆形，先端钝，筒部短，喉部无附属器；雄蕊 5，着生于冠筒基部，花丝极短，基部膜质，连合成环；花药基部心形，向上渐狭，顶端具小尖头；子房卵珠形；胚珠多数，半倒生；花柱丝状，伸出冠筒外，柱头头状。蒴果顶端 5 瓣开裂；种子扁球形，具皱纹。

河北假报春 ♂

学 名：*Cortusa matthioli* subsp. *pekinensis* (Al.Richt.) Kitag.

形态特征 多年生草本。根状茎细弱。叶基生，叶片近圆形，基部心形，边缘掌状浅裂，深达叶片 1/3，边缘有不整齐的深锯齿，两面被稀疏短毛，有时下面被白色绵毛或短腺毛；具长柄。花葶细长，高 20-35 厘米，被长柔毛和腺毛；伞形花序，花梗长短不等，被短腺毛；苞片倒披针形，有缺刻；花萼钟状，5 深裂，裂片披针形，与萼筒近等长，无毛；花冠紫红色，钟状，直径约 1 厘米，裂片 5，长圆形，钝尖；雄蕊 5，伸出花冠筒外，花药长圆形，顶端渐尖，花丝下部连合成膜质短筒；子房卵形，花柱细长。蒴果，椭圆形，光滑；种子 10 余枚，表面有皱纹。

花期果期 6 月开花期，7-8 月果熟期。

地理分布 产于五台、宁武、五寨、离石、关帝山。

生长环境 喜阴凉；生长于溪边、林缘和灌丛中，多见于云杉、落叶松林下腐殖质较多的阴处。

主要用途 可做观赏植物。

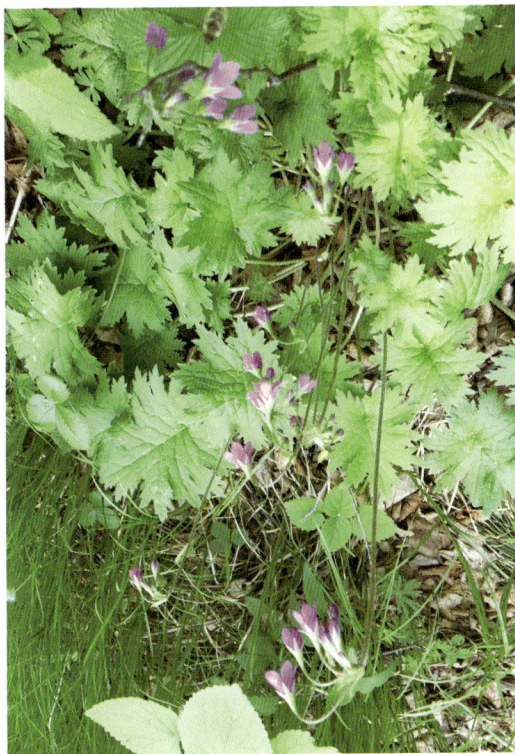

16.2 点地梅属 *Androsace* L.

多年生或一、二年生小草本。叶基生或簇生于根状茎或根出条端，形成莲座状叶丛，极少互生于直立的茎上；叶丛单生、数枚簇生或多数紧密排列，使植株成为半球形的垫状体。花组成伞形花序生于花葶端；花萼钟状至杯状，5 浅裂至深裂；花冠白色、粉红色或深红色，筒部短，通常呈坛状，约与花萼等长，喉部常收缩成环状凸起，裂片 5，全缘或先端微凹；雄蕊 5，花丝极短，贴生于花冠筒上；花药卵形，先端钝；花柱短，不伸出冠筒。蒴果近球形，5 瓣裂；种子通常少数。

白花点地梅 ♂

学　名：*Androsace incana* Lam.

形态特征　多年生草本，植株由着生于根出条上的莲座状叶丛形成密丛。根出条暗褐色，初被柔毛，渐变无毛，节间不明显或长达 1.3 厘米，通常短于叶丛。莲座状叶丛直径 6-10 毫米，基部有黄褐色枯叶；叶近等长或内层叶较外层叶稍长，披针形、狭舌形或狭倒披针形，先端锐尖或稍钝，质地稍厚，两面上半部均被白色长柔毛，在背面有时极密。花葶单一，极短，被长柔毛；花 1-3（4）朵生于花葶端；苞片披针形至阔线形，长 3-5 毫米，基部稍凸起，与花梗、花萼均被白色长柔毛；花梗通常短于苞片或有时与苞片近等长；花萼钟状，长约 3.5 毫米，分裂近达中部，裂片狭三角形，先端锐尖或稍钝；花冠白色或淡黄色，直径 5-8 毫米，喉部紧缩，紫红色或黄色，有环状凸起，裂片阔倒卵形，先端近圆形或微具波状圆齿。蒴果长圆形，稍长于花萼。

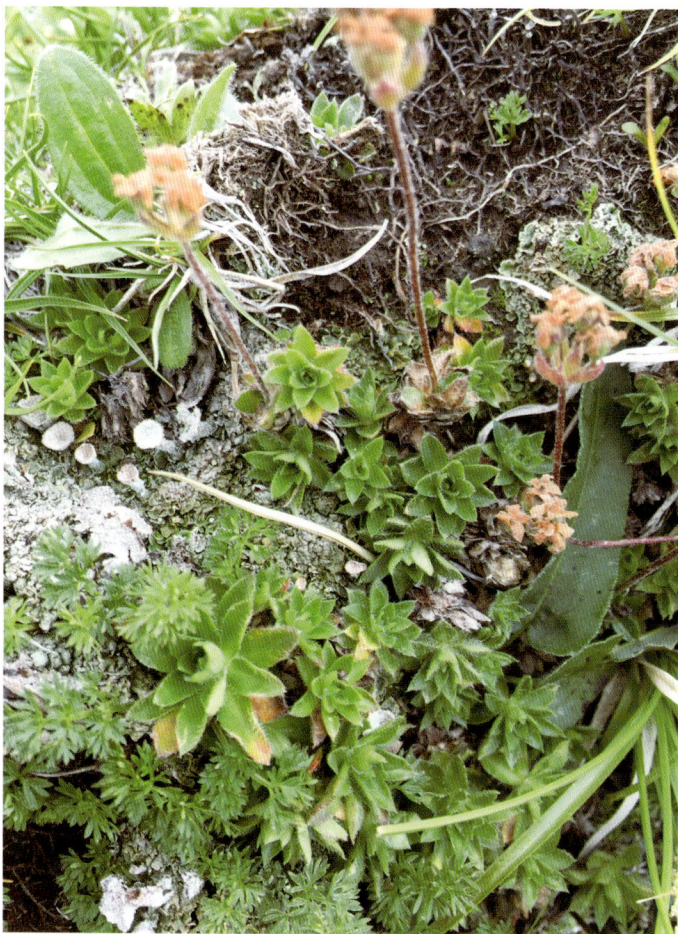

花期果期　5-6 月开花期，6-7 月果熟期。

地理分布　产于山西北部。

生长环境　喜温暖，有一定的耐热性；生长于海拔 2000-3000 米的山顶和向阳的山坡上。

主要用途　花开白色，植株矮小，形成密丛或垫状体，花色艳丽，适合布置岩石园或盆栽供观赏；药用，全草可除湿利尿。

西藏点地梅 ♂

学　名：*Androsace mariae* Kanitz

俗　称：疏丛长叶点地梅

形态特征　多年生草本。主根木质，具少数支根。根出条短，叶丛叠生其上，形成密丛；有时根出条伸长，叶丛间有明显的间距，成为疏丛。莲座状叶丛直径1–4厘米；叶两型，外层叶舌形或匙形，长3–5毫米，宽1–1.5毫米，先端锐尖，两面无毛至被疏柔毛，边缘具白色缘毛；内层叶匙形至倒卵状椭圆形，长7–15毫米，先端锐尖或近圆形而具骤尖头，基部渐狭，两面无毛至密被白色多细胞柔毛，具无柄腺体，边缘软骨质，具缘毛。花葶单一，被白色开展的多细胞毛和短柄腺体；伞形花序2–10花；苞片披针形至线形，与花梗、花萼同被白色多细胞毛；花梗在花期稍长于苞片，花后伸长，果期可长达18毫米；花萼钟状，长约3毫米，分裂达中部，裂片卵状三角形；花冠粉红色，裂片楔状倒卵形，先端略呈波状。蒴果稍长于宿存花萼。

花期果期　6月开花期，6–7月果熟期。

地理分布　产于宁武、霍州、大同。

生长环境　是适应性很强的高山植物，不仅分布广，而且其可垂直分布于海拔1800~3000米的草地、林缘和干燥的砂石地等。

主要用途　可做高山草地观赏植物；全草入药，可清热解毒，消炎止痛。

16.3　报春花属 *Pramula* L.

多年生草本，稀二年生。叶全部基生，莲座状。花5基数，通常在花葶端排成伞形花序，较少为总状花序、短穗状或近头状花序，有时花单生，无花葶；花萼钟状或筒状，具浅齿或深裂；花冠漏斗状或钟状，喉部不收缩，筒部通常长于花萼，裂片全缘、具齿或 2 裂；雄蕊贴生于冠筒上，花药先端钝，花丝极短；子房上位，近球形，花柱常有长短 2 型。蒴果球形至筒状，顶端短瓣开裂或不规则开裂，稀为帽状盖裂；种子多数。

胭脂花 ♂

学 名：*Primula maximowiczii Regel*

形态特征 多年生草本。须根多而粗壮，黄白色。叶基生，长卵状披针形或矩圆状倒卵形，先端钝圆，基部渐狭下延成柄，边缘有细锯齿或三角状的牙齿；叶柄具膜质宽翅，通常甚短。花葶粗壮，高可达 50 厘米，直径 3–6 毫米；伞形花序 1–3 轮，每轮有花 4~16 朵；苞片多数，披针形；花萼钟状，萼筒长 8 毫米，裂片宽三角形；花冠暗朱红色，冠筒长 10–12 毫米，喉部有环状凸起，裂片矩圆形，全缘，通常反折；长花柱花；雄蕊着生于冠筒中下部，花柱长近达冠筒口；短花柱花；雄蕊着生于冠筒上部，花药顶端距筒口约 2 毫米，花柱长 3–4 毫米，子房长圆形，长约 2 毫米。蒴果圆柱形；伸出萼外；种子黑褐色，不整齐多面体，种皮具网纹。

花期果期 5–6 月开花期，7 月果熟期。

地理分布 产于沁县、沁源、山阴、右玉、太谷、介休、五台、宁武、霍州、离石、文水、交城。

生长环境 不耐高温，20℃以上不利于生长发育；生长于林下和林缘湿润处，垂直分布上限可达 2900 米。

主要用途 花美丽，可引种栽培供观赏；全草还可入药，能止痛、祛风等。

17

龙胆科
Gentianaceae

一年生或多年生草本。茎直立或斜升，有时缠绕。单叶，对生，全缘，基部合生，筒状抱茎或为一横线所连结；无托叶。花序一般为聚伞花序或复聚伞花序，有时减退至顶生的单花；花两性，辐射状或在个别属中为两侧对称，一般4-5；花萼筒状、钟状或辐状；花冠筒状、漏斗状或辐状，基部全缘，稀有距，裂片在蕾中右向旋转排列，稀镊合状排列；雄蕊着生于冠筒上与裂片互生，花药背着或基着，2室，子房上位，1室，侧膜胎座，稀心皮结合处深入而形成中轴胎座，致使子房变成2室；柱头全缘或2裂；腺体或腺窝着生于子房基部或花冠上。蒴果2瓣裂；种子小，常多数，具丰富的胚乳。

17.1 龙胆属 *Gentiana* (Tourn.) L.

一年生或多年生草本。茎直立或斜升。叶对生，常相连于基部；无柄。聚伞花序或单花，顶生或腋生，花无梗或具梗；花萼管状至钟状，通常具5裂片；花冠管状钟形，裂片5，裂片间具褶；雄蕊5，着生于花冠管上，内藏，稀外露，花丝基部常扁，花药卵圆形或长圆形；子房基部具蜜腺，花柱短或无，柱头2裂。蒴果长圆形，稍扁，常开裂成两片；种子小，多数，球形或扁压，两面凸形，常具3棱或网纹。

达乌里秦艽 ♂

学　名：*Gentiana dahurica* Fisch.

形态特征　多年生草本，株高 15–30 厘米。茎基部具多数残叶纤维；茎多数丛生，常斜升。基生叶较大，条状披针形，长达 20 厘米，宽达 2 厘米，先端锐尖，全缘，叶脉 3–5 条；茎生叶较小，2–3 对，条状披针形或条形，叶脉 1–3 条。聚伞花序顶生或腋生，花 1–3 朵；花萼筒状，膜质，裂片大小不等，条形；花冠筒状钟形，蓝色，裂片卵形，褶三角形，比裂片短一半；子房长圆形，花柱短。蒴果，长圆形，近无柄，包藏在宿存花冠内；种子多数，狭椭圆形，淡棕褐色，表面细网状。

花期果期　7–8 月开花期，9–10 月果熟期。

地理分布　产于太原、阳高、平鲁、右玉、平陆、五台、宁武、神池、五寨、岢岚、保德、偏关、吉县、隰县、蒲县、吕梁、离石、交城、兴县、临县、中阳、孝义。

生长环境　耐干旱、耐寒；生长于海拔 870–3000 米的田边、路旁、河滩、湖边沙地、水沟边、向阳山坡及干草原等地。

主要用途　花开紫色，可栽培作为观赏植物，同时有保持水土的功能；根入药，能祛风湿、退虚热、止痛；花入蒙药，能清肺、止咳、解毒。

秦艽 ♂

学　名：*Gentiana macrophylla* Pall.

形态特征 多年生草本，高30–60厘米。茎基部为残叶纤维包围，斜升或直立，茎单一。基生叶较大，狭披针形至狭倒披针形，少椭圆形，叶脉5–7条。聚伞花序由数朵至多数花簇生枝顶呈头状或腋生轮状；花萼膜质，侧面破裂，较花冠短；花冠蓝紫色，管状钟形，具5裂片，卵圆形，褶常三角形，比裂片短一半；子房长，近无柄，花柱短。蒴果长椭圆形，包藏在宿存花冠内；种子矩圆形，棕色，具光泽，表面细网状。

花期果期 花期7–8月，果期9–10月。

地理分布 产于太原、阳高、浑源、沁县、沁源、沁水、平鲁、太谷、灵石、介休、垣曲、五台、繁峙、宁武、五寨等地。

生长环境 喜湿润、凉爽气候，耐寒，怕积水，忌强光；生长于海拔1500–2300米的山坡草地、草甸及林缘。

主要用途 具有很大的观赏价值；根人药，有散风祛湿、清热利尿、舒筋止痛之效。

鳞叶龙胆 ♂

学　名： *Gentiana squarrosa* Ledeb.

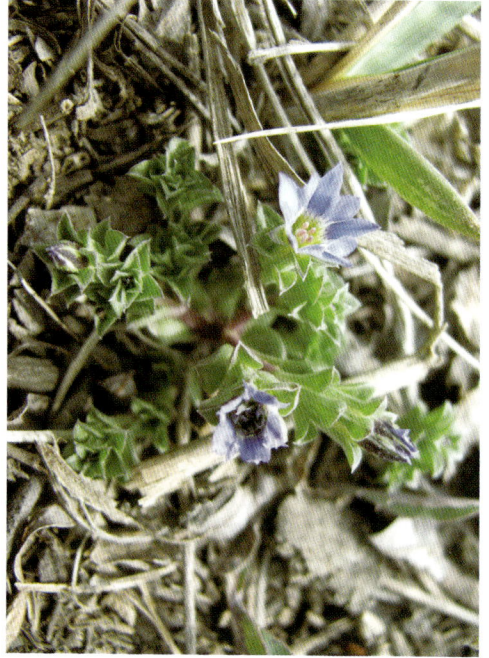

形态特征　一年生小草本，高 3–7 厘米，植株有毛。茎细弱，常多分枝。叶对生，边缘粗糙，软骨质，先端钝圆或急尖，其芒刺，基部渐狭，基生叶较大，圆形，具不明显的三出脉；上部叶匙形，1 脉，基部连合成管。花单生于枝端，近无梗；花萼钟形，长约为花冠之半，具 5 裂片，裂片卵形，端尖，有芒刺，先端反卷（折），边缘软骨质，粗糙；花冠管状钟形，蓝色，裂片 5，卵形或长卵形，裂片间具 5 褶，较裂片短；子房初无柄，花柱短。蒴果倒卵形或矩圆状倒卵形，2 瓣开裂，果柄在果期伸长，通常伸出宿存花冠之外；种子多数，扁椭圆形，棕褐色，表面细网纹。

花期果期　5–7 月开花期，6–8 月果熟期。

地理分布　产于浑源、沁县、沁源、晋城、陵川、介休、垣曲、五台、宁武、五寨、偏关、翼城、乡宁、隰县、蒲县、霍州、吕梁、临县、中阳。

生长环境　为中生、旱中生植物；生于海拔 110–3200 米的山坡、山谷、山顶、干草原、河滩、荒地、路边、灌丛中及高山草甸，也见于高寒草甸群落中，分布区的土壤为微酸至酸性土壤。

主要用途　适应性强，适宜作为花坛、花镜或盆花；全草入药，有清热利湿、解毒消痈之功效。

17.2 喉毛花属 *Comastoma* (Wettst.) Toyok.

　　一年生或多年生草本。茎不分枝或有分枝，直立或斜升。叶对生；基生叶常早落；茎生叶无柄。花 4-5，单生茎或枝端或为聚伞花序；花萼深裂，萼筒极短，无萼内膜，裂片 4-5，稀 2，大都短于花冠；花冠钟形、筒形或高脚杯状，4-5 裂，裂片间无褶，裂片基部有白色流苏状副冠，流苏内无维管束，常呈 1-2 束，当开花时，全部向心弯曲，封盖冠筒口部，冠筒基部有小腺体；雄蕊着生冠筒上，花丝有时有毛；花柱短，柱头 2 裂。蒴果 2 裂；种子小，光滑。

喉毛花 ♂

学　名: *Comastoma pulmonarium* (Turcz.) Toyok.

形态特征　一年生草本，高 5-25 厘米。茎直立，单生，草黄色，近四棱形，多分枝，稀不分枝。基生叶少数，矩圆形或矩圆状匙形，无柄；茎生叶，卵状披针形，长 0.6-2.8 厘米，宽 0.3-1 厘米，茎上部及分枝上的叶变小，半抱茎，无柄。聚伞花序或单花顶生；花梗不等长；花数 5；花萼开张，一般为花冠的 1/4，深裂达基部，裂片卵状三角形、披针形或狭椭圆形，边缘粗糙，有糙毛；花冠淡蓝色，浅裂，裂片直立，椭圆状三角形、卵状椭圆形或卵状三角形，喉部不膨大，具一圈白色副花冠，5 束，长 3-4 毫米，上部流苏状条裂，冠筒基部具 10 个小腺体；雄蕊着生于冠筒中上部，花丝白色，线形，长约 3 毫米，疏被柔毛，花药黄色，狭矩圆形，长约 1 毫米；子房无柄，狭矩圆形，无花柱，柱头 2 裂。蒴果无柄，椭圆状披针形；种子淡褐色，近球形或宽矩圆形，光亮。

花期果期　7-8 月开花期，10-11 月果熟期。

地理分布　产于五台山北台。

生长环境　高山植物，具有一定的耐寒性，喜湿润；生长于海拔 3000-3100 米的河滩、山坡草地、林下、灌丛及高山草甸。

主要用途　在高山草甸上可作为观赏性植物，同时提高植物群落的耐寒性；藏医常用药材，有利湿祛痰、清热解毒、舒肝利胆的功效。

17.3 花锚属 *Halenia* Borkh.

一年生或多年生草本。茎直立，通常分枝或单一不分枝。单叶，对生，全缘，具3-5脉，无柄或具柄。聚伞花序腋生或顶生，形成疏松的圆锥花序；花数4；花萼深裂，萼筒短；花冠钟形，深裂，裂片基部有窝孔并延伸成一长距，距内有蜜腺；雄蕊着生于冠筒上，与裂片互生，花药丁字着生；雌蕊无柄，花柱短或无，子房1室，胚珠多数。蒴果室间开裂；种子小，多数，常褐色。

花锚 ♂

学 名：*Halenia corniculata* (L.) Cornaz

形态特征 一年生草本，株高20-60厘米。茎直立，近四棱形，具细条棱，从基部起分枝，节间比叶长。基生叶倒卵形或椭圆形，先端圆或钝尖，基部楔形，渐狭呈宽扁的叶柄，柄长1-1.5厘米，通常早枯萎；茎生叶椭圆状披针形或卵形，先端渐尖，基部宽楔形或近圆形，全缘，叶脉3条，无柄或具极短而宽扁的叶柄，长1-3毫米。聚伞花序顶生或腋生；花梗纤细，长5-10毫米，果期可延伸到25毫米；花萼裂片或条状披针形或三角状披针形，先端渐尖，边缘稍膜质，被微短硬毛，具1脉；花冠白色（未受粉以前）至黄白色或淡绿色（受粉以后），钟状，裂片卵形或椭圆状卵形，先端渐尖，花冠基部具4个斜向的长距；雄蕊4，内藏，花丝着生花冠基部；子房上位，纺锤形，无花柱，柱头2裂，外卷。蒴果卵圆形，淡褐色，顶端2瓣开裂；种子多数，椭圆形或近圆形。

花期果期 7-8月开花期，9-10月果熟期。

地理分布 产于阳高、浑源、沁县、沁源、晋城、沁水、阳城、平鲁、太谷、介休、垣曲、五台、宁武、隰县、蒲县、离石、交城、兴县、临县。

生长环境 属半阴性偏中性植物，一般以伴生植物出现在植物群落中；生长于海拔1500-2780米的山坡草地、林下及林缘。

主要用途 在园林中常用作草地、绿地，点缀于草坪之中具有画龙点睛之笔，亦可盆栽，观赏效果佳；药用，能清热、解毒、凉血止血，主治肝炎，脉管炎等症。

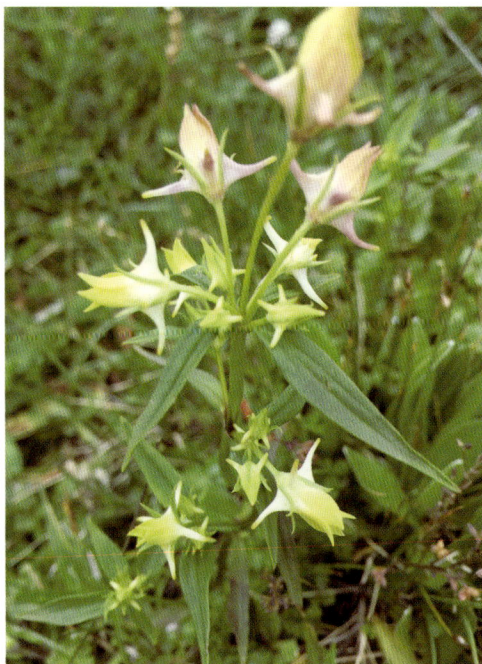

18

花葱科
Polemoniaceae

一年生或多年生草本或灌木。叶卷须攀缘；叶通常互生或对生于下方，全缘、分裂或羽状复叶；无托叶；花小，排成二歧聚伞花序、圆锥花序，花两性；花萼钟状或管状，5 裂，宿存，裂片覆瓦状或镊合状形成 5 翅；花冠合瓣，花开后开展；雄蕊 5，着生于花冠管上，花丝基部常扩大并被毛，花药 2 室，纵裂；花粉粒球形，表面具网纹；花盘雄蕊内，显著；子房上位，3-5 室，花柱 1，顶端分成 3 条具乳头状凸起的花柱臂，中轴胎座，每室有胚珠 1 至多颗，无柄。蒴果室背开裂；种子有各种形状；胚乳肉质或软骨质，有直胚。

18.1 花葱属 *Polemonium* L.

多年生草本，通常具匍匐的根茎，增粗或细。叶互生，一次羽状分裂。顶生聚伞花序或疏散伞房花序或近头状的聚伞圆锥花序；花蓝紫色或白色；花萼钟状，5 裂，裂片钝或锐尖，花后扩大；花冠宽钟状、近辐状，裂片倒卵形；雄蕊基部着生位置相等，花丝基部具髯毛，向外折曲；花盘具圆齿；子房卵圆形，3 室，每室有 2-12 个胚珠。蒴果卵圆形，3 瓣裂；种子具锐角棱，无翅，种皮具螺纹纤维的膨胀的细胞，潮湿时外面具黏液质。

花荵 ♂

学 名：*Polemonium caeruleum* L.

形态特征 多年生草本。根匍匐，圆柱状，多纤维状须根。茎直立，高可达1米，无毛或被疏柔毛。羽状复叶互生，小叶互生，长卵形至披针形，全缘，两面有疏柔毛或近无毛，无小叶柄。聚伞圆锥花序顶生或上部叶腋生，梗密生短的或疏长腺毛；花萼钟状，被短的或疏长腺毛，裂片长卵形；花冠紫蓝色，钟状，裂片倒卵形，边缘有缘毛或无缘毛；雄蕊着生于花冠筒基部之上，通常与花冠近等长，花药卵圆形，花丝基部簇生黄白色柔毛；子房球形，柱头稍伸出花冠之外。蒴果卵形；种子褐色，纺锤形，种皮具有膨胀性的黏液细胞，干后膜质似种子有翅。

花期果期 6–8月开花期，8月果熟期。

地理分布 产于沁源、阳城、介休、稷山、五台等地。

生长环境 喜温湿；生长于海拔1000–3000米的山坡草丛、山谷疏林下、山坡路边灌丛或溪流附近湿处，多生于草甸或草原。

主要用途 花蓝紫色，花形美丽，在较高海拔的地区可引种栽培供人观赏；根与根茎入药，主治咳嗽痰多、癫痫、失眠、镇静等。

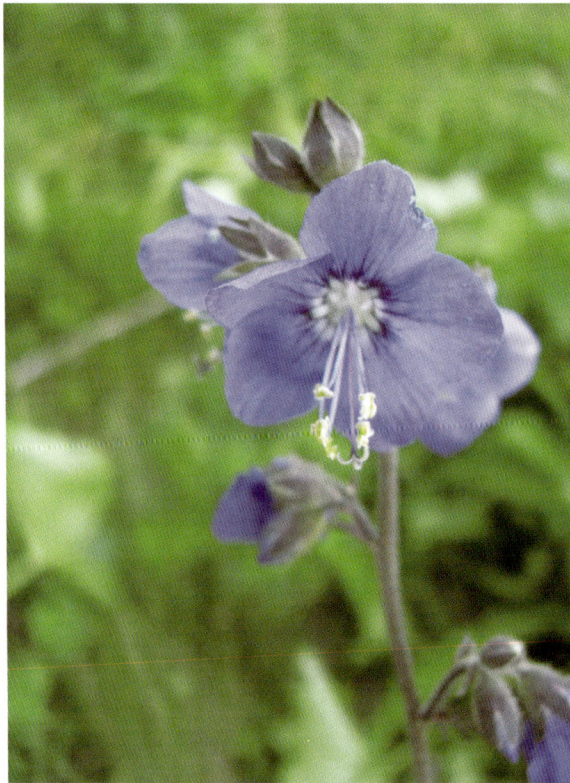

19

紫草科
Boraginaceae

多数为草本，一般被有硬毛或刚毛。叶为单叶，互生，不具托叶。花序为聚伞花序或镰状聚伞花序。花两性，辐射对称；花萼具5个基部至中部合生的萼片，大多宿存；花冠一般可分筒部、喉部、檐部三部分，檐部具5裂片，裂片在蕾中覆瓦状排列；雄蕊5，着生于花冠筒，轮状排列，花药内向，2室，基部背着，纵裂；蜜腺在花冠筒内基部环状排列；雌蕊由2心皮组成，子房2室，每室含2胚珠，花柱顶生；胚珠近直生；雌蕊基果期平或不同程度升高呈金字塔形至锥形。果实为含1-4粒种子的核果或小坚果；种子直立或斜生，种皮膜质，无胚乳，稀含少量内胚乳。

19.1 附地菜属 *Trigonotis* S.

多年生草本。茎通常被糙毛。单叶互生。镰状聚伞花序单一或二歧式分枝，无苞片或下部的花梗具苞片；花萼5；花冠小形，蓝色或白色，花筒通常较萼短，裂片5，覆瓦状排列，圆钝，喉部附属器5，半月形或梯形；雄蕊5，内藏，花药长圆形；子房深4裂，花柱线形，通常短于花冠筒，柱头头状；雌蕊基平坦。小坚果4，四面体形，平滑无毛具光泽，腹面的3个面近等大，中央具1纵棱；胚直生，子叶卵形。

附地菜 ♂

学 名：*Trigonotis peduncularis* (Trev.) Benth. ex Baker et Moore

形态特征 一年或两年生草本。茎通常多条丛生，高可达 30 厘米，基部多分枝，被短糙伏毛。基生叶呈莲座状，有叶柄，叶片匙形，两面被糙伏毛，茎上部叶长圆形或椭圆形。花序生茎顶，幼时卷曲，后渐次伸长，只在基部具 2-3 个叶状苞片，其余部分无苞片；花梗短，花后伸长，顶端与花萼连接部分变粗呈棒状；花萼裂片卵形；花冠

淡蓝色或粉色，筒部甚短，裂片平展，喉部附属 5；花药卵形，先端具短尖。小坚果 4，斜三棱锥状四面体形，背面三角状卵形，具 3 锐棱，腹面的两个侧面近等大而基底面略小，凸起，具短柄。

花期果期 4-6 月开花期，7 月果熟期。

地理分布 产于沁县、沁源、沁水、介休、运城、稷山、垣曲、永济、五台等地。

生长环境 有一定的耐寒性；生长于海拔 230-3000 米的平原、丘陵草地、林缘、田间及荒地。

主要用途 花美观，可用以点缀花园；全草入药，能温中健胃，消肿止痛，止血；嫩叶可供食用。

19.2 勿忘草属 *Myosotis* L.

一年生或多年生草本，通常较细弱，被密短毛或近无毛。叶互生。镰状聚伞花序，花后呈总状；花通常蓝色或白色；花萼 5，花冠通常高脚碟状，裂片 5，芽时旋转状，喉部有 5 个鳞片状附属器；雄蕊 5，内藏，花药卵形，顶端钝；子房 4 深裂，花柱细，线状；柱头小，呈盘状，具短尖；雌蕊基平坦或稍凸出。小坚果 4，通常卵形，背腹扁，直立，平滑，有光泽，着生面小，位于腹面基部。

勿忘草 ♂

学　名：*Myosotis alpestris* F. W. Schmidt

形态特征　多年生草本。茎直立，高达45厘米，通常具分枝，疏生开展的糙毛。基生叶和茎下部叶有柄，狭倒披针形，两面被糙伏毛，毛基部具小型的基盘；茎中部以上叶无柄，较短而狭。花序在花期短，花后伸长，无苞片；花梗较粗，在果期直立，与萼等长，密生短伏毛；花萼果期增大，裂片披针形，密被伸展或具钩的毛；花冠蓝色，裂片5，近圆形，喉部附属器5；花药椭圆形，先端具圆形的附属器。小坚果卵形，暗褐色，平滑，有光泽，周围具狭边但顶端较明显，基部无附属器。

花期果期　6–7月开花期，8月果熟期。

地理分布　产于五台、沁源、右玉。

生长环境　适应力强，喜干燥、凉爽的气候，忌湿热，喜光，耐旱，生长适温20–25℃，适合在疏松、肥沃、排水良好的微碱性土壤中生长；常生长于山地林缘或林下、山坡或山谷草地等处。

主要用途　植株小巧秀丽，可与球根花卉配植一起，提高观赏效果，也可盆栽观赏；含较多维生素，能够调理人体的新陈代谢，提高免疫力。

20

马鞭草科
Verbenaceae

灌木或乔木。叶对生，单叶或掌状复叶；无托叶。花序顶生或腋生；花萼宿存，杯状、钟状或管状，顶端有 4-5 齿或为截头状，通常在果实成熟后增大；花冠管圆柱形，管口裂为二唇形或略不相等的 4-5 裂，全缘或下唇中间 1 裂片的边缘呈流苏状；雄蕊 4，着生于花冠管上，花丝分离，花药通常 2 室，基部或背部着生于花丝上，内向纵裂或顶端先开裂而成孔裂；花盘通常不显著；子房上位；花柱顶生，柱头明显分裂。果实为核果、蒴果或浆果状核果，外果皮薄，中果皮干或肉质，内果皮多少质硬成核，核单一或可分为 2 或 4 个；种子通常无胚乳，胚直立，有扁平、多少厚或褶皱的子叶，胚根短，通常下位。

20.1 莸属 *Caryopteris* B.

直立或披散灌木。单叶对生，全缘或具齿，通常具黄色腺点。顶生松散的聚伞式圆锥花序；萼宿存，钟状，通常 5 裂，裂片三角形或披针形，结果时略增大；花冠通常 5 裂，二唇形，下唇中间 1 裂片较大，全缘至流苏状；雄蕊 4 枚，伸出于花冠管外，花丝通常着生于花冠管喉部；子房不完全 4 室，每室具 1 胚珠，胚珠下垂或倒生；花柱线形，柱头 2 裂。蒴果小，通常球形，成熟后分裂成 4 个多少具翼或无翼的果瓣；瓣缘锐尖或内弯，腹面内凹成穴而包着种子。

蒙古莸 ♂

学　名：*Caryopteris mongholica* Bunge

俗　称：兰花茶、山狼毒、白沙蒿

形态特征　落叶小灌木。常自基部分枝，高达 1.5 米；嫩枝紫褐色，圆柱形，有毛，老枝毛渐脱落。叶片厚纸质，全缘，很少有稀齿，表面深绿色，稍被细毛，背面密生灰白色绒毛。叶柄聚伞花序腋生，无苞片和小苞片；花萼钟状，外面密生灰白色绒毛，深 5 裂，裂片阔线形至线状披针形；花冠蓝紫色，外面被短毛，5 裂，下唇中裂片较大，边缘流苏状，花冠管长约 5 毫米，管内喉部有细长柔毛；雄蕊 4 枚，几等长，与花柱均伸出花冠管外；子房长圆形，无毛，柱头 2 裂。蒴果椭圆状球形，无毛，果瓣具翅。

花期果期　8–10 月开花，9–10 果熟期。

地理分布　产于河曲、保德、吉县、兴县、临县。

生长环境　喜光，极耐旱，耐寒，萌蘗性强，耐沙埋；生长于海拔 1100–1250 米的干旱坡地、沙丘荒野及干旱碱质土壤上。

主要用途　是沙区、黄土高原干旱地区宝贵的耐旱灌木资源，可用于营造水保薪炭林；是碳氮型牧草，为优良"木本饲料植物"；全草入药，味甘性温，有消食理气、祛风湿、活血止痛的功效；生长旺盛，抗逆性强，其花大型美丽，花序较长，花和叶可提芳香油，又可庭园栽培供观赏。

21

唇形科
Lamiaceae

一年生至多年生草本，半灌木或灌木，常具含芳香油的表皮。茎、枝常 4 棱。叶为单叶，全缘至具有各种锯齿，浅裂至深裂，稀为复叶，常交互对生；无托叶。聚伞花序常组成轮伞花序；花两性；两侧对称，稀近辐射对称；花萼宿存，具 5 齿，上唇 3 齿或全缘，下唇 2 或 4 齿，萼筒内有时具毛环；花冠冠檐常二唇形，上唇 2 裂，下唇 3 裂，稀冠檐 4-5 裂，冠筒内具毛环或无；雄蕊着生花冠上，4 或 2，离生，稀花丝合生，花药 1-2 室，常纵裂；子房上位，2 室，每室 2 胚珠，花柱近顶生，或子房 4 裂，每裂片具 1 胚珠，花柱近基生，柱头 2 浅裂，花盘宿存。果常为 4 枚小坚果。

21.1 筋骨草属 *Ajuga* L.

一年生、二年生，常为多年生草本。直立或具匍匐茎，茎四棱形。单叶对生，通常为纸质，边缘具齿或缺刻；苞叶与茎叶同形。轮伞花序具 2 至多花，组成穗状花序；花两性，通常近于无梗；花萼卵状或球状，钟状或漏斗状，通常具 10 脉，萼齿 5，近整齐；花冠通常为紫色至蓝色，基部略呈曲膝状或微膨大，喉部稍膨大，内面有毛环或稀无之，冠檐二唇形，上唇直立，全缘或先端微凹或 2 裂，下唇宽大，伸长，3 裂；二强雄蕊，前对较长，常自上唇间伸出；花柱细长，着生于子房底部，先端近相等 2 浅裂，裂片钻形，细尖。小坚果通常为倒卵状三棱形，背部具网纹，侧腹面具宽大果脐，有 1 油质体。

白苞筋骨草 ♂

学　名: *Ajuga lupulina* Maxim.

俗　称: 甜格缩缩草

形态特征　多年生草本。具地下走茎，茎沿棱及节被白色长柔毛。叶披针形或菱状卵形，先端钝，基部楔形下延，疏生波状圆齿或近全缘，具缘毛，上面无毛或被柔毛，下面脉被长柔毛或近先端疏被柔毛；叶柄具窄翅，基部抱茎。轮伞花序组成穗状花序；苞叶白黄、白或绿紫色，卵形或宽卵形，长 3.5–5 厘米，先端渐尖，基部圆，抱轴，全缘；花萼钟形或近漏斗形，长 7–9 毫米，萼齿窄三角形，具缘毛；花冠白、白绿或白黄色，具紫色斑纹，窄漏斗形，疏被长柔毛，冠筒基部前方稍膨大，内面具毛环，上唇 2 裂，下唇中裂片窄扇形，先端微缺，侧裂片长圆形。小坚果腹面中央微隆起，合生面达腹面之半。

花期果期　7–9 月开花期，8–10 月果熟期。

地理分布　产于沁源、山阴、太谷、灵石、介休、忻州、五台、繁峙、宁武、五寨、洪洞、离石、交城、兴县。

生长环境　喜阴湿；生长于海拔 1900–3200 的河滩沙地、高山草地或陡坡石缝中。

主要用途　具有一定观赏性；全草入药，主治痨伤咳嗽、吐血气痛、跌损瘀凝、面神经麻痹。

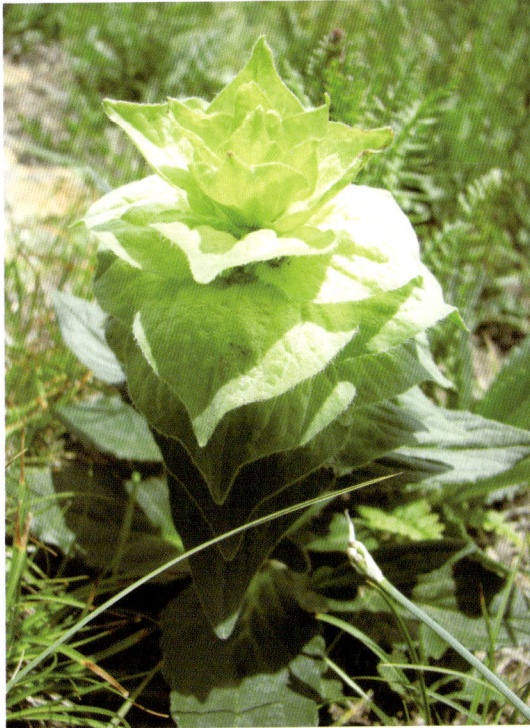

筋骨草 ♂

学　名：*Ajuga ciliata* Bunge
俗　称：四枝春

形态特征　多年生草本。根部膨大，直立。无匍匐茎；茎四棱形，紫红色或绿紫色，通常无毛，幼嫩部分被灰白色长柔毛。叶卵状椭圆形或窄椭圆形，长4-7.5厘米，基部楔形下延，不整齐重牙齿及缘毛；叶柄有时紫红色，基部抱茎，被灰白色柔毛或仅具缘毛。轮伞花序组成穗状花序；苞叶卵形，有时紫红色，全缘或稍具缺刻；花萼漏斗状钟形，长7-8毫米，齿被长柔毛及缘毛，萼齿长三角形或窄三角形；花冠紫色，具蓝色条纹，冠筒被柔毛，内面被微柔毛，基部具毛环，上唇先端圆，微缺，下唇中裂片倒心形，一侧裂片线状长圆形。小坚果被网纹，合生面几占整个腹面。

花期果期　5-8月开花期，7-9月果熟期。

地理分布　产于沁县、沁源、沁水、陵川、灵石、介休、运城、稷山、垣曲、忻州、原平、翼城、乡宁、隰县、霍州、吕梁、离石、交城。

生长环境　喜阴湿，不适宜生长在强光照下；生长于海拔340-1800米的山谷溪旁、阴湿的草地上、林下湿润处及路旁草丛中。

主要用途　可用于花坛，也可成片栽于林下、湿地，达到黄土不露天的效果；全草入药，治肺热咯血、跌打损伤、扁桃腺炎、咽喉炎等症。

21.2 黄芩属 *Scutellaria* L.

草本或亚灌木。茎叶常具齿，苞叶与茎叶同形或向上成苞片。花腋生、对生或上部有时互生；花萼钟形，分2唇，唇片短、宽、全缘，在果时闭合，上裂片在背上有一圆形、内凹、鳞片状的盾片或无盾片而明显呈囊状凸起；冠筒伸出于萼筒，背面呈弓曲或近直立，前方基部膝曲呈囊状增大或呈囊状距，冠檐二唇形，上唇盔状，下唇中裂片宽而扁平，稀浅4裂；二强雄蕊，花丝无齿突，后对花药具2室，室分明且多少锐尖，前对花药由于败育而退化为1室，药室裂口均具髯毛；花柱先端锥尖，不相等2浅裂，后裂片甚短。小坚果扁球形或卵圆形，背腹面不明显分化，具瘤。

并头黄芩 ♂

学 名： *Scutellaria scordifolia* Fisch. ex Schrank

俗 称： 山麻子、头巾草

形态特征 多年生草本，高达36厘米。根节上生须根。茎直立常带淡紫色，近无毛或棱上疏被上曲柔毛。叶三角状卵形或披针形，先端钝尖，基部浅心形或近平截，具浅锐牙齿，稀具少数微波状齿或全缘，上面无毛，下面沿脉疏被柔毛或近无毛，被腺点或无腺点；叶柄长1-3毫米，被柔毛。花为壳斗杯形，包着坚果约1/2，直径1-1.7厘米，高5-7毫米，被金黄色绒毛；小苞片合生成6-9条同心环带。小坚果黑色，椭圆形，被瘤点，腹面近基部具脐状凸起。

花期果期 6-8月开花期，8-9月果熟期。

地理分布 产于太原、浑源、沁县、沁源、晋城、介休、垣曲、五台、宁武、偏关、洪洞、蒲县、吕梁、交城。

生长环境 耐旱怕涝；生长于海拔2100米左右的草地或湿草甸。

主要用途 花期长，具有较高的观赏价值；园林应用前景十分广阔，可用于花坛、花镜等；在五台民间用根茎入药，叶可代茶用。

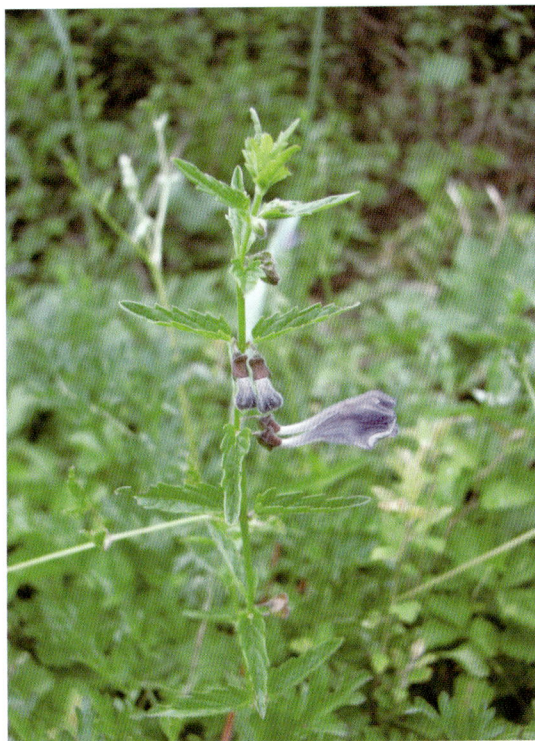

21.3　荆芥属 *Nepeta* L.

　　大多为多年生。花组成轮伞花序或聚伞花序；苞片狭，通常不比花萼长；花萼具13-17脉，管状，倒锥形，果时稀增大呈卵形或为二唇形，齿5；花冠通常向上骤然扩展成喉，冠檐二唇形，下唇大于上唇很多，3裂，中裂片最宽大，内凹或近扁平，斜伸，顶端具弯缺，边缘全缘、波状或具牙齿，基部具爪或无，侧裂片十分细小，直伸或外翻，卵圆形或半圆形；雄蕊4，沿花冠上唇上升，后对较长，均能育，药室2，椭圆状，通常呈水平叉开；在雌花中，雄蕊成为退化雄蕊，内藏于冠筒扩展部分；花丝扁平，无毛；花盘杯状。小坚果卵形，腹面微具棱。

康藏荆芥 ♂

学　名：*Nepeta prattii* Lévl.

形态特征　多年生草本；株高可达90厘米。茎被倒向短硬毛或无毛，疏被淡黄色腺点。叶卵状披针形或披针形，长6-8.5厘米，先端尖，基部浅心形，密生牙齿状锯齿，上面稍被短柔毛，下面被腺微柔毛及黄色腺点，沿脉疏被微硬毛；叶柄长3-6毫米，茎中部以上叶近无柄。轮伞花序密集成穗状；苞片长达1.3厘米，线形或线状披针形，被腺微柔毛及黄色腺点，具缘毛；花萼疏被短柔毛及白色腺点，上唇3齿宽披针形或披针状三角形，下唇2齿窄披针形；花冠紫或蓝色，长2.8-3.5厘米，疏被短柔毛，喉部直径9毫米，上唇2裂至中部，下唇中裂片肾形，基部内面被白色髯毛，边缘啮蚀状，侧裂片半圆形。小坚果褐色，倒卵球状长圆形，基部渐窄，平滑。

花期果期　7-10月开花期，8-11月果熟期。

地理分布　产于析城山、沁县、沁源、介休、宁武、五寨、霍州、兴县、孝义。

生长环境　对气候、土壤等环境条件要求不严，适应力很强，喜阳；多生长在温暖湿润的环境中，生长于海拔1920-2350米的山坡草地，湿润处。

主要用途　有香气，搭配较高大的禾本科植物，提高植物观赏性。

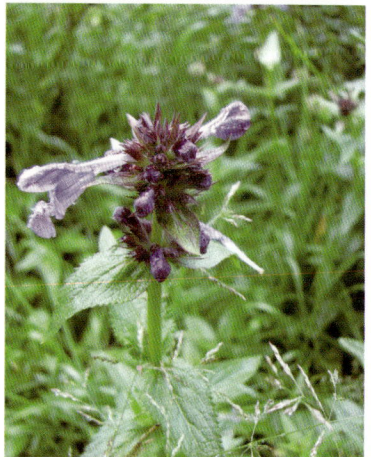

21.4 青兰属 *Dracocephalum* L.

多年生草本。具木质根茎；茎常多数自根茎生出，直立。叶对生，基出叶具长柄，茎生叶通常不分裂或羽状稀近于掌状深裂。轮伞花序；花通常蓝紫色；苞片常倒卵形，常具锐齿或刺，稀全缘；花萼管形或钟状管形，具 15 脉，5 齿，每两齿之间由于边脉连接处的突出、褶皱和加厚而形成瘤状的胼胝体，上唇 3 浅裂，下唇 2 深裂，齿披针形；冠筒下部细，在喉部变宽，冠檐呈二唇形，上唇直或稍弯，先端 2 裂或微凹，下唇 3 裂，中裂片最大，常有斑点；雄蕊 4，后对较前对长，花药无毛，2 室，近于 180°叉状分开；子房 4 裂；花柱细长，先端相等的 2 裂。小坚果长圆形，光滑。

毛建草 ♂

学　名：*Dracocephalum rupestre* Hance

俗　称：**毛尖茶、毛尖、岩青兰、君梅茶**

形态特征 　根茎直，粗约 1 厘米；茎带紫色，多数，长达 42 厘米，疏被倒向短柔毛。基生叶多数，叶三角状卵形，长 1.4–5.5 厘米，先端钝，基部心形，具圆齿，两面疏被柔毛；叶柄长 3–15 厘米，被伸展白色长柔毛；茎中部叶长 2.2–3.5 厘米，叶柄长 2–6 厘米。花萼带紫色，长 2–2.4 厘米，被短柔毛，上唇 3 裂至基部，中齿倒卵状椭圆形，侧齿披针形，下唇 2 裂稍超过本身基部，齿狭披针形；花冠紫蓝色，长 3.8–4 厘米，被短柔毛。

花期果期 　7–9 月开花期，9 月果熟期。

地理分布 　产于太原娄烦、浑源、壶关、沁源、沁县、沁水、阳城、太谷、介休、垣曲、忻州、五台、宁武、翼城、隰县、蒲县、吕梁、离石。

生长环境 　耐旱；多生长于海拔 650–2400 米的高山草原、草坡或疏林下阳处。

主要用途 　花呈蓝紫色，花朵大，可作为观赏花卉栽培；全株具有香气，也可作为茶，具有较高的药用价值。

21.5 **糙苏属 *Phlomoides* M.**

多年生草本。叶常具皱纹，苞叶与茎叶同形。轮伞花序腋生；花通常无梗，黄色、紫色至白色；花萼管状或管状钟形，5或10脉，脉常凸起，喉部不倾斜，具相等的5齿；花冠筒内藏或略伸出，内面通常具毛环，冠檐二唇形，上唇直伸或盔状，宽而内凹，全缘或具流苏状缺刻的小齿，被绒毛或长柔毛，下唇平展，3圆裂，中裂片极宽或较侧裂片稍宽；雄蕊4，二强，前对较长，均上升至上唇下部，后对花丝基部常突出成附属器，花药成对靠近，2室，室极叉开，后汇合；花柱先端2裂，裂片钻形，后裂片极短或稀达前裂片之半；花盘近全缘。小坚果卵状三棱形，先端钝，稀截形。

大花糙苏 ♂

学　名：*Phlomoides megalantha* (Diels) Kamelin et Makhm.

形态特征　多年生草本。根木质，由主根生出多数坚硬木质须根。茎高可达45厘米，钝四棱形，疏被倒向短硬毛。茎生叶对生，基部心形，边缘具深圆齿，苞叶片均上面橄榄绿色，被贴生短纤毛，下面较淡，沿脉上被具节疏柔毛，具皱纹，苞叶超过花序，叶柄长不及1厘米。轮伞花序多花，1-2个生于主茎顶部，彼此分离；苞片线状钻形，具中肋，边缘密被具节缘毛；花萼管状钟形，外面沿脉上被具节疏柔毛，齿先端微凹，具长约2毫米的小刺尖，齿间小齿先端微凹，内面具丛毛，边缘被微柔毛；花冠淡黄，冠筒外面上部疏被短柔毛，内面无毛环，冠檐二唇形，上唇边缘具小齿，自内面被髯毛，下唇较大，外面被短柔毛，3圆裂，中裂片较大，卵圆形，边缘为不整齐的波状，侧裂片三角形，较小；雄蕊花丝具长毛，无附属器；花柱先端不等的2短裂。小坚果无毛。

花期果期　6-7月开花期，9月下旬果熟期。

地理分布　产于介休、历山舜王坪。

生长环境　喜阴湿，多生于海拔2500米的灌丛草地或冷杉林下。

主要用途　植株较高，可在园林花卉中搭配使用；药用，有祛风、清热、解毒的功效。

糙苏 ♂

学　名：*Phlomoides umbrosa* (Turcz.) Kamelin et Makhm.

俗　称：小兰花烟、常山、白菈、山芝麻

形态特征　多年生草本。根粗厚，须根肉质。茎高可达 150 厘米，多分枝，四棱形，具浅槽，疏被向下短硬毛，有时上部被星状短柔毛，常带紫红色。叶先端急尖，稀渐尖，基部浅心形或圆形，边缘为具胼胝尖的锯齿状牙齿或为不整齐的圆齿，上面橄榄绿色，被疏柔毛及星状疏柔毛，叶柄长可达 12 厘米，腹凹背凸，密被短硬毛；苞叶通常为卵形，边缘为粗锯齿状牙齿，毛被同茎叶。轮伞花序，多数，生于主茎及分枝上；苞片线状钻形，较坚硬，常呈紫红色，被星状微柔毛；花萼管状，外面被星状微柔毛，边缘被丛毛；花冠通常粉红色，下唇较深色，常具红色斑点，外面除背部上方被短柔毛外余部无毛，冠檐二唇形，上唇外面被绢状柔毛，边缘具不整齐的小齿，内面被髯毛，下唇外面除边缘无毛外密被绢状柔毛，内面无毛，3 圆裂，裂片卵形或近圆形，中裂片较大；雄蕊内藏，花丝无毛，无附属器。小坚果无毛。

花期果期　6–9 月开花期，9 月果熟期。

地理分布　产于浑源、沁县、沁源、晋城、沁水、陵川、太谷、介休、稷山、垣曲、夏县、芮城、五台、大同及吕梁等地。

生长环境　在山西广布，生长于海拔 200–3000 米的草坡上或梳林下。

主要用途　可作为观赏草种引入栽培；根入药，有消肿、生肌、续筋、接骨之功，兼补肝、肾，强腰膝，又有安胎之效。

21.6 野芝麻属 *Lamium* L.

一年生或多年生草本。叶边缘具极深的圆齿或为牙齿状锯齿；苞叶与茎叶同形，比花序长许多。轮伞花序 4-14 花；苞片小，早落；花萼管状钟形至钟形，具 5 肋其间有不明显的副脉或 10 脉，外面多少被毛，萼齿 5，近相等，锥尖；花冠紫红、粉红、浅黄至污白色，通常较花萼长 1 倍，稀至 2 倍，冠筒等大或在毛环上渐扩展，几膨胀，冠檐二唇形，上唇先端圆形或微凹，多少盔状内弯，下唇向下伸展，3 裂，中裂片较大，倒心形，先端微缺或深 2 裂，边缘常有 1 至多个锐尖小齿；雄蕊 4，前对较长，均上升至上唇片之下，花丝丝状，被毛，插生在花冠喉部，花药被毛，2 室，室水平叉开；花盘平顶，具圆齿；子房无毛或具疣，少数有膜质边缘。

野芝麻 ♂

学　名：*Lamium barbatum* Sieb. et Zucc.

俗　称：龙脑薄荷、山苏子、山麦胡、野藿香

形态特征　多年生草本，高达 1 米。茎不分枝，近无毛或被平伏微硬毛；茎下部叶卵形或心形，长 4.5-8.5 厘米，先端长尾尖，基部心形，具牙齿状锯齿，茎上部叶卵状披针形，叶两面均被平伏微硬毛或短柔毛；茎下部叶柄长达 7 厘米，茎上部叶柄渐短。花萼钟形，近无毛或疏被糙伏毛，萼齿披针状钻形，具缘毛；花冠白或淡黄色，长约 2 厘米，冠筒基部径 2 毫米，喉部直径达 6 毫米，上部被毛，上唇倒卵形或长圆形，具长缘毛，下唇中裂片倒肾形，具 2 小裂片，基部缢缩，侧裂片半圆形，先端具钊状小齿花药深紫色。小坚果淡褐色，倒卵球形，顶端平截，基部渐窄。

花期果期　4-6 月开花期，7-8 月果熟期。

地理分布　产于垣曲县皇姑曼、阳城县、永济县。

生长环境　生长于海拔 1300-1700 米的路边、溪旁、田埂及荒坡上。

主要用途　具有一定水土保持能力，可以栽培至土壤较贫瘠的草地上，起修复作用；民间入药，花用于治子宫及泌尿系统疾患。

21.7　鼠尾草属 *Salvia* L.

草本或半灌木或灌木。叶为单叶或羽状复叶。轮伞花序 2 至多花，组成总状或总状圆锥或穗状花序，稀有全部花为腋生者；有苞片和小苞片；花萼筒形或钟形，二唇形，上唇全缘或 3 齿，下唇 2 齿；花冠筒内藏或外伸，冠檐二唇形，上唇直立，下唇平展，3 裂，中裂片常最宽大；雄蕊着生于花冠的喉部，仅前对雄蕊能育，花丝短，花药线形，退化 2 雄蕊，位于冠筒喉部后边，常成棍棒状；花柱顶端 2 浅裂，子房 4 全裂。小坚果卵状三棱形或长圆状三棱形，无毛光滑。

丹参 ♂

学　名：*Salvia miltiorrhiza* Bunge

俗　称：大叶活血丹、血参、赤丹参、紫丹参

形态特征　多年生草本，高达 80 厘米。主根肉质，深红色。茎多分枝，密被长柔毛。奇数羽状复叶，小叶 3-7，卵形或宽披针形，先端尖或渐尖，基部圆或偏斜，具圆齿，两面被柔毛，下面较密；小叶柄密被倒向长柔毛。轮伞花序具 6 至多花，组成总状花序，密被长柔毛；花梗长 3-4 毫米；花萼钟形，带紫色，疏被长柔毛及腺长柔毛，具缘毛，内面中部密被白色长硬毛，上唇三角形，具 3 短尖头，下唇具 2 齿；花冠紫蓝色，被腺短柔毛，冠筒内具不完全柔毛环，上唇镰形，下唇中裂片宽达 1 厘米，先端 2 裂，裂片顶端具不整齐尖齿，侧裂片圆形；花柱伸出。小坚果椭圆形。

花期果期　4-8 月开花期，花后见果。

地理分布　产于沁县、晋城、沁水、陵川、介休、闻喜、绛县、垣曲、夏县、平陆、乡宁、蒲县、吕梁。

生长环境　喜光，喜温暖的环境；生长于海拔 120-1300 米的山坡、林下草丛或溪谷旁。

主要用途　具有一定水土保持作用，可栽植于水边；根入药，含丹参酮，为强壮性通经剂；此外亦可治神经性衰弱失眠、关节痛、贫血、乳腺炎等；外用又可洗漆疮。

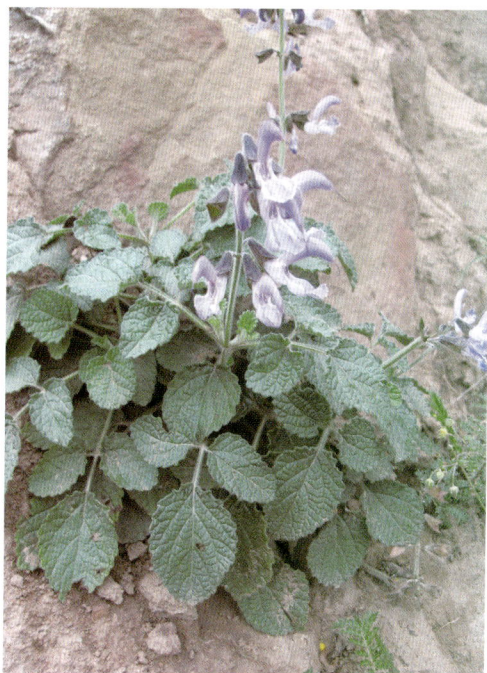

21.8 风轮菜属 *Clinopodium* L.

多年生草本。叶具齿；苞叶叶状，通常向上渐小至苞片状。轮伞花序，多少呈圆球状，生于主茎及分枝的上部叶腋中，圆锥花序；花萼管状，具13脉，等宽或中部横缢，基部常一边膨胀，喉部内面疏生茸毛，但不明显，二唇形，上唇3齿，下唇2齿，平伸，齿尖均为芒尖，齿缘均被睫毛；花冠冠筒超出花萼，外面常被微柔毛，内面在下唇片下方的喉部常具2列茸毛，均向上渐宽大，至喉部最宽大，冠檐二唇形，上唇直伸，下唇3裂，中裂片较大；雄蕊4，花药2室，水平叉开。花柱先端极不相等2裂，前裂片扁平，后裂片常不显著；花盘平顶；子房4裂，无毛。小坚果极小，褐色，无毛，具一基生小果脐。

麻叶风轮菜 ♂

学　名：*Clinopodium urticifolium* (Hance) C. Y. Wu et Hsuan ex H. W. Li.

俗　称：紫苏、风车草

形态特征 多年生草本，高达80厘米。茎具细纵纹，疏被倒向细糙硬毛。叶卵形或卵状长圆形，长3–5.5厘米，基部近平截或圆形，具锯齿，上面疏被细糙硬毛，下面沿脉疏被平伏柔毛；下部叶柄长1–1.2厘米，上部叶柄长2–5毫米。花梗长1.5–2.5毫米，密被腺微柔毛；花萼窄管形，上部带紫红色，被腺微柔毛，脉被白色纤毛，内面齿上疏被柔毛，果时基部一边稍膨胀，上唇3齿长三角形，反折，具短芒尖，下唇2齿具芒尖；花冠紫红色，被微柔毛，喉部内面具2列毛，冠筒基部直径1毫米；前对雄蕊近内藏或稍伸出。小坚果倒卵球形。

花期果期 6–8月开花期，8–10月果熟期。

地理分布 产于晋城、沁水、阳城、和顺、介休、运城、绛县、芮城、五台、隰县、霍州、临县、方山。

生长环境 分布范围广，适生性强；生长于海拔300–2240米的山坡、草地、路旁、林下。

主要用途 中国药典以"断血流"名称收藏，有解毒消肿、活血止血、提高免疫力、消炎抗菌功效。

21.9 **香薷属 _Elsholtzia_ Willd.**

草本，半灌木或灌木。叶对生，卵形或圆披针形，边缘具齿。轮伞花序组成穗状或球状花序；最下部苞叶常与茎叶同形，上部苞叶呈苞片状。花萼钟形，管形或圆柱形，萼齿5，近等长或前2齿较长，喉部无毛。花冠小，白、黄或紫色，外面常被毛及腺点，冠筒均自基部向上渐扩展，冠檐二唇形，上唇直立，下唇3裂，中裂片常较大，全缘或啮蚀状或微缺；雄蕊4，前对较长常伸出，上升，分离；花丝无毛；花药2室，略叉开后汇合；花盘前方呈指状膨大；花柱纤细，通常超出雄蕊，先端或短或深2裂。小坚果卵珠形或长圆形，褐色。

密花香薷 ♂

学　名：_Elsholtzia densa_ Benth.

俗　称：蝲蝲巴、臭香茹、时紫苏、咳嗽草

形态特征　草本；株高达60厘米。基部多分枝。茎被短柔毛。叶披针形或长圆状披针形，基部宽楔形或圆形，基部以上具锯齿，两面被短柔毛；叶柄长0.3-1.3厘米，被短柔毛。穗状花序长2-6厘米，密被紫色念珠状长柔毛；苞片卵圆形，长约1.5毫米，被长柔毛；花萼钟形，长约1毫米，密被念珠状长柔毛，萼齿近三角形，后3齿稍长，果萼近球形，齿反折；花冠淡紫色，长约2.5毫米，密被紫色念珠状长柔毛，冠筒漏斗形，上唇先端微缺，下唇中裂片较侧裂片短。小坚果暗褐色，卵球形，长2毫米，被微柔毛，顶端被疣点。

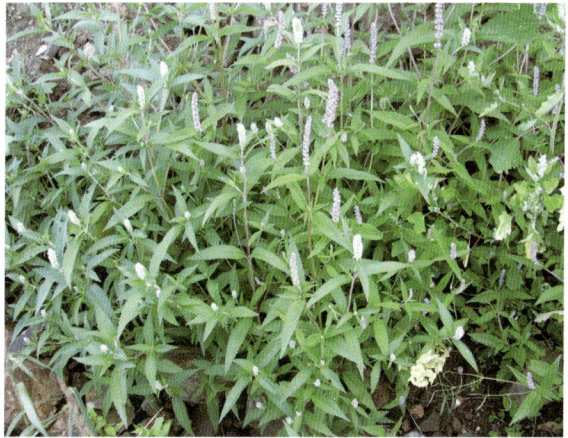

花期果期　7月开花期，8月果熟期。

地理分布　产于沁源、阳高、沁县、太谷、介休、五台、代县、繁峙、宁武、五寨、偏关、隰县、吕梁、交城、兴县、临县、孝义。

生长环境　为旱中生植物；多生长生于海拔1800-3100米的林缘、高山草甸、林下、河边及山坡荒地或谷底土壤肥沃疏松的地方。

主要用途　山地草甸草原或亚高山草甸植被中的常见种，在局部地段可成片生长；也可应用于园林花卉中；代香薷用，兼可外用于脓疮及皮肤病。

22

茄科
Solanaceae

一年生至多年生草本、半灌木、灌木或小乔木；直立、匍匐或攀缘；有时具皮刺。单叶全缘，有时为羽状复叶，互生或在开花枝段上大小不等的二叶双生；无托叶。花单生，顶生、枝腋或叶腋生或者腋外生，两性或稀杂性，辐射对称，通常 5 基数；花萼通常具 5 齿、5 中裂或 5 深裂，裂片在花蕾中镊合状，果时宿存，稀自近基部周裂而仅基部宿存；花冠具短筒或长筒，辐状、漏斗状、高脚碟状、钟状或坛状，檐部 5（稀 4-7 或 10）浅裂、中裂或深裂，裂片大小相等或不相等，雄蕊 5 枚，着生在花冠管上；子房通常由 2 枚心皮合生而成，2 室、2 心皮不位于正中线上而偏斜，花柱细瘦，具头状或 2 浅裂的柱头；中轴胎座；胚珠多数。果实为多汁浆果或干浆果或蒴果；种子圆盘形或肾脏形；胚乳丰富、肉质。

22.1 天仙子属 *Hyoscyamus* L.

一年生、二年生或多年生直立草本。叶互生，叶片有波状弯缺或粗大牙齿或为羽状分裂。花在茎下部单独腋生，在茎枝上端则单独腋生于苞状叶的腋内而聚集成偏向一侧的蝎尾式总状或穗状花序；花萼 5 浅裂，裂片在花蕾中不完全镊合状排列，花后增大，果时包围蒴果并超过蒴果，有明显的纵肋，裂片开张，顶端成硬针刺；花冠钟状或漏斗状，黄色或黄绿色，网脉带紫色，略不整齐；雄蕊 5，插生于花冠筒近中部，花药纵缝裂开；花盘不存在或不明显；子房 2 室，花柱丝状，柱头头状，2 浅裂，胚珠多数。蒴果自中部稍上盖裂；种子肾形或圆盘形，有多数网状凹穴；胚极弯曲。

天仙子 ♂

学　名: *Hyoscyamus niger* L.

俗　称: 米罐子、马铃草、牙痛草、牙痛子

形态特征　一年生或二年生草本。根较粗壮；茎自根茎生出莲座状叶丛。叶卵状披针形或长圆形，长达 30 厘米，先端尖，基部渐窄，具粗齿或羽状浅裂，中脉宽扁，侧脉 5–6 对，叶柄翼状，基部半抱根茎；茎生叶卵形或三角状卵形，长 4–10 厘米先端钝或渐尖，基部宽楔形半抱茎，不裂或羽裂；茎顶叶浅波状，裂片多为三角形；叶全部茎生，卵形或椭圆形，顶端急尖或钝，边缘每边有 1–3 不对称排列的波状牙齿，上面近无毛或沿叶脉有疏柔毛，下面生腺毛，开花部的叶无柄，基部半抱茎或宽楔形，茎下部的叶有柄。花在茎中下部单生叶腋，在茎上端单生苞状叶腋内组成蝎尾式总状花序；花萼筒状钟形，长 1–1.5 厘米，裂片稍不等大，花后坛状，具纵肋，裂片张开，刺状；花冠钟状，长约花萼 1 倍，黄色，肋纹紫堇色；雄蕊稍伸出。蒴果长卵圆形，长约 1.5 厘米；种子近盘形，直径约 1 毫米，淡黄褐色。

花期果期　5–8 月开花期，7–10 月果熟期。

地理分布　产于大同市、朔州市各县区。

生长环境　常生长于山坡、路旁、住宅区及河岸沙地。

主要用途　根、叶、种子药用，含莨菪碱及东莨菪碱，有镇痉镇痛之效，可做镇咳药及麻醉剂；种子油可供制肥皂。

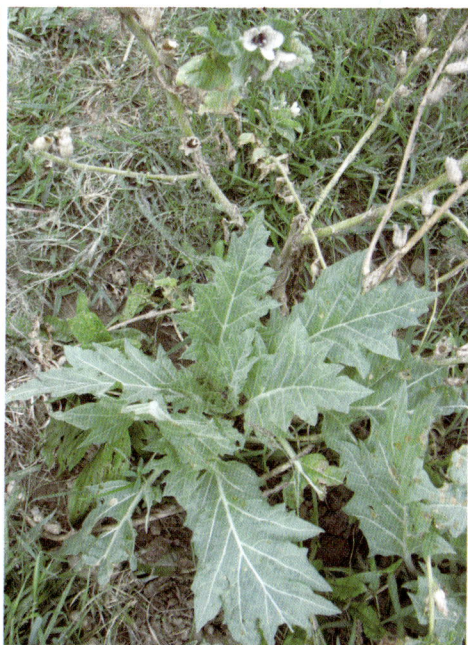

23

玄参科
Scrophulariaceae

草本、灌木或少有乔木。花序总状、穗状或聚伞状，常合成圆锥花序，向心或更多离心；花常不整齐；萼下位，常宿存，5少有4基数；花冠4-5裂，裂片多少不等或二唇形；雄蕊常4枚，而有1枚退化，药室分离或多少汇合；花盘常存在，环状、杯状或小而似腺；子房2室；花柱柱头头状或2裂或2片状；胚珠多数，少有各室2枚，倒生或横生。果为蒴果，聚生于一游离的中轴上或着生于果片边缘的胎座上；种子细小，有时具翅或有网状种皮，脐点侧生或在腹面；胚伸直或弯曲。

23.1 通泉草属 *Mazus* Lour.

矮小草本。茎圆柱形，直立或倾卧，着地部分节上常生不定根。叶以基生为主，多为莲座状或对生，茎上部的多为互生，叶匙形、倒卵状匙形或圆形，基部逐渐狭窄成有翅的叶柄，边缘有锯齿，少全缘或羽裂。花小，排成顶生稍偏向一边的总状花序；苞片小；花萼漏斗状或钟形，萼齿5枚；花冠二唇形，紫白色，筒部短，上部稍扩大，上唇直立，2裂，下唇较大，扩展，3裂，有褶2条，从喉部通至上下唇裂口；二强雄蕊，着生在花冠筒上，药室极叉开；花柱无毛，柱头2片状。蒴果被包于宿存的花萼内，球形或多少压扁，室背开裂；种子小。

通泉草 ♂

学 名：*Mazus pumilus* (N. L. Burman) Steenis

形态特征 一年生草本，高可达 30 厘米，无毛或疏生短柔毛，在体态上变化幅度很大。主根伸长，垂直向下或短缩，须根纤细，多数，散生或簇生。茎 1–5 支或更多，直立，上升或倾卧状上升，着地部分节上常能长出不定根，分枝多而披散。基生叶少到多数，有时呈莲座状或早落，倒卵状匙形至卵状倒披针形，膜质至薄纸质，顶端全缘或有不明显的疏齿，基部楔形，下延为带翅的叶柄，边缘具不规则的粗齿或基部有 1–2 片浅羽裂；茎生叶对生或互生，少数，与基生叶相似或几乎等大。总状花序生于茎、枝顶端，常在近基部即生花，伸长或上部呈束状，通常 3–20 朵，花疏稀；花梗在果期长达 10 毫米，上部的较短；花萼钟状，花期长约 6 毫米，果期多少增大，萼片与萼筒近等长，卵形，端部急尖，脉不明显；花冠白色、紫色或蓝色，上唇裂片卵状三角形，下唇中裂片较小，稍突出，倒卵圆形；子房无毛。蒴果球形；种子小而多数，黄色，种皮上有不规则的网纹。

花期果期 4–9 月开花期，9–10 月果熟期。

地理分布 产于析城山等山西南部。

生长环境 对生境要求不高，只要水分阳光不缺就能好好生长；生长于海拔 2500 米以下的湿润的草坡、沟边、路旁及林缘。

主要用途 园林上常用作花坛的镶边材料，也宜绿地丛；全草可用于止痛、健胃、解毒消肿。

23.2 兔尾苗属 *Pseudolysimachion* (W. D. J. Koch) Opiz

多年生草本。根无毛。根状茎通常长；茎单一或成丛，基部有时木质化。叶对生或轮生，稀互生。花序顶生，总状或穗状，花密集；苞片小而窄长；花萼 4 裂，裂片近等大；花冠 4 裂，花冠筒部稀不超过花冠总长的 1/3，里面有长柔毛，檐部稍两侧对称，后方裂片最宽；雄蕊 2，花丝贴生花冠筒后部，药室顶端汇合；花柱宿存，柱头头状。蒴果近球状，稍两侧压扁，顶端圆钝并微凹，室背开裂；种子每室多数，扁平，平滑。

水蔓菁 ♂

学　名：*Pseudolysimachion linariifolium* subsp. *dilatatum* (Nakai et Kitagaua) D. Y. Hong

俗　称：追风草

形态特征　多年生草本，高可达 90cm。根状茎短；茎直立，常不分枝，通常被白色柔毛。下面的叶常对生，上部的叶多互生；无柄；叶片宽条状至卵圆形，先端钝或急尖，基部楔形，渐窄成短柄或无柄，边缘具单锯齿。总状花序顶生，细长，单生或复出，长穗状；花梗长 1-3 毫米，被柔毛；花萼 4 深裂，裂片卵圆形或楔形，长 2-3 毫米，有睫毛；花冠蓝色紫色，少白色，长 5-6 毫米，筒部宽长 2 毫米，喉部有柔毛，裂片宽度不等，后 1 枚卵圆形，其余 3 枚卵形；花丝无毛，伸出花冠；子房上位，2 室，柱头头状。蒴果卵球形，稍扁，先端微凹。

花期果期　6-9 月开花期，7-9 月果熟期。

地理分布　产于五台、宁武、离石、娄烦交城、阳城、夏县等。

生长环境　喜温暖湿润；生长于草甸、草地、灌丛及疏林下。

主要用途　植株较为高大，具有一定的观赏价值；药用，清热解毒，化痰止咳。

23.3 疗齿草属 *Odontites* Ludw.

直立草本。叶对生。花萼管状或钟状，4裂；花冠筒管状，檐部二唇形，上唇稍弓曲，呈不明显盔状，顶端全缘或微凹，边缘不反卷，下唇稍开展，3裂，两侧裂片全缘，中裂片顶端微凹；雄蕊4枚，二强，药室略叉开，基部突尖；柱头头状。蒴果长矩圆状，稍侧扁，室背开裂；种子多数，下垂，具纵翅，翅上有横纹。

疗齿草 ♂

学　名： *Odontites vulgaris* Moench

形态特征　一年生草本，植株高20–60厘米，全体被贴伏而倒生的白色细硬毛。茎常在中上部分枝，上部四棱形。叶无柄，披针形至条状披针形，长1–4.5厘米，宽0.3–1厘米，边缘疏生锯齿。穗状花序顶生；苞片下部的叶状；花萼长4–7毫米，果期多少增大，裂片狭三角形；花冠紫色、紫红色或淡红色，长8–10毫米，外被白色柔毛。蒴果长4–7毫米，上部被细刚毛；种子椭圆形，长约1.5毫米。

花期果期　7–8月开花期，8–9月果熟期。

地理分布　产于右玉、五台、宁武、五寨、离石、交城、兴县、临县、中阳。

生长环境　喜温暖湿润；多见于海拔2000米以下的湿草地。

主要用途　药用可清热燥湿、凉血止痛。

23.4 马先蒿属 *Pedicularis* L.

多年生或一年生草本，常为半寄生或半腐生，也有能完全独立生活的。根在一年生种类中多少木质化而细，在多年生种类中常为肉质；有些种类干时变黑。茎常中空。叶互生、对生或轮生，有锯齿或分裂，稀全缘。花序为总状或穗状花序，有时花少数，或缩短为头状；苞片叶状，多为羽状分裂或掌状分裂；花萼管状或多少坛状，不裂或在上部分裂，5 裂片相等或后方 1 枚退化而变小；花冠二唇形，有时在筒部近基处或近先端向前膝屈，有时在筒部先端多少膨大，下唇开裂，上唇盔状；二强雄蕊；花柱细长，柱头头状。蒴果多少卵圆形，常具喙，室背开裂；种子卵形、长圆形、三角形或肾形弓曲，具网纹、蜂窝状孔纹或条纹。

红纹马先蒿 ♂

学 名： *Pedicularis striata* Pall.

形态特征 多年生草本，高达 1 米，直立，干时不变黑。根粗壮，有分枝。茎单出，或在下部分枝，老时木质化，壮实，密被短卷毛，老时近于无毛。叶互生，基生叶成丛，至开花时常已枯败，茎叶很多，渐上渐小，至花序中变为苞片，叶片均为披针形，羽状深裂至全裂，中肋两旁常有翅，裂片平展，线形，边缘有浅锯齿，齿有胼胝，叶柄在基叶中与叶片等长或稍短，茎生叶叶柄较短。花序穗状，伸长，稠密，偶然下部的花疏远，或在结果时稍疏，轴被密毛；苞片三角形，下部多少叶状而有齿，上部全缘，短于花；萼钟形，薄革质，被疏毛，齿 5 枚，不相等，后方一枚较短，三角形，侧生者两两结合成端有 2 裂的大齿，缘有卷曲毛；花冠黄色，具绛红色的脉纹，长 25—33 毫米，管在喉部以下向右扭旋，使花冠稍偏右，盔强大，向端作镰形弯曲，端部下缘具 2 齿，下唇不很张开，稍短于盔，3 浅裂，侧裂斜肾脏形，中裂宽过于长，迭置于侧裂片之下；花丝有一对被毛。蒴果卵圆

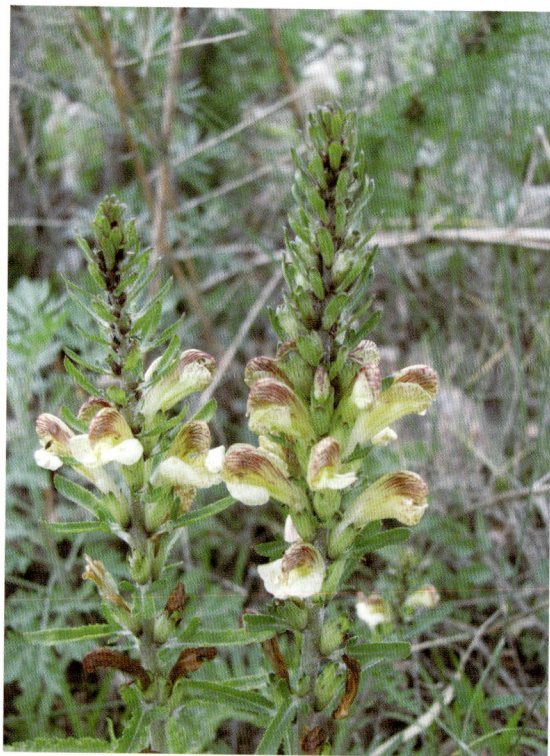

形，两室相等，稍扁平，有短凸尖；种子极小，近扁平，长圆形，黑色。

花期果期 6-7月开花期，7-8月果熟期。

地理分布 产于浑源、沁县、沁源、晋城、平鲁、山阴、灵石、介休、运城、垣曲、夏县、芮城、永济、五台、宁武、五寨、偏关、乡宁、蒲县、霍州、吕梁、离石。

生长环境 喜温暖湿润；生长于海拔1300-2650米的高山草原及疏林。

主要用途 在高山草原中，可涵养水土，并具有一定观赏性；全草入药，可温肾壮阳、利水消肿。

短茎马先蒿 ♂

学 名: *Pedicularis artselaeri* Maxim.

俗 称: **蚂蚁窝、埃氏马先蒿**

形态特征 多年生草本，高达6厘米。根肉质。茎细短，被毛，基部被披针形或卵形黄褐色膜质鳞片及枯叶柄。叶柄长5.5-9厘米，铺散，密被柔毛；叶长圆状披针形，羽状全裂，裂片8-14对，卵形，羽状深裂，有缺刻状锯齿。花腋生；花梗长达6.5厘米，细柔弯曲，被长柔毛；花萼被长柔毛，萼齿5，叶状；花冠紫色，花冠筒直伸，较萼长，上唇长约1.3厘米，镰状弓曲，先端尖，顶部稍钝，下唇稍长于上唇，伸展，裂片圆形，近相等；花丝均被长毛。蒴果卵圆形，全为膨大宿萼所包。

花期果期 7-9月开花期，8-9月果熟期。

地理分布 为我国特有种，产于五台、沁县、沁源、沁水、阳城、陵川、稷山、垣曲、翼城、交口。

生长环境 生长于海拔1100-2800米的石坡草丛和林下较干处。

主要用途 可作为石质山地的修复植物，同时兼具观赏性。

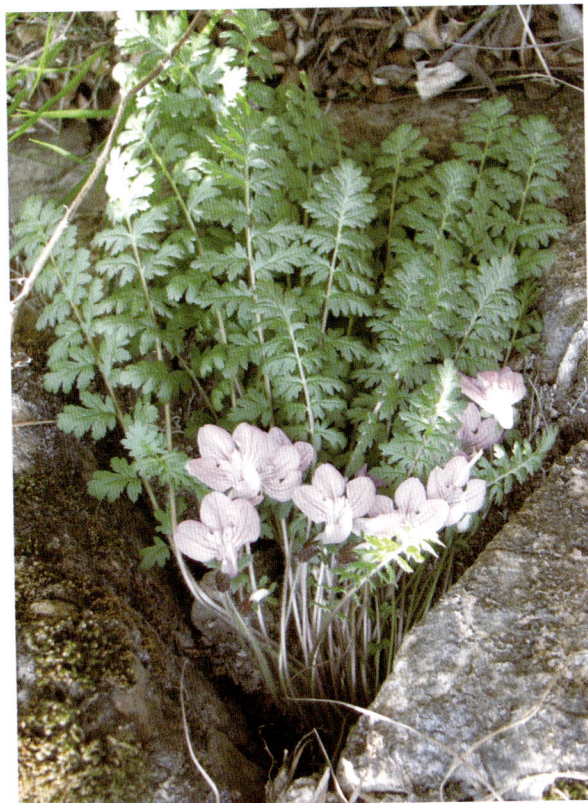

中国马先蒿 ♂

学　名: *Pedicularis chinensis* Maxim.

形态特征　一年生草本，低矮或多少升高，干时不变黑。茎单一或多条，直立或偶有弯曲上升或倾卧。叶基生与茎生均有柄，基生叶柄长达 5 厘米，茎生叶之柄较短，叶片披针状长圆形至线状长圆形，羽状浅裂至半裂，裂片卵形，前半缘有重锯齿。花序长，占植株的大部分，有时近基处叶腋也有花；花梗有细毛，约 1 厘米；萼管状，生有白色长毛，前方约开裂至 2/5，齿仅 2 枚，上部膨大呈叶状，缘有缺刻状重锯齿；花冠黄色，盔前端渐细成指向喉部的半环状长喙，喙约 1 厘米长，下唇宽过于长，有缘毛；雄蕊花丝两对均被密毛。蒴果长圆状披针形，常有小凸尖。

花期果期　7–8 月开花期，8–9 月果熟期。

地理分布　为我国特有种，产于稷山、五台、宁武、交城。

生长环境　有较厚的土壤以及比较充足的阳光才能生长，向东的坡地是其喜欢的栖息地；生长于海拔 1700–2900 米的高山草地。

主要用途　花期较长，花色美丽，可做观赏、园林植物；药用，有抗凝血、抗氧化、抗肿瘤、抑制 DNA 突变、延缓骨骼肌疲劳等作用。

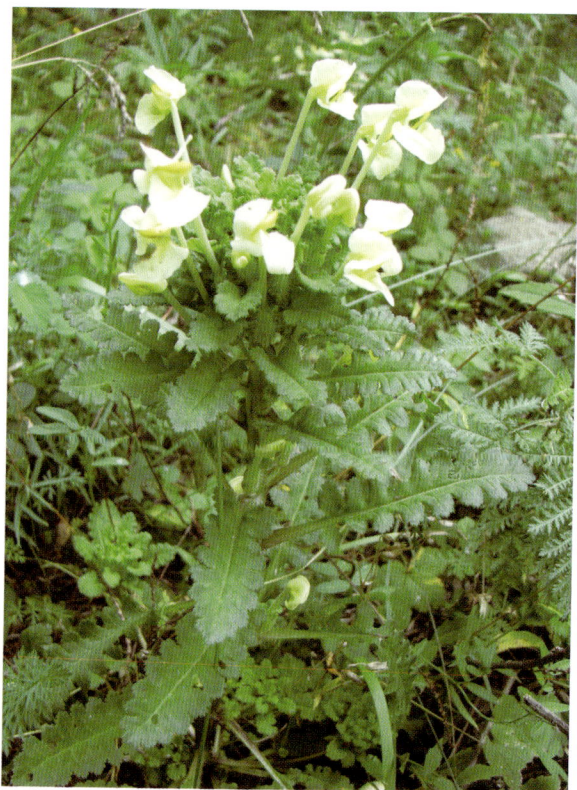

穗花马先蒿 ♂

学　名： *Pedicularis spicata* Pall.

形态特征 一年生草本，高可达 50 厘米。根圆锥形，常有分枝。茎单一或从根茎发出多条，4 棱，沿棱有毛线 4 条，节上毛尤密。基生叶小，羽状深裂，柄长，有密卷毛；茎生叶多 4 枚轮生；中部者最大，柄短，扁平有狭翅；叶片长圆状披针形至线状狭披针形，基部广楔形，边缘羽状浅裂至深裂，裂片边缘有具刺尖的锯齿，有时有胼胝。穗状花序生于枝顶；苞片下部叶状，上部者为菱状卵形而有长尖头，基部宽而膜质；萼短钟形，萼齿后方 1 枚小，其余 4 枚各边两两结合成一短三角形钝头的宽齿；花冠红色，管在萼口向前方膝屈，下唇长于盔 2 倍，3 裂；花丝 1 对有毛；柱头稍伸出。蒴果，狭卵形，端有刺尖；种子切面为三棱形，有极细的蜂窝状网纹。

花期果期 7–9 开花期，8–10 月果熟期。

地理分布 产于浑源、阳城、介休、五台、宁武、五寨、蒲县、霍州、吕梁、离石、交城。

生长环境 适应于寒冷、湿润的气候；生长于海拔 1500–2600 米的草地、溪流旁及灌丛中。

主要用途 为观赏植物。

欧亚马先蒿 ♂

学　名： *Pedicularis oederi* Vahl
俗　称： 欧氏马先蒿

形态特征　多年生草本，高 5–10 厘米。根多数，稍纺锤形，肉质。茎花葶状，常被绵毛。叶多基生，成丛宿存，柄长达 5 厘米，叶线状披针形或线形，羽状全裂，裂片 10–20 对，有锯齿，茎生叶 1–2 枚，较小。花序顶生；苞片叶状，常被绵毛；花萼窄圆筒形，萼齿 5，后方 1 枚较小，全缘，于顶端膨大有锯齿；花冠黄白色，上唇顶端紫黑色，有时下唇及上唇下部有紫斑，冠筒近端稍前曲，花前俯，上唇长 7–9 毫米，额部前端稍三角形凸出，下唇宽大于长，中裂片小，凸出；花丝前方 1 对被毛。蒴果长卵形或卵状披针形，长达 1.8 厘米。

花期果期　6–9 月开花期，6–9 月果熟期。

地理分布　产于忻州五台和荷叶坪。

生长环境　耐寒冷；多生长于海拔 2600–3000 米以上的高山沼泽草甸和阴湿的林下。

主要用途　含有丰富的人体必需的微量元素，主治胃病和食物中毒。

华北马先蒿 ♂

学　名：*Pedicularis tatarinowii* Maxim.

俗　称：塔氏马先蒿

形态特征　一年生草本，高可达 50 厘米。根多分枝，木质化，长达 10 厘米。茎单条或自根茎发出多条，直立或侧茎多少弯曲或倾卧上升，中上部多分枝，2-4 枝轮生，茎枝均圆形，常红紫色，坚挺。叶下部者早枯，中上部者有短柄，叶片一羽状全裂，裂片 5-10 对，最多者达 15 对，披针形，羽状浅裂或深裂，最长者达 17 毫米。花序生于茎枝之端，下部花轮有间断；苞片下部者叶状，短于花，向上很快变短而甚短于花；萼膜质而膨大，脉 10 条，外面多毛，齿 5 枚，基部三角形，上方披针形至卵形，有锯齿，有时有小裂；花冠堇紫色，管在顶部向前膝曲，略长于萼齿，下唇长于盔，侧裂大，中裂较小，卵状圆形，盔直立部分上端有齿状凸出物，顶圆形弓曲，前端再转向前下方或下方而成清晰的喙，长达 2 毫米；雄蕊花丝两对均有毛或后方一对几光滑；柱头不伸出。蒴果歪卵形，稍伸出宿萼。

花期果期　7-8 月开花期，7-8 月果熟期。

地理分布　为我国特有种，产于山西北部，平鲁、太谷、五台、宁武、五寨、兴县、孝义。

生长环境　耐寒；生长于海拔 2000-2300 米的高山上。

主要用途　有一定的观赏价值。

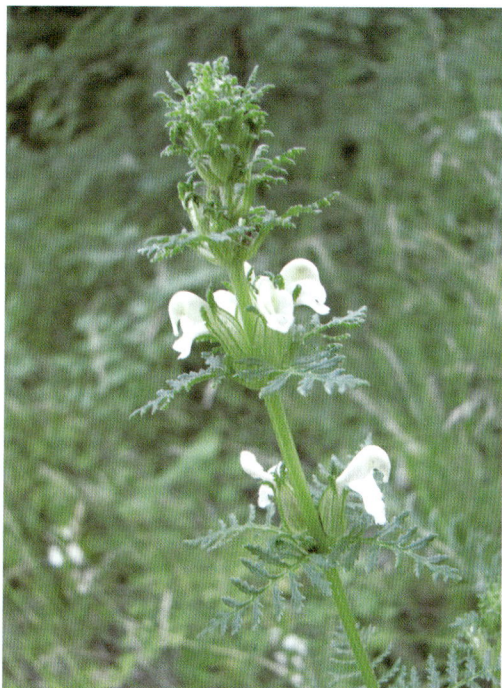

24

列当科
Orobanchaceae

多年生寄生草本。茎常不分枝。叶鳞片状，螺旋状排列，或近覆瓦状。花多数沿茎上部排列成总状或穗状花序，或簇生成近头状花序，苞片 1 枚，常与叶同形；花萼筒状、杯状或钟状，萼裂片全缘或顶端有 2 齿裂，或佛焰苞状而一侧裂至近基部，或萼片离生 3 枚，或不存在；花冠左右对称，二唇形，上唇龙骨状、全缘或拱形，顶端微凹或 2 浅裂，下唇顶端 3 裂，或花冠筒状钟形或漏斗状，顶端 5 裂近等大；雄蕊 4，着生于花冠筒中部或以下，与花冠裂片互生，花丝纤细，花药通常 2 室，纵向开裂，常靠合；或花药 1 室发育，而另 1 室不存在或退化成距状物；雌蕊由 2 或 3 合生心皮组成，花柱细长，柱头膨大，盾状、圆盘状或 2-4 浅裂。果实为蒴果，室背开裂，常 2 瓣裂，外果皮稍硬。

24.1 列当属 *Orobanche* L.

多年生肉质寄生草本，植株常被蛛丝状长绵毛。茎圆柱状，常在基部稍增粗。叶鳞片状，螺旋状排列。花多数，排列成穗状或总状花序；苞片 1 枚，常与叶同形，苞片上方有 2 枚小苞片，小苞片常贴生于花萼基部，花萼杯状或钟状，顶端 4 浅裂或近深裂，或花萼 2 深裂至基部或近基部，而萼裂片全缘或顶端有 2 齿裂。花冠弯曲，二唇形，上唇龙骨状、全缘，或呈穹形而顶端微凹或 2 浅裂，下唇顶端 3 裂；二强雄蕊 4 枚，花丝着生于花冠筒的中部以下，基部常增粗并被柔毛或腺毛，花药 2 室，卵形或长卵形；雌蕊由 2 合生心皮组成。蒴果卵球形或椭圆形，2 瓣开裂；种子小，种皮表面具网状纹饰，网眼底部具细网状纹饰或具蜂巢状小穴。

列当 ♂

学　名：*Orobanche coerulescens* Steph.

俗　称：**木通马兜铃、马木通、草苁蓉、独根草**

形态特征　多年生寄生草本，株高可达 50 厘米，全株密被蛛丝状长绵毛。茎直立，不分枝，具明显的条纹，基部常稍膨大。叶干后黄褐色，生于茎下部的较密集，卵状披针形，密被蛛丝状长绵毛。花多数，排列成穗状花序，顶端钝圆或呈锥状；苞片与叶同形并近等大，先端尾状渐尖；花萼 2 深裂达近基部，每裂片中部以上再 2 浅裂，小裂片狭披针形，先端长尾状渐尖；花冠蓝紫色，筒部在花丝着生处稍上方缢缩，口部稍扩大；上唇 2 浅裂，下唇 3 裂，裂片近圆形或长圆形，边缘具不规则小圆齿；雄蕊 4 枚，花丝着生于筒中部，长 1–1.2 厘米，基部略增粗，常被长柔毛，花药卵形，无毛；雌蕊子房椭圆体或圆柱状，花柱与花丝近等长，常无毛，柱头常 2 浅裂。蒴果卵状长圆形或圆柱形，干后深褐色；种子多数，干后黑褐色，不规则椭圆形或长卵形，表面具网状纹饰，网眼底部具蜂巢状凹点。

花期果期　4–7 月开花期，7–9 月果熟期。

地理分布　产于太原、陵川、右玉、平陆、翼城、隰县。

生长环境　喜阴暗、潮湿、低温的环境条件；生长于海拔 850–2500 米的沙丘、山坡及沟边草地上，常寄生于蒿类植物的根上。

主要用途　全草药用，有补肾壮阳、强筋骨、润肠之效；外用可消肿。

25

车前科
Plantaginaceae

一年生或多年生草本。叶通常基生，基部呈鞘状，单叶，椭圆形，叶脉并行。穗状花序生于花葶上部；花小，着生于苞片腋部，两性，辐射对称；花萼膜质，4裂，裂片背部中央有1龙骨状凸起，宿存；花冠干膜质，淡绿色，合瓣，3-4裂，呈覆瓦状排列；雄蕊4，着生在花冠筒上，与花冠裂片互生，花丝较长，花药呈丁字着生；子房上位，心皮2，4室，每室有胚珠1至多数，中轴胎座或基底胎座，花柱单一，丝状，柱头2裂。果实为蒴果；种子小，常为盾形或长圆形。

25.1 车前属 *Plantago* L.

一年生或多年生草本。叶常基生，叶脉近并行。穗状花序，生于花葶顶部；花小，两性或杂性，淡绿色或淡紫色；花萼4裂，裂片近相等或不等，宿存；化冠圆筒状，在喉部收缩，与花萼近等长，稀比花萼长，檐部4裂，覆瓦状排列；雄蕊4枚，花丝细长，多外露，花药2室，纵裂；子房上位，2室或假3-4室，每室有1至多个胚珠。果实为蒴果，膜质，盖裂；种子近球形或背部呈压扁状，有棱。

平车前 ♂

学　名：*Plantago depressa* Willd.

形态特征　一年生草本。具圆柱状直根。叶基生，平展或直立，椭圆形、椭圆状披针形或长卵状披针形，先端圆钝，基部宽楔形，叶缘具远离小齿或不整齐锯齿，纵脉 3–7 条；叶柄基部有宽叶鞘及叶鞘残余。花葶数个，直立或弧曲；穗状花序，长 4–17 厘米，疏生柔毛，花序顶端花密生，下部花较疏；苞片三角状卵形，边缘常成紫色；花萼 4 裂，长圆形或椭圆形，背部具绿色龙骨状凸起，边缘膜质；花冠裂片 4，椭圆形或卵形，先端锐尖，有时有浅齿；雄蕊 4，稍超出花冠；子房上位。蒴果圆锥状，盖裂发生在中部以下；种子长圆形，黑棕色，光滑。

花期果期　6–8 月开花期，7–9 月果熟期。

地理分布　产于山西各地。

生长环境　耐寒、耐旱，在温暖、潮湿、向阳、沙质沃土上能生长良好；生长于海拔 5–3200 米的草地、河滩、沟边、草甸、田间及路旁。

主要用途　对土壤要求不严，可作为先锋植物，栽植于荒地上；药用，具清热、利尿、凉血、祛痰的功效。

车前 ♂

学　名：*Plantago asiatica* L.

俗　名：蛤蟆草、饭匙草、车轱辘菜

形态特征　二年生或多年生草本，植株干后绿或褐绿色或局部带紫色。须根多数。根茎短，稍粗。叶基生呈莲座状，薄纸质或纸质，宽卵形或宽椭圆形，先端钝圆或急尖，基部宽楔形或近圆，多少下延，边缘波状、全缘或中部以下具齿。穗状花序 3–10 个，细圆柱状，紧密或稀疏，下部常间断，花冠白色，花冠筒与萼片近等长；雄蕊与花柱明显外伸，花药白色。蒴果纺锤状卵形、卵球形或圆锥状卵形，于基部上方周裂；种子卵状椭圆形或椭圆形，具角，背腹面微隆起；子叶背腹排列。

花期果期　6–8 月开花期，7–9 月果熟期。

地理分布　产于太原、陵川、高平、太谷、灵石、介休、垣曲、芮城、河津、五台、宁武、五寨、河曲、保德、偏关、离石、兴县。

生长环境　作为广布种，生长于海拔 3–3200 米的草地、沟边、河岸湿地、田边、路旁或村边空旷处。

主要用途　全草可药用，具有利尿、清热、明目、祛痰的功效。

大车前 ♂

学　名：*Plantago major* L.

形态特征　多年生草本，株高 15–30 厘米。根状茎粗短，具多数须根。叶基生，卵形或宽卵形，长 3–10 厘米，宽 2.5–6 厘米，先端圆钝，边缘波状或有不整齐锯齿，两面有短或长柔毛；叶柄长 3–9 厘米，基部扩大成鞘。花葶数条，近直立，长 8–20 厘米；穗状花序，长 4–9 厘米；花小，密生，两性；苞片卵形，较萼片短；萼片为椭圆形，苞片和萼片均具绿色龙骨状凸起；花冠裂片椭圆形或卵形，长约 1.2 毫米；雄态 4，外露；子房上位，球形或椭圆形，花柱细长。蒴果，圆锥形，盖裂；种子 8–16 粒，腹面为不明显的平截，多棱角，棕黑色。

花期果期　6–8 月开花期，7–9 月果熟期。

地理分布　产于太原、运城、芮城、宁武、五寨、河曲、乡宁、兴县。

生长环境　喜温暖；生长于海拔 5–2800 米的草地、草甸、河滩、沟边、沼泽地、山坡路旁、田边或荒地。

主要用途　适应能力强，具有水土保持功能；幼苗和嫩茎可供食用。

26

茜草科
Rubiaceae

乔木、灌木或草本。茎直立、匍匐状或攀缘状；枝有时具刺。叶为单叶，对生或轮生，通常全缘；具柄；托叶变异很大。花单生或组成各种花序，两性，稀单性，通常辐射对称，稀两侧对称；花萼筒与子房合生，檐部杯形或筒形，先端全缘或 5 裂，有时其中 1 片扩大成花瓣状；花冠筒状、漏斗状、高脚碟状或辐状，内面无毛或被毛，通常 4-6 裂，裂片镊合状或覆瓦状排列；雄蕊与花冠裂片同数而互生，着生于花冠筒部或喉部，花药通常长圆形，2 室，纵裂，稀孔裂；子房下位，多为 2 室；花柱丝状，柱头1-10 裂。果实为蒴果、浆果或核果；种子无翅，稀具翅，胚直立或弯曲。

26.1 拉拉藤属 *Galium* L.

一年生或多年生草本，有时基部木质化。茎直立或蔓生，纤细，通常具 4 棱或倒刺。叶 4-10 片轮生，叶片卵圆形或倒卵形。聚伞花序或圆锥花序，顶生或腋生，稀单生，无小苞片；花两性，稀单性；花萼筒卵形或球形，与子房合生，檐部具细齿或无齿；花冠辐状，筒部极短，檐部通常 4 裂；雄蕊 4，与花冠裂片互生，花丝很短，花盘环状；子房 2 室，胚珠每室 1 颗，花柱 2，基部连合，柱头头状。果实双生，由两个具1 粒种子的果爿组成，光滑或具瘤状凸起或刺毛，果皮与外种皮连合；种子背部凸起，表面凹入或呈圆球状而有凹孔，胚乳角质，胚弯曲，子叶叶状。

北方拉拉藤 ♂

学　名: *Galium boreale* L.

形态特征　多年生直立草本。茎有 4 棱，无毛或有极短的毛。叶纸质或薄革质，4 片轮生，狭披针形或线状披针形，顶端钝或稍尖，基部楔形或近圆形，边缘常稍反卷，两面无毛，边缘有微毛；基出脉 3 条，在下面常凸起，在上面常凹陷；无柄或具极短的柄。聚伞花序顶生和生于上部叶腋，常在枝顶结成圆锥花序，密花；花小；花萼被毛；花冠白色或淡黄色，直径 3-4 毫米，辐状，花冠裂片卵状披针形；花丝长约 1.4 毫米，花柱 2 裂至近基部。果小，果爿单生或双生，密被白色稍弯的糙硬毛。

花期果期　6-7 月开花期，8-9 月果熟期。

地理分布　产于太原、浑源、沁源、灵石、垣曲、五台、宁武、五寨、河曲、偏关、霍州、离石、交城、兴县、中阳。

生长环境　对土壤水分等要求不高；生长于海拔 750-3200 米的山坡、沟旁、草地的草丛、灌丛或林下。

主要用途　花开白色，具有观赏性。

蓬子菜 ♂

学　名：*Galium verum* L.

俗　称：黄米花、蓬子草、重台草

形态特征 多年生近直立草本，基部稍木质，高 25–45 厘米。茎有 4 棱，被短柔毛或秕被短柔毛。叶纸质，6–10 片轮生，线形，通常长 1.5–3 厘米，宽 1–1.5 毫米，顶端短尖，边缘极反卷，常卷成管状，上面无毛，稍有光泽，下面有短柔毛，稍苍白，干时常变黑色，1 脉，无柄。聚伞花序顶生和腋生，较大，多花，通常在枝顶结成带叶的长可达 15 厘米、宽可达 12 厘米的圆锥花序状；总花梗密被短柔毛；花小，稠密；花梗有疏短柔毛或无毛；萼管无毛；花冠黄色，辐状，无毛，直径约 3 毫米，花冠裂片卵形或长圆形，顶端稍钝，长约 1.5 毫米；花药黄色；花柱顶部 2 裂。果小，果片双生，近球状，无毛。

花期果期 4–8 月开花期，5–10 月果熟期。

地理分布 产于浑源、平顺、沁县、沁源、晋城、陵川、太谷、灵石、稷山、垣曲、夏县、五台、宁武、五寨、偏关、吉县、乡宁、隰县、蒲县、霍州、吕梁等地。

生长环境 生长于海拔 40–3000 米的山地、河滩、旷野、沟边、草地、灌丛或林下。

主要用途 分布广泛，适应性强，具有一定观赏性；全草药用，有清热解毒、行血、止痒、利湿的功效。

27

败酱科
Valerianaceae

多年生草本，极少为亚灌木。叶对生或基生，常羽状分裂或不分裂；无托叶。聚伞花序，具总苞片；花小，两性极少单性；花萼小，各式；花冠钟状或狭漏斗形，3-5裂，裂片覆瓦状排列，基部囊肿或具距；雄蕊3或4，间有退化雄蕊1或2，着生花冠管基部；子房下位，3室，仅1室发育，花柱单一，柱头头状或盾状。瘦果，顶端具宿存萼，具芒状或羽毛状冠毛，或贴生于果时增大的膜质苞片上，呈翅状。

27.1 败酱属 *Patrinia* Juss.

多年生直立草本。地下根茎有强烈腐臭。基生叶丛生，茎生叶对生，常羽状分裂或全裂，边缘常具粗锯齿或牙齿。伞房花序或圆锥花序，具叶状总苞片；花梗下具小苞片；花小，萼齿5，浅波状、钝齿状、卵形或卵状三角形，宿存，稀果期增大；花冠钟形或漏斗状，黄色或淡黄色，冠筒较裂片稍长，内面具长柔毛，基部一侧常膨大呈囊肿，其内密生蜜腺，裂片5，蜜囊上端一裂片较大；雄蕊4，着生于花冠筒基部，花药丁字着生；子房下位，3室，胚珠1，悬垂。果为瘦果，仅1室发育，呈扁椭圆形，内有种子1枚，另2室不育，肥厚，呈卵形或倒卵状长圆形；果苞翅状，通常具2-3条主脉，网脉明显；种子扁椭圆形。

败酱 ♂

学　名： *Patrinia scabiosifolia* Link

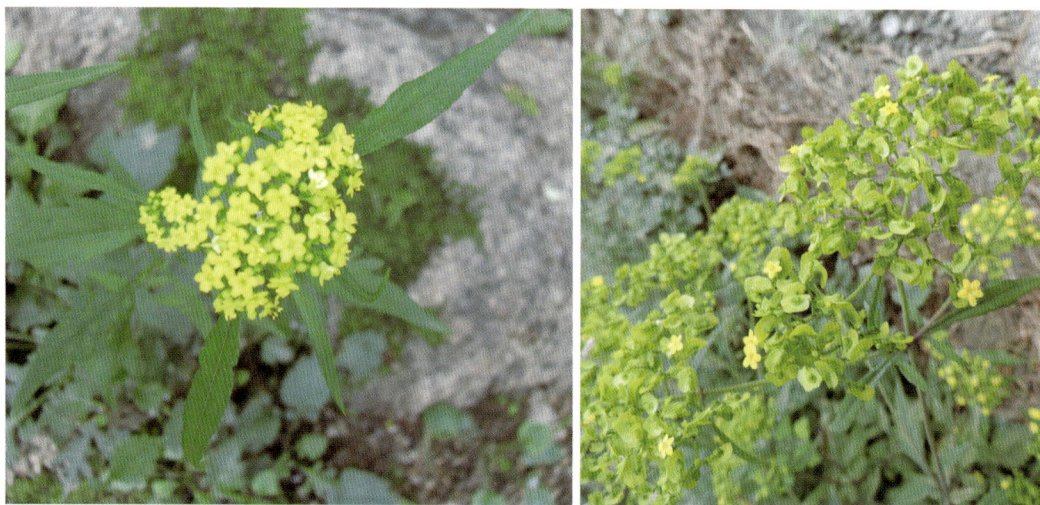

形态特征　多年生草本。根状茎横走，有陈腐气味。茎直立，下部常被脱落性白色粗毛，上部近无毛或疏被 2 列纵向短糙毛。基生叶丛生，卵形或长卵形，不裂或羽状分裂，缘有粗齿；具长柄，较叶片长，卵形、椭圆形或椭圆状披针形，两侧裂片较小而窄，先端尖，边缘具粗锯齿，两面被粗毛或近无毛；上部叶渐无柄。聚伞花序组成大型伞房花序，顶生；花序梗上方一侧被白色开展的粗糙毛；总苞线形，甚小；苞片小；花萼萼齿不明显；花冠钟形，黄色，筒短，上段 5 裂；雄蕊 4，稍超出或几不超出花冠；子房下位，椭圆状长圆形，长约 1.5 毫米，花柱长 2.5 毫米，柱头盾状或截头状。瘦果长椭圆状圆柱形，长 3-4 毫米，仅有不育的 2 室扁展成窄边；含 1 粒种子。

花期果期　6-7 月开花期，8-9 月果熟期。

地理分布　产于阳高县北山，五台县耿镇、砂崖乡，阳曲县系舟山，娄烦县云顶山，关帝山神尾沟、郝家沟，沁源县灵空山林场老庄子沟，太岳山将台林场、绵山林场、介庙林场，夏县泗交支家沟等地。

生长环境　较耐寒；生于海拔 600-2200 米的山坡林下、林缘、灌丛及山地路边草丛中。

主要用途　喜湿不耐旱，具有一定观赏性；根和全草入药，有清热解毒、排脓消肿、祛瘀活血作用。

糙叶败酱 ♂

学 名： *Patrinia scabra* Bunge

形态特征 多年生草本，高 20–60 厘米。根圆柱形，稍木质；茎多数丛生，幼时被短毛。基生叶开花时枯萎脱落；茎生叶对生，长圆形或椭圆形，长 3–7 厘米，羽状深裂至全裂成 3 条形裂片或羽状分裂，叶较坚挺；叶柄短，上部叶渐无柄。密生聚伞花序 3–7 枝在枝顶排成伞房状，轴、梗均被粗白毛或腺毛；花冠较大。瘦果倒卵圆柱形，与圆形膜质苞片贴生，网脉常具 2 条主脉，极少为 3 条主脉。

花期果期 7–8 月开花期，8–9 月果熟期。

地理分布 产于阳高县北山，关帝山姚家沟，太岳山绵山林场大胆地、介庙林场七沟等地。

生长环境 生长于海拔 250–2340 米的草原带、森林草原带的石质丘陵坡地石缝或较干燥的阳坡草丛中。

主要用途 在石质山地为观赏草种。

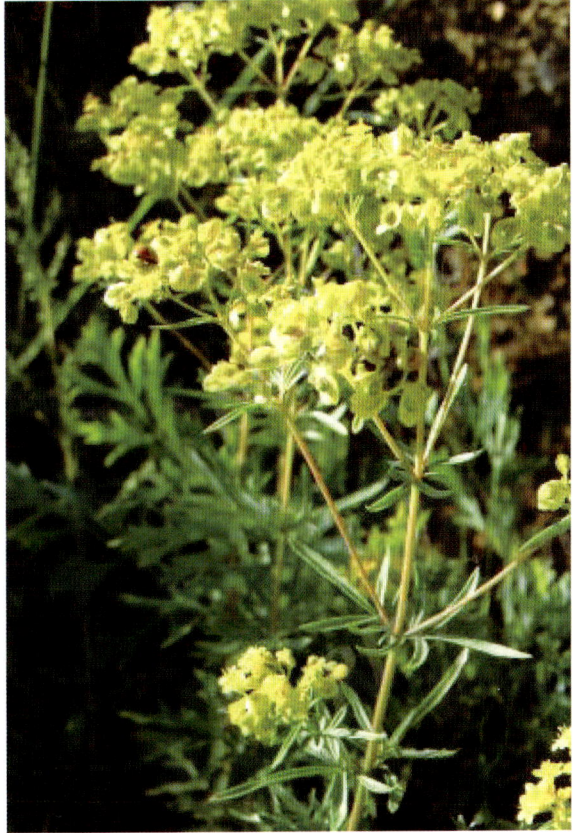

27.2 缬草属 *Valeriana* L.

多年生草本。根或根状茎常有浓烈气味。叶对生，羽状分裂或少为不裂。聚伞花序，形式种种，花后多少扩展；花两性，有时杂性；花萼裂片在花时向内卷曲，不显著；花小，白或粉红色，花冠筒基部一侧偏突呈囊距状，花冠裂片 5 枚；雄蕊 3，着生花冠筒上；子房下位，3 室，但仅 1 室发育而有胚珠 1 枚。果为 1 扁平瘦果，前面 3 脉、后面 1 脉，顶端有冠毛状宿存花萼。

缬草 ♂

学　名：*Valeriana officinalis* L.

俗　称：欧缬草、拔地麻、媳妇菜

形态特征　多年生高大草本，高可达 100–150 厘米。根状茎粗短呈头状，须根簇生。茎中空，有纵棱，被粗毛，尤以节部为多，老时毛少。匍枝叶、基出叶和基部叶在花期常凋萎；茎生叶卵形至宽卵形，羽状深裂，裂片 7–11；中央裂片与两侧裂片近同形同大小，但有时与第 1 对侧裂片合生成 3 裂状，裂片披针形或条形，顶端渐窄，基部下延，全缘或有疏锯齿，两面及柄轴多少被毛。花序顶生，呈伞房状三出聚伞圆锥花序；小苞片中央纸质，两侧膜质，长椭圆状长圆形、倒披针形或线状披针形，先端芒状突尖，边缘多少有粗缘毛；花冠淡紫红色，花冠裂片椭圆形，雌雄蕊约与花冠等长。瘦果长卵形，长 4–5 毫米，基部近平截，光秃或两面被毛。

花期果期　5–7 月开花期，6–10 月果熟期。

地理分布　产于中条山区夏县泗交太宽河，永济县水峪口、雷古洞、五老峰，太岳山区介庙林场后悔沟、四沟、将台林场卫华，关帝山郝家沟，古交，娄烦云顶山，五台县台山镇海寺、榆树湾、东台鸿门岩、西台顶、清凉寺、南台顶等地。

生长环境　喜冷凉、湿润的气候；生长于海拔 800–2700 米的高山草甸、沟谷林下及灌丛中。

主要用途　各地药圃常有栽培，做观赏或药用；可驱风、镇痉，治跌打损伤等。

28

川续断科
Dipsacaceae

　　多年生草本植物，有时成亚灌木状。茎光滑、被长柔毛或有刺。叶通常对生，基部相连；单叶全缘或有锯齿。花序为密集具总苞的头状花序或为间断的穗状轮伞花序；花生于伸长或球形花托上，花托具鳞片状小苞片或毛；两性，两侧对称，小总苞平截；花萼小，花冠漏斗状，二唇形，裂片花蕾时覆瓦状排列；雄蕊 4 枚，和花冠裂片互生，花药 2 室，纵裂，花柱线形，柱头单一或 2 裂。瘦果包于小总苞内，顶端常冠以宿存的萼裂；种子下垂，种皮膜质。

28.1 　蓝盆花属 *Scabiosa* L.

　　多年生草本。叶对生。头状花序扁球形或卵形，顶生，具长梗或在上部呈聚伞状分枝；总苞苞片草质，1-2 列；花托在结果时呈拱形至半球形，花托具苞片，线状披针形，具 1 脉，背部常呈龙骨状；小总苞（外萼）广漏斗形或方柱状，结果时具 8 条肋棱，末端成膜质的冠，冠钟状或辐射状，边缘具齿牙；花萼（内萼）具柄，盘状，5 裂成星状刚毛；花冠筒状，4-5 裂，边缘花常较大，二唇形，中央花通常筒状，花冠裂片近等长；雄蕊 4；子房下位，包于宿存小总苞内，花柱细长，柱头头状或盾形。

窄叶蓝盆花 ♂

学　名：*Scabiosa comosa* Fisch. ex Roem. et Schult.

俗　称：**华北蓝盆花、细叶山萝卜、山萝卜、大花蓝盆花**

形态特征　多年生草本，株高可达 60 厘米。根粗壮，木质，表面棕褐色。基生叶簇生，卵状披针形、窄卵形或椭圆形，有疏钝锯齿或浅裂片，稀深裂，基部楔形，两面疏生白色柔毛，下面较密，老时近光滑；茎生叶对生，羽状深裂或全裂，侧裂片披针形，有时具小裂片，顶裂片卵状披针形或宽披针形，长 5-6 厘米，叶柄短或向上渐无柄；近上部叶羽状全裂，裂片线状披针形，下面疏生柔毛。头状花序在茎上部呈三出聚伞状，扁球形，直径 2.5-4 厘米（连边缘辐射花）；总花梗上面具浅纵沟，密生白色卷曲伏柔毛，近花序最密；总苞苞片 10-14，披针形，具3 脉，外面及边缘密生柔毛。瘦果椭圆形，长约 2 毫米；果序直径约 1 厘米，卵圆形或卵状椭圆形，果脱落时花序托长圆棒状。

花期果期　7-8 月开花期，8-9 月果熟期。

地理分布　产于太原、浑源、左云、沁县、沁源、晋城、平鲁、运城、忻州、吕梁等。

生长环境　常见于干燥质地、沙丘、干山坡上，主要生长于海拔 300-1500 米的山坡草地、山地路边向阳处及亚高山中草甸。

主要用途　花期长、植株低矮、花瓣美丽，适合做盆栽观赏、布置花镜、花坛、地被、也可做插花材料；富含黄酮类、皂苷类、多糖类成分，对于肝炎黄疸、高血压、肺热咳嗽、咽喉肿痛、免疫功能低下都有良好的治疗作用。

29

桔梗科
Campanulaceae

一年生或多年生直立或缭绕草本，稀为亚灌木，植株常有乳汁。单叶，互生、对生或轮生；无托叶。聚伞花序、总状花序或圆锥花序；花两性，辐射对称或两侧对称；花萼 5 裂，筒部常与子房贴生，萼片常宿存；花冠为合瓣，常为钟形，有时为唇形，4-5 裂；雄蕊与花冠裂片同数，离生或合生；子房半下位或下位，稀上位，常 4-5 室，稀 2-3 室，中轴胎座，胚珠多数。果常为蒴果，顶端瓣裂或纵缝开裂；有时为浆果；种子小，胚直，具丰富的胚乳。

29.1 风铃草属 *Campanula* L.

多数为多年生草本，多少肉质。叶全互生，基生叶有的呈莲座状。花单朵顶生，或多朵组成聚伞花序，聚伞花序有时集成圆锥花序，也有时退化，既无总梗，亦无花梗，成为由数朵花组成的头状花序；花萼与子房贴生，裂片 5 枚，有时裂片间有附属器；花冠钟状、漏斗状或管状钟形，有时几乎辐状，5 裂；雄蕊离生，极少花药不同程度地相互黏合，花丝基部扩大成片状，花药长棒状；柱头 3-5 裂，裂片弧状反卷或螺旋状卷曲；无花盘。蒴果 3-5 室，带有宿存的花萼裂片，在侧面的顶端或在基部孔裂；种子多数，椭圆状，平滑。

紫斑风铃草 ♂

学　名：*Campanula punctata* Lamarck

俗　称：吊钟花、灯笼花、山萤袋

形态特征　多年生草本，全体被刚毛。具细长而横走的根状茎；茎直立，粗壮，通常在上部分枝。基生叶具长柄，叶片心状卵形；茎生叶下部的有带翅的长柄，上部的无柄，三角状卵形至披针形，边缘具不整齐钝齿。花顶生于主茎及分枝顶端，下垂；花萼裂片长三角形，裂片间有一个卵形至卵状披针形而反折的附属器，它的边缘有芒状长刺毛；花冠白色，带紫斑，筒状钟形，长 3-6.5 厘米，裂片有睫毛。蒴果半球状倒锥形，脉很明显；种子灰褐色，矩圆状，稍扁，长约 1 毫米。

花期果期　6-9 月开花期，7-9 月果熟期。

地理分布　产于沁县、沁源、平鲁、灵石、介休、运城、夏县、芮城、宁武、偏关、蒲县、霍州、吕梁、交城、兴县、岚县、中阳。

生长环境　喜夏季凉爽、冬季温和的气候，喜光照充足环境，可耐半阴；生长于山地林中、灌丛及草地中。

主要用途　花开艳丽，可栽培做园林观赏花卉。

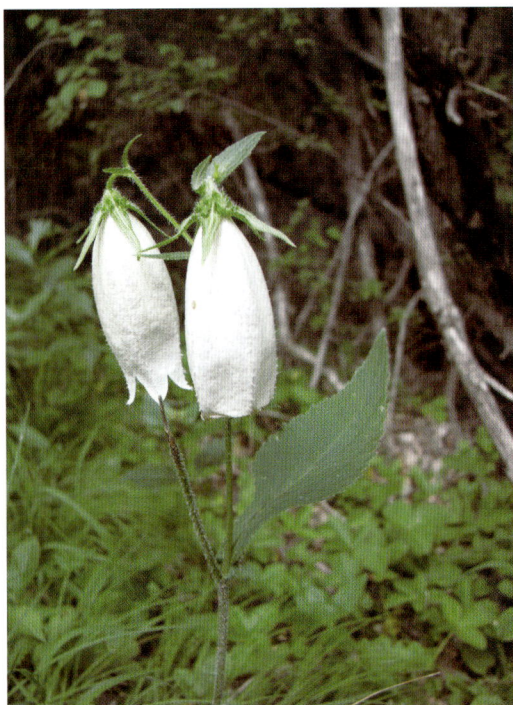

29.2 沙参属 *Adenophora* Fisch.

　　多年生草本，有白色乳汁。根肥大，肉质，呈圆柱形或圆锥形。茎直立或斜上升。叶大多互生，少数种类为轮生或对生。花通常为聚伞花序常构成假总状或圆锥状；具苞片；花萼裂片 5，全缘或具齿；花常紫色或蓝色，5 浅裂或深达中部；雄蕊 5，离生，花丝基部扁化加宽，边缘密生长柔毛；花盘为筒状，有时为环状，环绕花柱基部；子房下位，3 室，胚珠多数，花柱比花冠短或长，柱头 3 裂；裂片狭长而卷曲。蒴果，基部 3 孔裂；种子卵形，具一条带翅的棱。

狭叶沙参 ♂

学　名：*Adenophora gmelinii* (Spreng.) Fisch.

俗　称：厚叶沙参、柳叶沙参、北方沙参

形态特征　根细长，长达 40 厘米，皮灰黑色。茎单生或数支发自一条茎基上，不分枝，常无毛，有时有短硬毛，高达 80 厘米。基生叶浅心形、三角形或菱状卵形，具粗圆齿；茎生叶多数为条形，少为披针形，全缘或具疏齿，无毛，无柄。聚伞花序全为单花而组成假总状花序，或下部的有几朵花，短而几乎垂直向上，组成很狭窄的圆锥花序，有时甚至单花顶生于主茎上；花萼无毛，仅少数有瘤状凸起，筒部倒卵状矩圆形，裂片条状披针形；花冠宽钟状，蓝色或淡紫色，裂片卵状三角形，少近于正三角形；花盘筒状，被疏毛或无毛；花柱稍短于花冠，极少近等长的。蒴果椭圆状，长 8–13 毫米；种子椭圆状，黄棕色，有一条翅状棱。

花期果期　7–9 月开花期，8–10 月果熟期。

地理分布　产于大同、平鲁、山阴、昔阳、介休、宁武、霍州。

生长环境　喜温暖或凉爽气候，耐寒，有一定的耐旱能力；生长于海拔 2600 米以下的山坡草地或灌丛下。

主要用途　可栽植于干旱草地，提高土壤水分；根药用，有清热养阴、润肺止咳之功效。

狭长花沙参 ♂

学 名： *Adenophora elata* Nannf.

形态特征 茎叶无毛。茎单生，不分枝。茎生叶互生，偶有近于对生的，无柄，有时下部的叶有带翅的短柄，卵形、狭卵形至条状披针形或倒披针形，基部钝或楔状，顶端急尖，少渐尖的，边缘具钝齿或尖锯齿，花常数朵，集成假总状花序或单朵顶生，极少有花序分枝而集成狭圆锥状花序；花梗通常不足 1 厘米；花萼无毛，筒部长卵状或倒卵状圆锥形，裂片狭三角状钻形至长钻形，边缘有 1–2 对小齿，但也有个别裂片全缘的；花冠多为狭钟状或筒状钟形，少为钟状，紫蓝色，裂片近于三角形；花盘筒状，无毛；花柱比花冠短。蒴果椭圆状；种子黄棕色，椭圆状，有一条带狭翅的棱。

花期果期 7–9 月开花期，9–10 月果熟期。

地理分布 产于沁县、运城、五台、大同广灵、忻州荷叶坪。

生长环境 喜温暖或凉爽气候，耐寒；生长于海拔 1700–3000 米的山坡草地中。

主要用途 应用于园林植物搭配，具有观赏性；根入药，可以养阴清热、润肺化痰、益胃生津。

展枝沙参 ♂

学 名：*Adenophora divaricata* Franch. et Sav.

形态特征 茎单生，不分枝，常无毛，有时被细长硬毛，高达 1 米。叶全部轮生，极少稍错开的，叶片常菱状卵形至菱状圆形，顶端急尖至钝，极少短渐尖的，边缘具锯齿，齿不内弯。花序常为宽金字塔状，花序分枝长而几乎平展，少见少花而为狭金字塔状的，分枝部分轮生或全部轮生；花萼筒部圆锥状，基部急尖，最宽处在顶部，裂片椭圆状披针形，长 5-8 毫米，宽可达 3 毫米，干时黄灰色；花盘细长。

花期果期 7-8 月开花期，8-9 月果熟期。

地理分布 产于灵丘、五台。

生长环境 喜温暖或凉爽气候，耐寒，虽耐干旱，但在生长期中也需要适量水分，幼苗时期，干旱往往引起死苗；生长于林下、灌丛中和草地中。

主要用途 应用于园林植物搭配，具有观赏性。

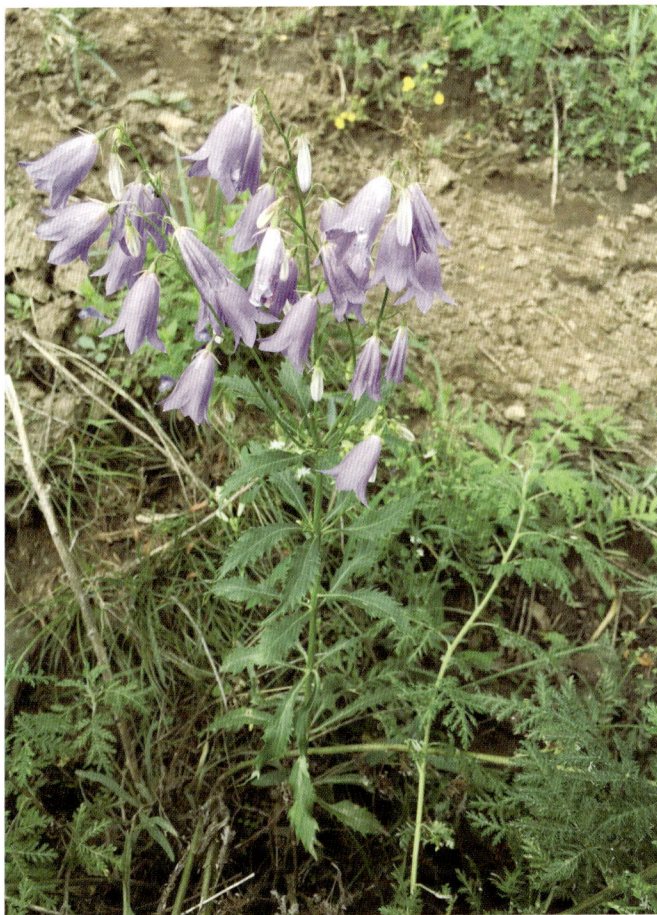

30

菊科
Asteraceae

　　草本、亚灌木或灌木，有时有乳汁管或树脂道。叶通常互生，全缘或具齿或分裂，无托叶。花两性或单性，5基数，头状花序或为短穗状花序，由多层总苞片所围绕；花序托平或凸起；萼片不发育，通常形成鳞片状、刚毛状或毛状的冠毛；花冠常辐射对称，管状，或左右对称，两唇形，或舌状，头状花序盘状或辐射状，有同形的小花，全部为管状花或舌状花，或外围为雌花，舌状，中央为两性的管状花；雄蕊4-5个，着生于花冠管上，花药内向，合生呈筒状，基部钝，锐尖，戟形或具尾；花柱上端2裂，花柱分枝上端有附属器或无附属器。果为不开裂的瘦果。

30.1　翠菊属 *Callistephus* Cass.

　　一年生草本。叶互生，有粗齿或浅裂。头状花序大，有异形花，单生于分枝顶端。总苞半球形；苞片3层，覆瓦状排列，外层草质或叶质，叶状，内层膜质或干膜质；花托平，蜂窝状或有短托片；外围有1-2层雌花，中央有多数两性花，全结实；雌花花冠舌状，通常红紫色，舌片全缘或顶端有2齿；两性花花管状，辐射对称，檐部稍扩大，顶端有5个裂齿；两性花花柱分枝压扁，顶端有三角状披针形的附片；冠毛2层，外层短，冠状，内层长，糙毛状，易脱落。瘦果稍扁，长椭圆状披针形，有多数纵棱，中部以上被柔毛。

翠菊 ♂

学 名: *Callistephus chinensis* (L.) Nees
俗 称: 江西腊、五月菊

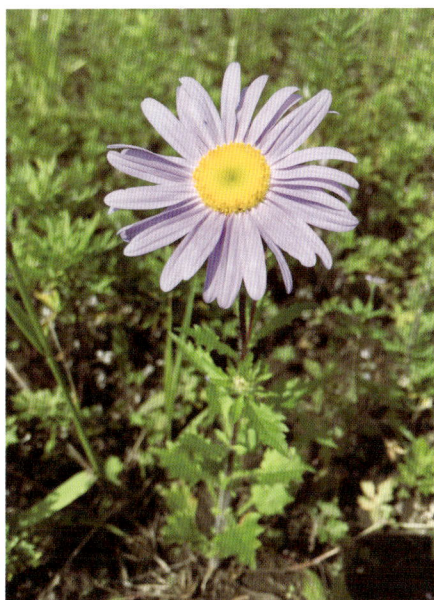

形态特征 一年生或二年生草本，高达 1 米。茎单生，被白色糙毛。下部茎生叶花期脱落；中部茎生叶卵形、菱状卵形、匙形或近圆形，长 2.5–6 厘米，有不规则粗锯齿，两面疏被硬毛；上部茎生叶渐小，菱状披针形、长椭圆形或倒披针形，有 1–2 锯齿，或线形，全缘；叶柄被白色硬毛，有窄翼。头状花序单生茎顶，直径 6–8 厘米，花序梗长；总苞半球形，总苞片 3 层，近等长，外层叶质，长椭圆状披针形或匙形，边缘有白色长睫毛，中层匙形，带紫色，内层长椭圆形，膜质；雌花 1 层，红、淡红、蓝、黄或淡蓝紫色，花冠舌状；两性花花冠黄色，管状；外层冠毛短，白色，宿存，内层冠毛，不等长，易脱落。瘦果稍扁，长椭圆状披针形，有多数纵棱，被柔毛。

花期果期 5–8 月开花期，9–10 月果熟期。

地理分布 产于天镇县新平、谷前堡榆林口，浑源县，五台县东台鸿门岩，灵丘县王成庄乡冯家沟，广灵县香炉台下麻黄沟，太原云顶山等地。

生长环境 喜光照充足、温暖湿润环境，耐寒性不强；生长于海拔 30–2700 米的山坡撩荒地、山坡草丛、水边或疏林阴处。

主要用途 各公园庭院常引种栽培，供观赏。

30.2 紫菀属 *Aster* L.

多年生草本，亚灌木或灌木。茎直立。叶互生。头状花序伞房状或圆锥伞房状排列，或单生，各有多数异形花，放射状，外围有 1–2 层雌花，中央有多数两性花，都结果实；总苞半球状、钟状或倒锥状；总苞片 2 至多层，外层渐短，覆瓦状排列或近等长，草质或革质，边缘常膜质；花托蜂窝状，平或稍凸起；雌花花冠舌状，舌片狭长，白色、浅红色或紫色，顶端有 2-3 个不明显的齿；花柱分枝附片披针形或三角形；冠毛宿存，白色或红褐色，有多数近等长的细糙毛。瘦果长圆形或倒卵圆形，扁或两面稍凸，有 2 边肋，通常被毛或有腺。

阿尔泰狗娃花 ♂

学　名: *Aster altaicus* Willd.

俗　称: 阿尔泰紫菀

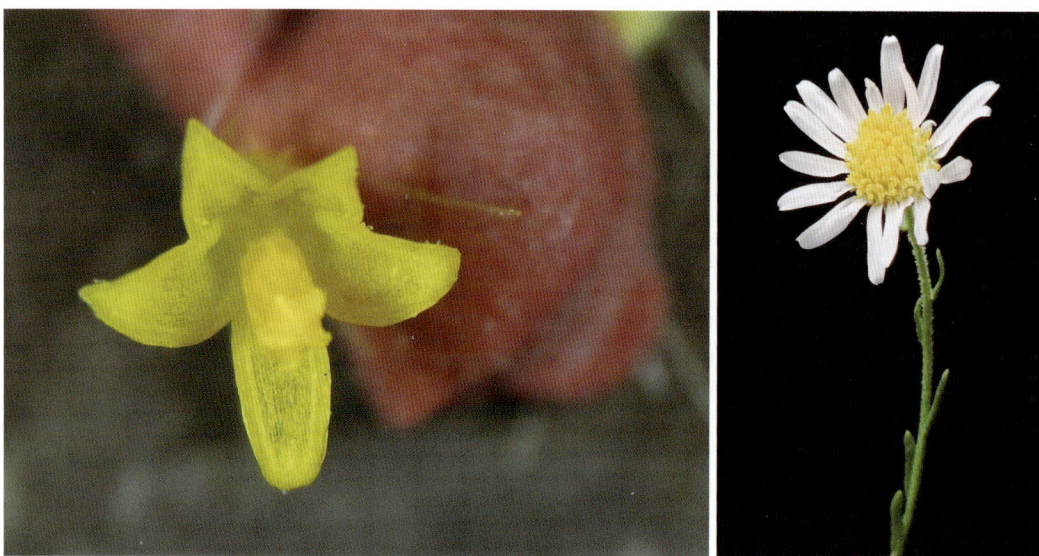

形态特征　多年生草本。茎直立，被上曲或开展毛，上部常有腺，上部或全部有分枝。下部叶线形、长圆状披针形、倒披针形或近匙形，全缘或有疏浅齿；上部叶线形；叶两面或下面被粗毛或细毛，常有腺点。头状花序单生枝端或排成伞房状；总苞半球形，总苞片 2-3 层，长圆状披针形或线形，背面或外层草质，被毛，常有腺，边缘膜质；管部有微毛，舌片浅蓝紫色，长圆状线形，管状花长 5-6 毫米，管部长 1.5-2.2 毫米，裂片不等大，有疏毛；冠毛污白或红褐色，有不等长微糙毛。瘦果扁，倒卵状长圆形，灰绿或浅褐色，被绢毛，上部有腺。

花期果期　5-9 月开花期，9-10 月果熟期。

地理分布　产于天镇、广灵、灵丘、娄烦、太原、浑源、五台、宁武等地。

生长环境　生长于草原、草甸、山地、戈壁滩地、河岸路旁。

主要用途　多用于修复荒漠地，沙地及干旱山地。

紫菀 ♂

学　名：*Aster tataricus* L. f.

俗　称：还魂草、青菀、驴耳朵菜、驴夹板菜、山白菜

形态特征　多年生草本。茎疏被粗毛。叶疏生，基生叶长圆形或椭圆状匙形，基部渐窄成长柄，连柄长 20-50 厘米，边缘有具小尖头圆齿或浅齿；茎下部叶匙状长圆形，基部渐窄或骤窄成具宽翅的柄，除顶部外有密齿；中部叶长圆形或长圆状披针形，无柄，全缘或有浅齿；上部叶窄小；叶厚纸质，上面被糙毛，下面疏被粗毛，沿脉较密，侧脉 6-10 对。头状花序多数在茎枝顶端排成复伞房状，花序梗长，有线形苞叶；总苞半球形，总苞片 3 层，覆瓦状排列，线形或线状披针形，先端尖或圆，被密毛，边缘宽膜质，带红紫色；舌状花约 20，舌片蓝紫色；冠毛 1 层，污白或带红色，有多数糙毛。瘦果倒卵状长圆形，紫褐色，上部被疏粗毛。

花期果期　7-9 月开花期，8-10 月果熟期。

地理分布　产于天镇县张西河黑龙寺林场，五台县砂崖乡鸽子沟、临县、关帝山，沁源县灵空山及临汾、晋东南等地。

生长环境　生长于低山阴坡湿地、山顶和低山草地及沼泽地；

主要用途　花期较长，具有一定的观赏性。

萎软紫菀 ♂

学 名：*Aster flaccidus* Bge.

形态特征 多年生草本。根茎细长；茎高达 40 厘米，被长毛，上部常兼有腺毛。下部叶密集；全缘，稀有少数浅齿；茎生叶 3-4，长圆形或长圆状披针形，长 3-7 厘米，基部半抱茎；上部叶线形；叶两面近无毛或有腺毛。头状花序单生茎端，直径 3.5-7 厘米；总苞半球形，被长毛或有腺毛，总苞片 2 层，线状披针形，草质；舌状花 40-60，舌片紫色，稀浅红色；管状花黄色，裂片长约 1 毫米，被黑色或无色短毛；冠毛 2 层，白色，外层披针形，膜片状，内层与管状花冠等长。瘦果长圆形，有 2 边肋，被疏贴毛或兼有腺毛，稀无毛。

花期果期 6-10 月开花期，10-11 月果熟期。

地理分布 产于太谷、稷山、五台、宁武。

生长环境 具有一定的耐寒性，对土壤要求不高；生长于海拔 1000-3200 米的山坡、草甸及路边田地。

主要用途 花期较长，具有一定的观赏性；全草药用，有清热解毒、止咳功效。

30.3 飞蓬属 *Erigeron* L.

多年生。叶互生，全缘或有锯齿。头状花序辐射状，呈总状、伞房状或圆锥状；总苞半球形或钟状，总苞片草质或薄质，边缘膜质狭长，呈覆瓦状；花序托平或稍凸起，具窝孔；小花多数，雌花多层舌状或内层无舌片，舌片狭小，紫色、蓝色或白色；两性花管状，黄色，具 5 裂片；药基部钝；花柱分枝有短兰角形附片，小花全部结实。瘦果长圆状披针形，扁，有边肋；冠毛 2 层，异形，外层极短，内层糙毛状，有时雌花的冠毛退化而成少数鳞片状膜片的小冠。

飞蓬 ♂

学　名: *Erigeron acris* L.

俗　称: 狼尾巴棵

形态特征　二年生草本，高可达 60 厘米。茎单生或数个，直立，有分枝，被密而开展的硬长毛，在头状花序下常杂有具柄腺毛。基部叶在花期生存，倒披针形，顶端钝或尖，基部渐窄成长柄，全缘，具不明显 3 脉；中部和上部叶披针形，无柄，最上部叶线形，两面被较密或疏开展的长毛。头状花序多数，在茎枝端排列成密或疏的圆锥花序；总苞半球形，总苞片 3 层，线状披针形，顶端尖，被密或较密的开展长毛，内层常短于花盘，边缘膜质，外层短于内层之半；雌花外层舌状，舌片淡红紫色，较内层的细管状；两性花管状黄色，长 4–5 毫米，上部被疏贴微毛；冠毛 2 层，白色，刚毛状，外层极短，内层长 5–6 毫米。瘦果长圆状披针形，扁，被疏贴短毛。

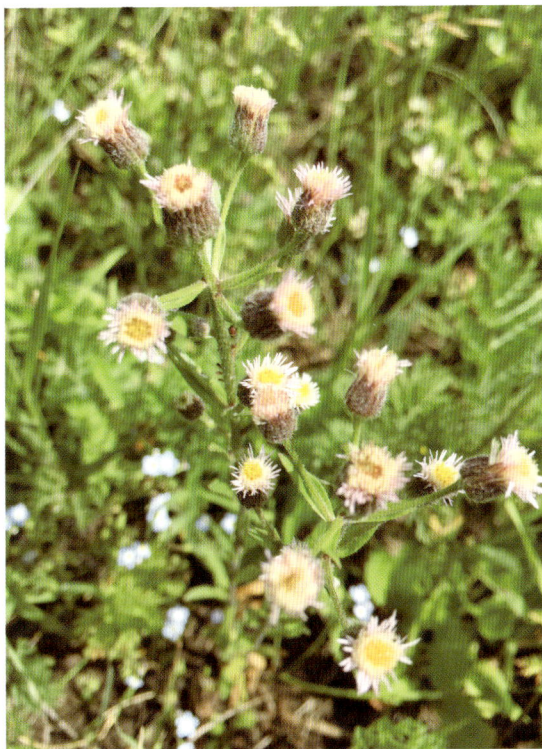

花期果期　7–8 月开花期，8–9 月果熟期。

地理分布　产于朔县利民东驼梁，五台县榆树湾大天马山沟湾子乡柴树梁村，太原西山庙前山。

生长环境　对环境的要求不严，具有很强的适应力和耐寒能力，能短时间在 –5℃中生长；生长于海拔 1250 –1800 米的山坡草地、村边。

主要用途　可作为药材入药，有清热、解毒的作用。

30.4　火绒草属 *Leontopodium* R. Br. ex Cass.

多年生草本或亚灌木，簇生或丛生，有时垫状，被绵毛或茸毛。叶互生，全缘，匙形、长圆形、披针形；苞叶数个，围绕花序形成星状苞叶群，稀无苞叶。头状花序多数或雌雄同株，中央的小花雄性，外围的小花雌性，或雌雄异株；总苞半球状或钟状；总苞片覆瓦状排列或近等长，中部草质，顶端及边缘褐色或黑色；花托无毛，无托片；雄花（即不育的两性花）花冠管状，上部漏斗状，有 5 个裂片；花药基部有尾状小耳；花柱 2 浅裂，顶端截形；雌花花冠丝状或细管状，顶端有 3-4 个细齿；花柱有细长分枝；冠毛有多数分离或基部合生，常有细齿，雄花冠毛上部较粗厚，有齿或锯齿。瘦果长圆形或椭圆形，稍扁。

长叶火绒草 ♂

学　名： *Leontopodium junpeianum* Kitam.

俗　称： 兔耳子草、狭叶长叶火绒草

形态特征　多年生草本。根茎有顶生莲座状叶丛，或有叶鞘和多数近丛生花茎，或分枝匍枝状。基部叶常窄长匙形，近基部呈紫红色无毛长鞘部；茎中部叶和部分基部叶线形、宽线形或舌状线形；叶两面被毛或下面被白或银白色长柔毛或密茸毛，上面渐无毛；苞叶多数，卵圆状披针形或线状披针形，上面或两面被白色长柔毛状茸毛，形成直径 2-6 厘米苞叶群，或有长序梗组成的直径达 9 厘米复苞叶群。头状花序；总苞长约 5 毫米，被长柔毛，总苞片约 3 层，椭圆状披针形，先端无毛，有时啮蚀状。瘦果无毛或有乳突或有粗毛。

花期果期　7-8 月开花期，7-8 月果熟期。

地理分布　产于天镇县新平，浑源县孙家寨，灵丘县柳科南坑，五台县湾子柴树梁和宁武县等地。

生长环境　生长于高山和亚高山的湿润草地、洼地、灌丛或岩石上。

主要用途　可用于北方草地修复草种；全草入药，清肺火，止咳化痰

火绒草 ♂

学　名: *Leontopodium leontopodioides* (Willd.) Beauv.

俗　称: 绢绒火绒草、老头艾、老头草

形态特征　多年生草本。根茎有多数簇生花茎和根出条。叶线形或线状披针形，长 2–4.5 厘米，宽 2–5 毫米，上面灰绿色，被柔毛，下面被白或灰白色密绵毛或绢毛；苞叶少数，长圆形或线形，两面或下面被白或灰白色厚茸毛，与花序等长或较长，雄株多少开展成苞叶群，雌株多少直立，不形成苞叶群。头状花序，密集，稀 1 个或较多，雌株常有较长花序梗排成伞房状；总苞半球形，长 4–6 毫米，被白色绵毛，总苞片约 4 层，稍露出毛茸。瘦果，有乳突或密粗毛。

花期果期　7–8 月开花期，8–10 月果熟期。

地理分布　产于浑源、沁县、吕梁、沁源、晋城、沁水、右玉、介休、运城、稷山、垣曲、平陆、芮城、永济、河津、忻州、五台、宁武、五寨等地。

生长环境　在干旱条件下能正常生长；生长于海拔 100–3100 米的山区草地、干旱草原、黄土坡地、石砾地，稀生于湿润地。

主要用途　具有一定耐旱性。

30.5 香青属 *Anaphalis* DC.

　　多年生，被白色或灰白色绵毛或腺毛。叶互生，全缘，线形、长圆形或披针形。头状花序多数，排列成伞房或复伞房状，有多数同型或异型小花，外围有多层雌花而中央有少数或 1 个雄花，或中央有多层雄花而外围仅存少数雌花或无，仅雌花结果实；总苞钟状或半球状；总苞片多层，覆瓦状排列，下部常褐色，有 1 脉，上部干膜质，白色、黄白色；花托蜂窝状，无托片；雄花花冠管状有 5 裂片；花药基部头形，有细长尾；花柱 2 浅裂，顶端截形；雌花花冠细丝状，上端有 2-4 个细齿，花柱分枝长，近圆形。瘦果长圆形或近圆柱形，有乳头状凸起或腺点或近无毛。

香青 ♂

学　名： *Anaphalis sinica* Hance

形态特征　多年生草本。茎被白或灰白色绵毛，节间长 0.5-1 厘米。叶较密，莲座状叶被密绵毛；茎中部叶长圆形、倒披针长圆形或线形，长 2.5-9 厘米，基部下延成翅；上部叶披针状线形或线形；叶上面被蛛丝状绵毛，下面或两面被白或黄白色厚绵毛，常兼有腺毛，有单脉或具侧脉向上离基三出脉。头状花序密集成复伞房状或多次复伞房状；总苞钟状或近倒圆锥状，总苞片 6-7 层，外层卵圆形，白或浅红色，被蛛丝状毛，内层舌状长圆形，乳白或污白色，最内层长椭圆形，有长爪。瘦果，被小腺点。

花期果期　6-9 月开花期，8-10 月果熟期。

地理分布　产于灵石、孝义、中阳、乡宁、沁源等地。

生长环境　生长于海拔 400-2000 米的低山或亚高山灌丛、草地、山坡和溪岸。

主要用途　花开白色，植株细长，可作为观赏植物。

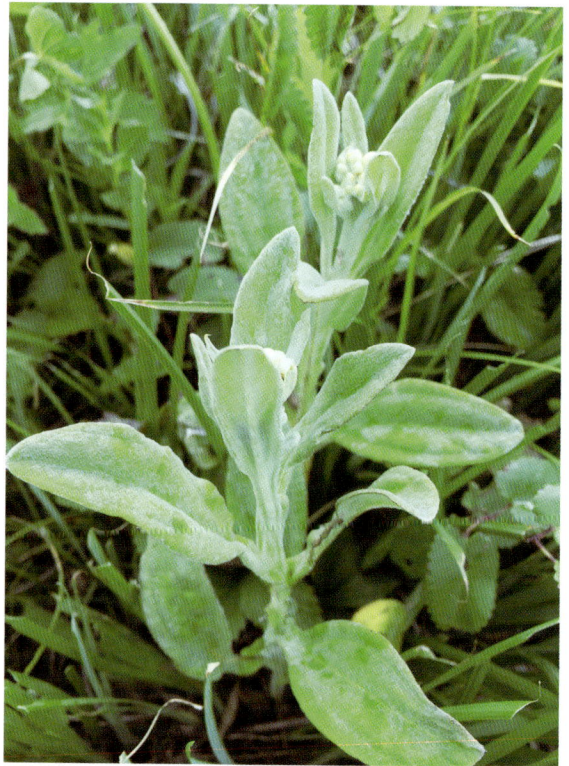

铃铃香青 ♂

学　名： *Anaphalis hancockii* Maxim.

俗　称： 铜钱花、铃铃香

形态特征 多年生草本。根茎细长，匍枝顶生莲座状叶丛；茎被蛛丝状毛及腺毛，上部被蛛丝状密绵毛。莲座状叶与茎下部叶匙状或线状长圆形，长 2–10 厘米，基部渐窄成具翅的柄或无柄；中部及上部叶直立，线形或线状披针形，稀线状长圆形；叶两面被蛛丝状毛及头状具柄腺毛，边缘被灰白色蛛丝状长毛，离基三出脉。头状花序在茎端密集成复伞房状；总苞宽钟状，长 8–11 毫米，总苞片 4–5 层，外层卵圆形，红褐或黑褐色，内层长圆披针形，上部白色，最内层线形，有长爪。瘦果长圆形，长约 1.5 毫米，被密乳突。

花期果期 6–8 月开花期，8–9 月果熟期。

地理分布 产于朔县紫金山、西山，浑源县林场东葫芦，宁武县十字岩、东寨秋千沟大梁、嘴子背，关帝山孝王山，五台县台怀、东台、西台、中台，交城县横尖莫后沟，娄烦县云顶山。

生长环境 具有一定的耐寒性；生长于海拔 1800–2800 米的山坡草甸、山沟、山岭。

主要用途 全株含芳香油，五台山的僧人常用以做枕垫的填充物，香气可保存数年之久。

30.6 旋覆花属 *Inula* L.

多年生草本。常有腺，被糙毛、柔毛或茸毛。叶互生，或仅生于茎基部。头状花序，多数，伞房状或圆锥伞房状排列，或单生，或密集于根茎上，各有多数异形，稀同形的小花外围有 1 至多层雌花；中央有多数两性花；总苞半球状、倒卵圆状或宽钟状；总苞片多层，覆瓦状排列，最外层有时较长大，叶质，内层狭窄，干膜质；花托平或稍凸起，有蜂窝状小孔，无托片；雌花花冠舌状，黄色，舌片顶端有 3 齿，两性花花冠管状，黄色，上部狭漏斗状，有 5 个裂片；花药基部戟形，有长渐尖的尾部；花柱分枝稍扁，雌花花柱顶端近圆形，两性花花柱较宽，钝或截形。瘦果近圆柱形，有纵肋。

旋覆花 ♂

学　名：*Inula japonica* Thunb.
俗　称：猫耳朵、六月菊、金佛草

形态特征　多年生草本。茎被长伏毛，或下部脱毛。中部叶长圆形、长圆状披针形或披针形，基部常有圆形半抱茎小耳，无柄，有小尖头状疏齿或全缘，上面有疏毛或近无毛，下面有疏伏毛和腺点，中脉和侧脉有较密长毛；上部叶线状披针形。头状花序，直径 3-4 厘米，排成疏散伞房花序，花序梗细长；舌状花黄色，较总苞长 2-2.5 倍，舌片线形；管状花花冠长约 5 毫米，冠毛白色，有 20 余微糙毛，与管状花近等长。瘦果长 1-1.2 毫米，圆柱形，有 10 条浅沟，被疏毛。

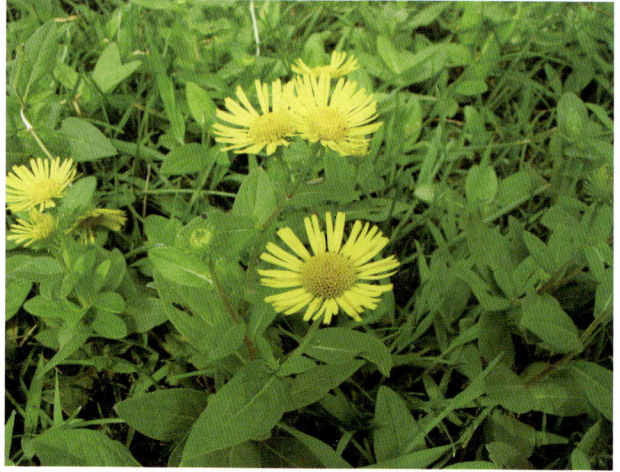

花期果期　6-10 月开花期，9-11 月果熟期。

地理分布　产于太原、阳高、晋城、运城、垣曲、夏县、芮城、永济、忻州、五台、宁武、五寨、河曲、保德、原平、蒲县、兴县。

生长环境　对土壤的要求不高；生长于海拔 150-2400 米的山坡路旁、湿润草地、河岸和田埂上。

主要用途　可作为湿地旁的观赏植物；供药用，根及叶治刀伤、疔毒，煎服可平喘镇咳，花可健胃祛痰。

30.7　苍耳属 *Xanthium* L.

　　一年生草本，粗壮。根纺锤状或分枝。茎直立，具糙伏毛。叶互生，有柄。头状花序单性，雌雄同株，在叶腋单生或密集成穗状；雄头状花序着生于茎枝的上端，球形，具多数不结果实的两性花；总苞宽半球形，总苞片 1-2 层，分离，椭圆状披针形，革质；花托柱状，包围管状花；花冠管部上端有 5 宽裂片；花药分离，上端内弯，花丝结合成管状，包围花柱；雌头状花序单生或密集于茎枝的下部，卵圆形，各有 2 结实的小花；总苞片两层，外层小，椭圆状披针形，分离；内层总苞片结合成囊状，卵形，上端具 1-2 个坚硬的喙，外面具钩状的刺；柱头 2 深裂，裂片线形，伸出总苞的喙外。瘦果 2，倒卵形，藏于总苞内。

苍耳 ♂

学　名: *Xanthium strumarium* L.

俗　称: 粘头婆，虱马头，苍耳子

形态特征 一年生草本，高可达 90 厘米。根纺锤状。茎直立，下部圆柱形，上部有纵沟，被灰白色糙伏毛。叶三角状卵形或心形，近全缘，或有 3-5 不明显浅裂，顶端尖或钝，基部稍心形或截形，与叶柄连接处呈相等的楔形，边缘有不规则的粗锯齿，基部有三出脉，侧脉弧形，两面被糙伏毛。雄性头状花序球形，直径 4-6 毫米，有或无花序梗，总苞片长圆状披针形，被短柔毛，花托柱状，有倒披针形托片，有多数的雄花；雌性的头状花序椭圆形，外层总苞片小，披针形，被短柔毛，内层总苞片结合成囊状，宽卵形或椭圆形，绿色，淡黄绿色或有时带红褐色，在瘦果成熟时变坚硬，外面有疏生的具钩状的刺，刺极细而直，基部微增粗，基部被柔毛，常有腺点，或全部无毛；喙锥形，上端略呈镰刀状，常不等长，稀结合成 1 个喙。瘦果 2，倒卵形。

花期果期 开花期 7-8 月，9-10 月果熟期。

地理分布 产于天镇县宣家塔石佛寺、浮驼店，广灵县城关水神堂，浑源县城关，左云县，平鲁县下木角，宁武县新堡，五台县台山牧场，娄烦县尹家窑汾河边，太原南郊、晋源、古交，沁源县鱼儿泉银洞沟，芮城县后坪西山、大王双庙，夏县，运城盐池等地。

生长环境 生长于海拔 324-2000 米的山坡草地、路旁、河滩及沼泽地。

主要用途 种子可榨油，也可做油墨、肥皂、油毡的原料；又可制硬化油及润滑油；果实供药用。

30.8 蓍属 *Achillea* L.

多年生草本。叶互生，羽状浅裂至全裂或不分裂而仅有锯齿，有或无腺点，被柔毛或无毛。头状花序小，异型多花，排成伞房状花序；总苞矩圆形、卵形或半球形；总苞片 2-3 层，覆瓦状排列，边缘膜质，棕色或黄白色；花托凸起或圆锥状，有膜质托片；边花雌性，通常 1 层，舌状；舌片白色、粉红色、红色；盘花两性，多数，花冠管状 5 裂，管部收狭，常翅状压扁，基部多少扩大而包围子房顶部；花柱分枝顶端截形，画笔状；花药基部钝，顶端附片披针形。瘦果小，腹背压扁，矩圆形、矩圆状楔形或倒披针形，顶端截形，光滑。

高山蓍 ♂

学　名：*Achillea alpina* L.

形态特征 多年生草本。茎被伏柔毛。叶无柄，线状披针形，长可达 10 厘米，篦齿羽状浅裂至深裂，基部裂片抱茎，裂片线形或线状披针形，尖锐，有锯齿或浅裂，齿端和裂片有软骨质尖头，上面疏生长柔毛，下面毛较密，有少数腺点或无。头状花序集成伞房状；总苞宽长圆形或近球形，总苞片 3 层，宽披针形或长椭圆形，中间绿色，边缘较宽，膜质，褐色，疏生长柔毛；边缘舌状花长 4-4.5 毫米，舌片白色，宽椭圆形，先端 3 浅齿，管部翅状扁，无腺点；管状花白色，冠檐 5 裂。瘦果宽倒披针形，边肋淡色。

花期果期 7-9 月开花期，9 月果熟期。

地理分布 产于沁源、沁县、和顺、介休、垣曲、五台、宁武、五寨、离石、广灵、兴县、中阳。

生长环境 耐寒，喜温暖、湿润，喜半阴，生长于海拔 1700-2100 米的山坡草地、灌丛间、林缘。

主要用途 由于其开花早、花期长、绿期长，还可用于庭院、公共绿地、道路绿岛的绿化。茎叶含芳香油，可做调合香料的原料。全草入药，有抗菌消炎、解毒消肿、祛风、活血之作用。

30.9 菊属 *Chrysanthemum* L.

多年生草本。叶不分裂或一回或二回掌状或羽状分裂。头状花序异型，单生茎顶，或少在茎枝顶端排成伞房或复伞房花序；边缘花雌性，舌状，1层，中央盘花两性管状；总苞浅碟状；总苞片4-5层，边缘白色、褐色或黑褐色或棕黑色膜质或中外层苞片叶质化而边缘羽状浅裂或半裂；花托凸起，半球形；舌状花黄色、白色或红色，舌片长或短；管状花全部黄色，顶端5齿裂；花药基部钝，顶端附片披针状卵形或长椭圆形；花柱分枝，线形，顶端截形；无冠状冠毛。全部瘦果同形，近圆柱形而向下部收窄。

小红菊 ♂

学 名： *Chrysanthemum chanetii* H. Léveillé

形态特征 多年生草本。茎枝疏被毛。中部茎生叶肾形、半圆形、近圆形或宽卵形，常3-5掌状或掌式羽状浅裂或半裂，稀深裂，侧裂片椭圆形，顶裂片较大，裂片具钝齿、尖齿或芒状尖齿；上部茎叶椭圆形或长椭圆形，花序下部的叶长椭圆形或宽线形，羽裂、齿裂或不裂；中下部茎生叶基部稍心形或平截。头状花序直径2.5-5厘米，排成疏散伞房花序，稀单生茎端；总苞碟形，总苞片4-5层，边缘白或褐色膜质，外层宽线形，长5-9毫米，先端膜质或膜质圆形扩大，边缘穗状撕裂，背面疏生长柔毛，中内层渐短，宽倒披针形、三角状卵形或线状长椭圆形；舌状花白、粉红或紫色，舌片长1.2-2.2厘米，先端2-3齿裂。瘦果具4-6脉棱。

花期果期 7-9月开花期，9-10月果熟期。

地理分布 产于平定、晋城、阳城、平鲁、右玉、太谷、灵石、垣曲、五台、宁武、五寨、保德、临汾、交城、兴县、方山。

生长环境 对土壤水分要求不高，分布范围较广，生长于草原、山坡林缘、灌丛及河滩与沟边。

主要用途 可应用于园林观赏花卉，草地草种。

小山菊 ♂

学　名：*Chrysanthemum oreastrum* Hance

形态特征　多年生草本。茎密被柔毛，下部毛渐稀至无毛。基生叶及中部茎生叶菱形、扇形或近肾形，长 0.5–2.5 厘米，二回掌状或掌式羽状分裂，一至二回全裂；最上部及接花序下部叶羽裂或 3 裂，小裂片线形或宽线形，宽 0.5–2 毫米；叶下面密被长柔毛至几无毛，有柄；头状花序直径 2–4 厘米，单生茎顶，稀茎生 2–3 头状花序；总苞浅碟状，直径 1.5–3.5 厘米，总苞片 4 层，边缘棕褐或黑褐色宽膜质，外层线形、长椭圆形或卵形，中内层长卵形、倒披针形，中外层背面疏被长柔毛。瘦果长约 2 毫米。

花期果期　6–8 月开花期，7–9 月果熟期。

地理分布　产于五台山北台至中台、两台顶及五寨县芦芽山。

生长环境　生长于海拔 1800–3000 米的草甸。

主要用途　目前已有人工栽培，做观赏用。

30.10 蒿属 *Artemisia* L.

　　一、二年生或多年生草本，常有浓烈的挥发性香气。根状茎粗；茎直立，具明显的纵棱；茎、枝、叶及头状花序的总苞片常被蛛丝状的绵毛。叶互生，一至三回，稀四回羽状分裂，叶缘或裂片边缘有裂齿或锯齿，稀全缘；常有假托叶。头状花序小，基部常有小苞叶；总苞片覆瓦状排列，外、中层总苞片草质，背面常有绿色中肋，边缘膜质；花异型：边缘花雌性，檐部裂齿，花柱线形，伸出花冠外，先端 2 叉；中央花两性，数层，檐部具 5 裂齿，雄蕊 5 枚，花药椭圆形或线形，侧边聚合，2 室，纵裂，顶端附属器长三角形，基部圆钝或具短尖头，柱头具睫毛及小瘤点；瘦果小，卵形、倒卵形，无冠毛，果壁外具明显或不明显的纵纹，无毛，稀微被疏毛。

莳萝蒿 ♂

学　名: *Artemisia anethoides* Mattf.

俗　称: 伪菌陈

形态特征　一、二年生草本。主根单一。茎、枝均被灰白色柔毛。叶两面密被白色绒毛；基生叶与茎下部叶长卵形或卵形，长 3-5 厘米，三（四）回羽状全裂；中部叶宽卵形或卵形，二至三回羽状全裂，每侧有裂片 1-2（3）枚，小裂片丝线形或毛发状，长 2-5 毫米，基部裂片半抱茎；上部叶与苞片叶 3 全裂或不裂。头状花序近球形，多数，具短梗，下垂，排成复总状花序或穗状、总状花序，并在茎上组成开展圆锥花序；总苞片背面密被白色柔毛；花序托具托毛；雌花 3-6；两性花 8-16。瘦果倒卵形。

花期果期　6-8 月开花期，7-10 月果熟期。

地理分布　产于太原、运城、垣曲、永济、忻州、宁武、神池、五寨、河曲、保德、霍州、中阳。

生长环境　喜低湿、盐渍，在半干旱草原上常作为优势种；多生长于干山坡、河湖边沙地、荒地、路旁等，盐碱地附近尤多，在草原、半荒漠草原与森林草原附近也有。

主要用途　民间常采基生叶做中药"菌陈"的代用品；在牧区做牲畜的饲料。

褐苞蒿 ♂

学　名：*Artemisia phaeolepis* Krasch.

形态特征　多年生草本。茎上部初密被平贴柔毛；不分枝或茎中部具少数着生头状花序细短分枝。叶椭圆形或长圆形，上面近无毛，微有小凹点，下面初微被灰白色长柔毛，基生叶与茎下部叶二至三回相齿状羽状分裂；中部叶二回齿状羽状分裂，第一回全裂，每侧裂片两侧具多枚栉齿状或短披针形小裂片；叶柄长 3-5 厘米；苞片叶披针形或线形，全缘或有少数栉齿。头状花序大，半球形，直径 4-6 毫米，下垂；总苞片 3-4 层，内、外层近等长，具褐色、宽膜质边缘；花序托半球形；雌花 12-18；两性花 40-80。瘦果长圆形或长圆状倒卵圆形。

花期果期　7 月开花期，9 月果熟期。

地理分布　产于山西北部，如介休、沁源。

生长环境　属耐阴植物，较耐干旱；生长于海拔 2000-3000 米的山坡、沟谷、路旁、草地、荒滩、草甸、林缘灌丛等地区，也见于砾质坡地与半荒漠草原地区。

主要用途　牧区做牲畜饲料。

白莲蒿 ♂

学　名：*Artemisia stechmanniana* Bess.

俗　称：香蒿、铁杆蒿

形态特征　半灌木状草本。根稍粗大，木质，垂直。茎多数，常组成小丛，褐色或灰褐色，具纵棱，下部木质；茎、枝初时被微柔毛，幼时有白色腺点，后腺点脱落，留有小凹穴，背面初时密被灰白色平贴的短柔毛，后无毛。茎中部叶每侧有裂片3-5枚。头状花序近球形，下垂，在分枝上排成穗状花序式的总状花序，并在茎上组成密集或略开展的圆锥花序；总苞片3-4层，外层总苞片，中肋绿色，边缘膜质，中、内层总苞片椭圆形，近膜质或膜质，背面无毛；两性花20-40朵，花冠管状，外面有微小腺点，花药椭圆状披针形，上端附属器尖，长三角形，基部圆钝或有短尖头，花柱与花冠管近等长，先端2叉，叉端有短睫毛。瘦果狭椭圆状卵形或狭圆锥形。

花期果期　8-9月开花期，9-10月果熟期。

地理分布　产于太原、浑源、平定、沁县、昔阳、闻喜、稷山、芮城、五台、宁武、偏关、乡宁、兴县、临县、中阳。

生长环境　生长于中、低海拔地区的山坡、路旁、灌丛地及森林草原地区，在山地阳坡局部地区常成为植物群落的优势种或主要伴生种，多见于草甸草原。

主要用途　作为山地草原的重要群落组成，亦可成为夏绿阔叶林区域森林破坏后的修复草种；民间入药，有清热、解毒、祛风、利湿之效；牧区做牲畜的饲料。

野艾蒿 ♂

学　名：*Artemisia lavandulifolia* Candolle

俗　称：野艾、小叶艾、狭叶艾

形态特征　多年生草本，植株有香气。主根稍明显，侧根多。根状茎稍粗，常匍地，有细而短的营养枝；茎少数，成小丛，稀少单生，具纵棱；茎、枝被灰白色蛛丝状短柔毛。叶纸质，上面绿色，具密集白色腺点及小凹点，初时疏被灰白色蛛丝状柔毛，后毛稀疏或近无毛，背面除中脉外密被灰白色密绵毛；中部叶（一至）二回羽状全裂或第二回为深裂；上部叶羽状全裂，具短柄或近无柄。头状花序极多数，具小苞叶，花后头状花序多下倾；总苞片3-4层，外层总苞片略小，卵形或狭卵形，背面密被灰白色或灰黄色蛛丝状柔毛，内层总苞片长圆形或椭圆形，半膜质，背面近无毛，花序托小，凸起；雌花4-9朵，花冠狭管状，檐部具2裂齿，紫红色；两性花10-20朵，花冠管状，檐部紫红色；花药线形，先端附属器尖，长三角形，基部具短尖头。瘦果长卵形或倒卵形。

花期果期　8-9月开花期，9-10月果熟期。

地理分布　产于陵川、和顺、沁源、右玉等地。

生长环境　以阳光充足的湿润环境为佳，耐寒，对土壤要求不严，一般土壤可种植，但在盐碱地中生长不良；多生长于低或中海拔地区的路旁、林缘、山坡、草地、山谷、灌丛及河湖滨草地等。

主要用途　入药，做"艾"（家艾）的代用品，有散寒、祛湿、温经、止血作用；嫩苗做菜蔬或腌制酱菜食用；鲜草做饲料。

线叶蒿 ♂

学　名：*Artemisia subulata* Nakai

形态特征　多年生草本。茎、枝初微有蛛丝状薄柔毛。叶上面无毛，下面密被灰白色蛛丝状绒毛；基生叶与茎下部叶倒披针形或倒披针状线形，全缘或上半部有 1-2 疏齿，基部窄楔形呈柄状；中部叶线形或线状披针形，稀镰状线形，先端钝尖，全缘，稀有 1-2 小齿，边反卷，无柄，基部有极小假托叶；上部叶与苞片叶线形，全缘。头状花序长圆形或卵状椭圆形，直径 2-3 毫米，基部有线形小苞叶，排成穗状或穗状总状花序，在茎上组成总状窄圆锥花序；总苞片密被灰白色蛛丝状柔毛；雌花 10-11；两性花 10-15，檐部紫红色。瘦果长卵圆形或椭圆形。

花期果期　8 月开花期，8-10 月果熟期。

地理分布　产于大同灵丘及山西北部地区。

生长环境　多生长于低海拔湿润、半湿润地区的山坡、林缘、河岸、沼泽地边缘及草甸等地区。

主要用途　可搭配禾本科植物进行草地修复。

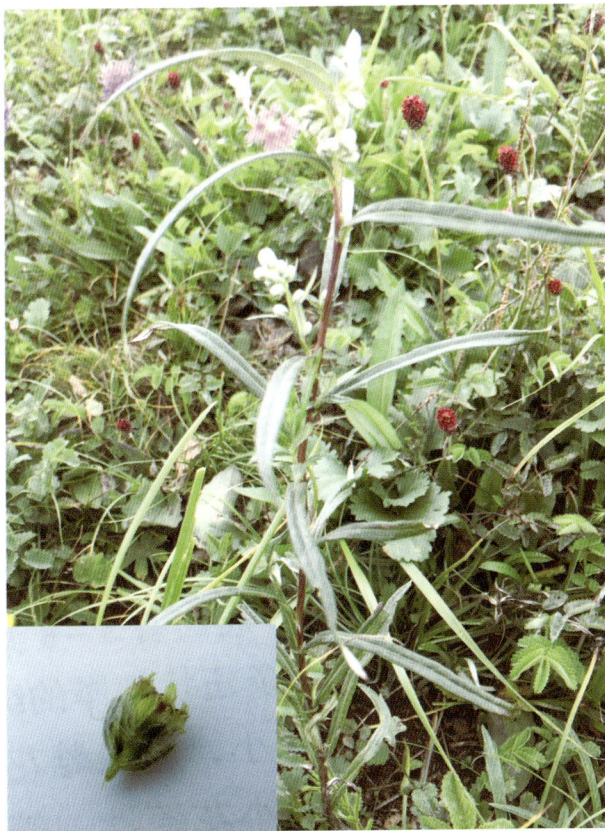

辽东蒿 ♂

学　名：*Artemisia verbenacea* (Komar.) Kitag.

形态特征　多年生草本。茎高达 70 厘米，上部具短小分枝；茎、枝初被灰白色蛛丝状短绒毛。叶上面初被灰白色蛛丝状绒毛及稀疏白色腺点，下面密被灰白色蛛丝状绵毛；茎下部叶卵圆形或近圆形，一至二回羽状深裂，稀全裂，每侧裂片 2-4，裂片椭圆形，先端具 2-3 浅裂齿，叶柄长 1-2 厘米；中部叶宽卵形或卵圆形，二回羽状分裂，第一回全裂，每侧裂片 3 枚，每裂片再羽状全裂或深裂，叶柄长 1-2 厘米，两侧常有短小的裂齿或裂片，基部具假托叶；上部叶羽状全裂，苞片叶 3-5 全裂。头状花序长圆形或长卵圆形，直径 2-3 毫米，有小苞叶，排成穗状花序，在茎上常组成疏离、稍开展或窄圆锥花序；总苞片背面密被灰白色蛛丝状绵毛；雌花 5-8；两性花 8-20。瘦果长圆形或倒卵状椭圆形。

花期果期　8-9 月开花期，9-10 月果熟期。

地理分布　产于芮城、宁武、原平、兴县。

生长环境　有一定的耐寒性；多生长于海拔 2200-2800 米的山坡、路旁及河湖岸边等地。

主要用途　入药，做"艾（家艾）"的代用品。

龙蒿 ♂

学　名：*Artemisia dracunculus* L.

俗　称：狭叶青蒿

形态特征 亚灌木状草本。茎成丛，高达 1.5 米，多分枝；茎、枝初微被柔毛。叶无柄，初两面微被柔毛，中部叶线状披针形或线形，全缘；上部叶与苞片叶线形或线状披针形，长 0.5–3 厘米，宽 1–2 毫米；头状花序近球形，直径 2–2.5 毫米，基部有线形小苞叶，排成复总状花序，在茎上组成开展或稍窄的圆锥花序；总苞片无毛；雌花 6–10；两性花 8–14。瘦果倒卵形或椭圆状倒卵形。

花期果期 7–10 月开花期，9–10 月果熟期。

地理分布 产于山西北部地区右玉县。

生长环境 生长于山坡、草原、半荒漠草原、田边、路旁、干河谷等处。

主要用途 民间入药，治暑湿发热、虚劳等；根有辣味，做调味品；又做饲料。

牡蒿 ♂

学　名：*Artemisia japonica* Thunb.

形态特征　多年生草本。茎单生或少数，高达 1.3 米；茎、枝被微柔毛。叶两面无毛或初微被柔毛；基生叶与茎下部叶倒卵形或宽匙形，长 4–7 厘米，羽状深裂或半裂，具短柄；中部叶匙形，上端有 3–5 斜向浅裂片或深裂片，每裂片上端有 2–3 小齿或无齿，无柄；上部叶上端具 3 浅裂或不裂。苞片叶长椭圆形、椭圆形、披针形或线状披针形；头状花序卵圆形或近球形，直径 1.5–2.5 毫米，基部具线形小苞叶，排成穗状或穗状总状花序，在茎上组成窄或中等开展圆锥花序；总苞片无毛；雌花 3–8；两性花 5–10。瘦果倒卵圆形。

花期果期　7–10 月开花期，9–10 月果熟期。

地理分布　临县宝灵沟滩，中阳县东鸣峪、管海山，离石县，乡宁县关王庙、南山村，陵川县马武寨，沁源县鱼儿泉，夏县，芮城县后坪、大王白家村。

生长环境　生长于海拔 1200–1700 米的山坡荒地、路边。

主要用途　全草人药，又代黄花蒿用或做土农药等；嫩叶可食用做蔬菜；又可做饲料。

30.11 囊吾属 *Ligularia* Cass.

　　多年生草本。根肉质或草质，光滑或被密短毛。根茎极短；茎直立，常单生，自丛生叶的外围叶腋中抽出。幼叶外卷；不育茎的叶丛生，发达，具长柄，基部膨大成鞘，叶脉掌状或羽状；茎生叶互生，少数，叶柄较短，常具膨大的鞘，叶片多与丛生叶同形，较小。头状花序辐射状或盘状，排列成总状或伞房状花序或单生；总苞片2层，分离，覆瓦状排列，常具膜质边缘；花托平，浅蜂窝状；边花雌性；中央花两性，管状，檐部5裂；花药顶端，急尖，基部钝，无尾，花丝近花药处膨大；冠毛2-3层，糙毛状。瘦果光滑，有肋。

齿叶囊吾 ♂

学　名：*Ligularia dentata* (A. Gray) Hara

形态特征　多年生草本。茎上部被白色蛛丝状柔毛和黄色短柔毛。丛生叶与茎下部叶肾形，长7–30厘米，边缘具整齐齿，上面光滑，下面被白色蛛丝状毛，叶脉掌状，叶柄长可达60厘米，被白色柔毛，基部鞘状；上部叶具膨大叶鞘。伞房状或复伞房状花序开展；苞片及小苞片卵形或线状披针形；头状花序多数，辐射状；总苞半球形，总苞片8–14, 2层，排列紧密，背部隆起，两侧有脊，长圆形，宽达1厘米，先端三角状具长尖头，背部密被白色蛛丝状柔毛，内层具褐色膜质宽边；舌状花黄色，舌片窄长圆形；管状花多数，冠毛红褐色，与管状花冠等长。

花期果期　7–9月开花期，8–10月果熟期。

地理分布　产于晋城、沁水、陵川、运城、稷山、垣曲、夏县、五台、乡宁。

生长环境　喜阴湿环境；生长于海拔650–3000米的山坡、水边、林缘和林中。

主要用途　叶大花艳丽，具有一定的观赏价值；药用可舒筋活血，散瘀止痛。

黄毛橐吾 ♂

学　名：*Ligularia xanthotricha* (Grüning) Ling

形态特征　多年生草本。茎粗壮，高达 1.5 米，密被黄色柔毛。丛生叶与茎下部叶肾形，先端圆或凹缺，边缘具小而密的齿，两面光滑，叶脉掌状，叶柄长达 38 厘米，密被黄色柔毛，基部具膨大的鞘；茎中部叶较小，具短柄，鞘宽卵形，长达 7 厘米，被黄色柔毛。复伞房状花序长达 38 厘米；苞片及小苞片线状钻形；头状花序多数，盘状；总苞窄筒形，基部有黄色柔毛，总苞片 8-10，2 层，窄披针形，长 0.9-1.5 厘米，背部被黄色柔毛，具膜质窄边；小花 20 以上，黄色，全部管状；冠毛白色，与花冠等长。

花期果期　7-9 月开花期，8-9 月果熟期。

地理分布　产于五台山中台、北台、东台，宁武南沟庙、管涔山，娄烦县米峪镇黑沟，吕梁关帝山，灵石石膏山。

生长环境　生长于海拔 1600-3000 米的山坡草地、沟边、灌丛及山顶。

主要用途　山地草原观赏植物。

蹄叶橐吾 ♂

学 名: *Ligularia fischeri* (Ledeb.) Turcz.

形态特征 多年生草本。茎上部被黄褐色柔毛。丛生叶与茎下部叶肾形,长10-30厘米,宽13-40厘米,基部心形,边缘具锯齿,两面光滑,叶脉掌状,基部具鞘;茎中上部叶较小,具短柄,鞘膨大,全缘。总状花序长25-75厘米;头状花序辐射状;苞片卵形或卵状披针形,下部者长达6厘米,边缘有齿;小苞片窄披针形或线形丝状;总苞钟形,长0.7-2厘米,直径0.5-1.4厘米,总苞片8-9,2层,长圆形,先端尖,背部光滑,内层具膜质边缘。瘦果圆柱形,光滑。

花期果期 7-9月开花期,8-10月果熟期。

地理分布 产于介休、运城、稷山、交城、灵丘。

生长环境 喜阴湿环境;生长于海拔100-2700米的水边、草甸、山坡、灌丛中、林缘及林下。

主要用途 作为地被植物具有非常好的观赏价值,其叶呈心形,总状花序呈黄色,在园林应用中具有较大潜力;全草入药,具有散除风寒、清热解毒等功效。

30.12 狗舌草属 *Tephroseris* Reichenb.

多年生草本。茎直立,近葶状。具茎生叶,常被蛛丝状绒毛;叶互生,具柄或无柄,基生叶莲座状,在花期生存或凋萎,叶片宽卵形至线状匙形,具粗深波状锯齿或全缘,基部扩大,但无耳;羽状脉。头状花序数个至较多,排成顶生近伞形或聚伞状花序,稀单生,辐射状,有异形小花;总苞无外苞片,半球形或钟形;花托平;总苞片草质,1层,线状披针形或披针形,具狭干膜质或膜质边缘;舌状花雌性,舌片黄色、枯黄色,具4小脉;顶端具3小齿;管状花多数,两性,花冠黄色或橙色;花药基部钝至圆形,具短耳;花药颈部狭圆柱形;花柱分枝稍凸,有疏乳头状微毛;冠毛细毛状,白色。瘦果圆柱形,具纵肋。

红轮狗舌草 ♂

学　名： *Tephroseris flammea* (Turcz.ex DC.) Holub.

俗　称： 红轮千里光

形态特征　多年生草本。茎初被白色蛛丝状绒毛及柔毛。基生叶花期凋落，椭圆状长圆形，基部楔状具长柄；下部茎生叶倒披针状长圆形，长 8–15 厘米，基部窄成翅，稍下延成叶柄半抱茎，边缘中部以上具尖齿，两面疏被蛛丝状绒毛及柔毛，或变无毛；中部叶无柄，椭圆形或长圆状披针形；上部叶线状披针形或线形。头状花序排成近伞房花序，花序梗被黄褐色柔毛及疏白色蛛丝状绒毛，基部有苞片，上部具 2–3 小苞片；总苞钟状，长 5–6 毫米，总苞片约 25，披针形或线状披针形，草质，深紫色，背面疏被蛛丝状毛或近无毛；舌状花 13–15，舌片深澄或橙红色，线形，长 1.2–1.6 厘米；管状花多数，花冠黄或紫黄色，长 6–6.5 毫米；冠毛淡白色。瘦果圆柱形，被柔毛。

花期果期　花期 7–8 月，果熟期 8 月。

地理分布　产于介休、五台、宁武、霍州。

生长环境　喜阳光，具有一定的耐寒性；生长于海拔 1200–2100 米的山地草原和林缘。

主要用途　药用可清热解毒，清肝明目。

30.13 **缰长里光属 *Jacobaea* Mill.**

一年生或多年生草本。茎直立。叶互生，不分裂或羽状分裂，具柄，基部无耳或具耳；羽状脉。头状花序少数至多数，在茎枝端排列成伞房状或圆锥状聚伞花序，辐射状，有异形小花，稀单生；总苞半球形、钝形或圆柱状，有外层小苞片，花托平，具窝状小孔，总苞片 1 层，分离，草质，线形或线状披针形，有干膜质或膜质边缘；雌花舌状，舌片黄色，先端有 3 细齿；两性花管状，花冠黄色，檐部漏斗状，具 5 裂片；花药基部钝，具短小耳；花药颈部棒状或基部明显膨大；花柱分枝截形或稍凸起，具乳头状毛；冠毛毛状，白色或污白色。瘦果圆柱形，有纵肋。

额河千里光 ♂

学　名：*Jacobaea argunensis* (Turczaninow) B. Nordenstarn

俗　称：大蓬蒿、羽叶千里光

形态特征　多年生草本。茎被蛛丝状柔毛，有时脱毛。基生叶和下部茎生叶花期枯萎；中部茎生叶卵状长圆形或长圆形，长 6–10 厘米，羽状全裂或羽状深裂，顶生裂片小而不明显，侧裂片约 6 对，窄披针形或线形，具 1–2 齿或窄细裂，或全缘，上面无毛，下面有疏蛛丝状毛或脱毛，基部具窄耳或撕裂状耳，无柄；上部叶渐小，羽状分裂。头状花序有舌状花，排成复伞房花序；花序梗细，有蛛丝状毛，有苞片和数个线状钻形小苞片；总苞近钟状，直径 3–5 毫米，外层苞片约 10，线形，总苞片约 13，长圆状披针形，上端具短髯毛，绿色或紫色，背面疏被蛛丝毛；舌状花 10–13，舌片黄色，长圆状线形，长 8–9 毫米；管状花多数，花冠黄色；冠毛淡白色。瘦果圆柱形，无毛。

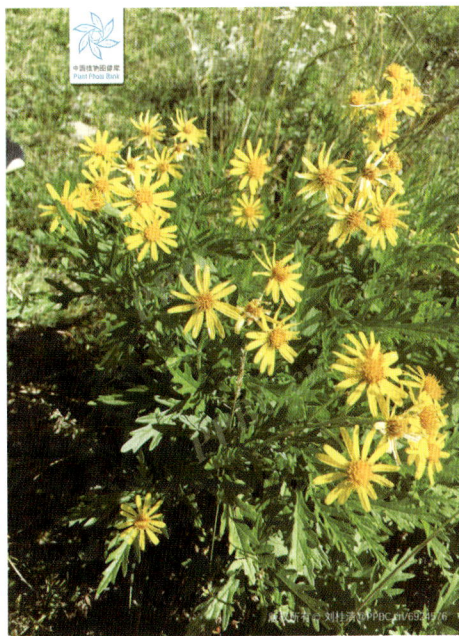

花期果期　8–9 月开花期，10 月果熟期。

地理分布　产于沁源、沁县、灵石、介休、稷山、垣曲、五台、宁武、五寨、保德、临汾、乡宁、吕梁、交城、兴县、临县、岚县、中阳、孝义。

生长环境　喜湿抗寒；生长于海拔 1000–2500 米的山坡草地、林缘及河滩。

主要用途　具有观赏价值；全草入药，清热解毒。

30.14 蓟属 *Cirsium* Mill.

一年生、二年生或多年生植物，雌雄同株。叶无毛至有毛，边缘有针刺。头状花序同型，或全为两性花或全为雌花，直立，下垂或下倾，在茎枝顶端排成伞房花序、伞房圆锥花序、总状花序或集成复头状花序；总苞卵状、卵圆状、钟状或球形；总苞片多层，覆瓦状排列或镊合状排列，边缘全缘，无针刺或有缘毛状针刺；花托被稠密的长托毛；小花红色、红紫色，5裂，有时深裂几达檐部的基部；花丝分离，有毛或乳突；花药基部附属器撕裂；花柱分枝基部有毛环；全部冠毛刚毛长羽毛状，基部连合成环，整体脱落。瘦果光滑，压扁，通常有纵条纹，顶端截形或斜截形。

魁蓟 ♂

学　名：*Cirsium leo* Nakai et Kitag.

形态特征 多年生草本，高达1米。茎枝被长毛。基部和下部茎生叶长椭圆形或倒披针状长椭圆形，羽状深裂，侧裂片8-12对，侧裂片有三角形刺齿，叶柄长达5厘米或无柄，向上的叶渐小，与基部和下部茎生叶同形或长披针形，无柄或基部半抱茎，叶两面绿色，被长节毛。头状花序排成伞房花序；总苞钟状，直径可达4厘米，总苞片8层，镊合状排列，近等长，边缘或上部边缘有针刺，外层与中层钻状长三角形或钻状披针形，背面疏被蛛丝毛，内层硬膜质，披针形或线形；冠毛污白色。小花紫或红色。瘦果灰黑色，偏斜椭圆形。

花期果期 5-8月开花期，8-9月果熟期。

地理分布 产于浑源、沁县、沁水、陵川、介休、运城、垣曲、夏县、芮城、永济、五台、宁武、五寨、蒲县、霍州、吕梁、离石。

生长环境 对土壤水分要求不高；生长于海拔700-3000米的山谷、山坡草地、林缘、河滩及石滩地或岩石隙缝中或溪旁、河旁或路边潮湿地及田间。

主要用途 作为观赏花卉。

30.15 麻花头属 *Klasea* Cass.

多年生草本。有茎。叶互生，质地坚硬或柔软，少有革质的，羽状分裂，边缘全缘或有锯齿。头状花序同型，极少异型，在茎枝顶端排成伞房花序，极少植株含 1 个头状花序单生茎顶或茎基顶端叶丛中；总苞片多层，覆瓦状排列，向内层渐长，质地坚硬或纸质，内层顶端有附片；花托平，被稠密的托毛；全部小花两性管状，花管红色、紫红色、黄色或白色，檐部 5 裂；花药基部附属器箭形；花柱分枝细长；冠毛污白色或黄褐色，同型，多层，向内层渐长，基部不连合成环；全部冠毛刚毛毛状，边缘微锯齿状或糙毛状。瘦果椭圆形、长椭圆形、楔状长椭圆形等，有细条纹或 3-4 肋棱或无，顶端截形，侧生着生面。

缢苞麻花头 ♂

学　名：*Klasea centauroides* subsp. *strangulata* (Iljin) L. Martins

形态特征　多年生草本，高可达 100 厘米。根状茎横卧。茎单生，直立，基部被残存的纤维状撕裂的褐色叶柄，不分枝或自中部有 2-3 条长分枝，全部茎枝被稀疏的多细胞节毛。基生叶与下部茎叶长椭圆形或倒披针状长椭圆形或倒披针形，大头羽状或羽状深裂，极少不裂而边缘有锯齿，有长 4-7 厘米的叶柄，在大头羽状裂片中，侧裂片 6-8 对，有不规则的大头羽裂，顶裂片与侧裂片等大或较宽；中部茎叶与基生叶及下部茎生叶同形并等样分裂，无柄；全部叶两面粗糙，被多细胞的长或短节毛。头状花序单生茎顶或少数头状花序生茎枝顶端，花序梗较长，裸露，几无叶；总苞半圆球形或扁圆球形；总苞片约 10 层，覆瓦状排列，外层与中层卵形、卵状披针形或长椭圆形；内层及最内层长椭圆形至线形；全部苞片上部边缘有绢毛，中外层上部有细条纹；小花两性，紫红色；冠毛刚毛糙毛状，分散脱落。瘦果栗色或淡黄色，楔状长椭圆形。

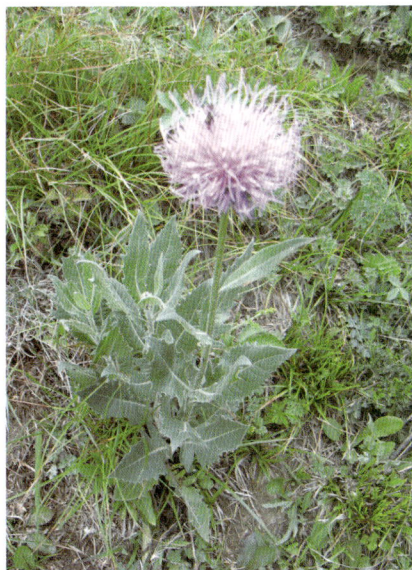

花期果期　6-9 月。

地理分布　产于隰县、沁源、历山。

生长环境　喜温暖光照，有一定的耐寒性；生长于海拔 1300-2000 米的山坡、草地、路边。

主要用途　作为观赏花卉；根味道微苦，凉，有清热解毒功效。

30.16 风毛菊属 *Saussurea* DC.

二年生或多年生草本，有时为小半灌木。茎高至矮小，有时退化至无茎。叶互生。头状花序具多数同型小花，在茎与枝端排成伞房状、总状或集生于茎端，极少单生；总苞球形、钟形、卵形或圆柱状；总苞片多层，覆瓦状排列，顶端急尖、渐尖或钝或圆形，有时有干膜质的红色或草质的绿色附属器；花托平或凸起，密生刚毛状托片；全部小花两性，管状，结实；花冠紫色，管部细丝状，檐部5裂至中部；花药基部箭头形，尾部撕裂；花柱顶端2分枝，线形；冠毛1-2层，外层短，糙毛状或短羽毛状，内层长，羽毛状，基部连合成环，整体脱落。瘦果圆柱状或椭圆状，基底着生面平，禾秆色，有时有黑色斑点，具钝4肋或多肋，顶端截形。

紫苞风毛菊 ♂

学　名：*Saussurea purpurascens* Y. L. Chen et S. Y. Liang

形态特征 多年生草本。根状茎斜生，茎部被褐色残存的叶柄；茎直立，被柔毛。叶莲座状，条形，长4-9厘米，宽3-8毫米，顶端急尖，具小刺尖，基部稍扩大，倒向羽裂，裂片狭三角形，顶端具小刺尖，边缘稍反卷，上面绿色，无毛，下面除中脉外密被白色绒毛。头状花序单生，直径2.2厘米；总苞宽钟形或球状，长2厘米，总苞片4层，外层卵状披针形，革质，紫红色，边缘暗紫红色，上部绿色，草质，反折，无毛，内层条形，干膜质，淡绿色，上部紫色，先端具细齿，顶端具小刺尖；托片条形，白色；花紫红色，花冠管长8毫米，檐部有5个裂片，裂片长4-5毫米；花药蓝色，尾部撕裂；冠毛淡褐色，外层稍短于内层，长0.8-1厘米，内层长1.2厘米，羽毛状。瘦果圆柱形，无横皱纹，顶端具明显的冠状边缘，暗褐色。

花期果期 7-9月开花期，8-10月果熟期。

地理分布 产于浑源县尖山，五寨县，五台山中台、西台、北台，娄烦县云顶山，沁源县鱼儿泉。

生长环境 生活力强，能在耐低温寒冷的气候下生存；生长于海拔 1500–3000 米的山顶及山顶草坡、高山草甸、林缘、石地。

主要用途 为饲用植物早春季返青早，茎叶柔嫩，适口性较好，供马、牛、羊采食。

风毛菊 ♂

学 名：*Saussurea japonica* (Thunb.) DC.

形态特征 二年生草本。茎无翼，稀有翼，疏被柔毛及金黄色腺点。基生叶与下部茎生叶椭圆形或披针形，羽状深裂，裂片7–8对，长椭圆形、斜三角形、线状披针形或线形，裂片全缘，极稀疏生大齿，叶柄长 3–6 厘米，有窄翼；中部叶有短柄，上部叶浅羽裂或不裂，无柄；叶两面绿色，密被黄色腺点。头状花序排成伞房状或伞房圆锥花序；总苞窄钟状或圆柱形，直径 5–8 毫米，疏被蛛丝状毛，总苞片 6 层，外层长卵形，先端有扁圆形紫红色膜质附片，有锯齿；小花紫色；冠毛白色，外层糙毛状。瘦果圆柱形，长 4–5 毫米，深褐色。

花期果期 6–10 开花期，8–11 月果熟期。

地理分布 产于阳高、平定、沁县、沁水、陵川、高平、左权、和顺、介休、垣曲、平陆、永济、五台、宁武、五寨、保德、偏关、翼城、乡宁、离石、兴县、临县、岚县、方山、中阳。

生长环境 对温度、光照和水分要求不高；生长于海拔 200–2800 米的山坡、山谷、林下、山坡路旁、山坡灌丛、荒坡、水旁、田中。

主要用途 作为山西的广布种，有一定观赏价值；药用，用于治牙龈炎、祛风活血、散瘀止痛、风湿痹痛等。

银背风毛菊 ♂

学　名: *Saussurea nivea* Turcz.

俗　称: 银白风毛菊

形态特征 多年生草本。茎疏被蛛丝毛至无毛,上部分枝。下部与中部茎生叶披针状三角形、心形或戟形,长 10–12 厘米,宽 5–6 厘米,有锯齿,叶柄长 3–8 厘米;上部叶与中下部叶同形或卵状椭圆形、长椭圆形、披针形,几无柄;叶上面无毛,下面银灰色,密被绵毛。头状花序梗长 0.5–5 厘米,有线形苞片,排成伞房状;总苞钟状,直径 1–1.2 厘米,总苞片 6–7 层,被白色绵毛,外层卵形,长 4 毫米,有紫黑色尖头,中层椭圆形或卵状椭圆形,内层线形;小花紫色;冠毛 2 层,白色。瘦果圆柱状,褐色。

花期果期 7–9 月开花期,8–9 月果熟期。

地理分布 产于天镇、广灵、灵丘、阳高。

生长环境 喜阴凉;生长于海拔 400–2220 米的山坡林缘、林下及灌丛中。

主要用途 花色紫红、叶形肥大、叶背面银白色,十分美观,可做背景或地被材料。

30.17 山柳菊属 *Hieracium* L.

多年生草本。茎单生或少数茎簇生,分枝或不分枝。叶全缘或有齿。头状花序同型,舌状,在茎枝顶端排成圆锥花序、伞房花序或假伞形花序,有时单生茎端;总苞钟状或圆柱状;总苞片 3–4 层,覆瓦状排列,向内层渐长;花托平,蜂窝状,有窝孔,孔缘有明显的小齿或无小齿，或边缘缘毛状；舌状小花多数，黄色，花柱分枝细，圆柱形，花药基部箭头形，舌片顶端截形，5 齿裂；冠毛 1-2 层，刚毛状。瘦果圆柱形或椭圆形，有 8-14 条椭圆形高起的等粗的纵肋，顶端截形，近顶端亦无收缢。

山柳菊 ♂

学　名：_Hieracium umbellatum_ L.

俗　称：伞花山柳菊

形态特征　多年生草本，高可达 120 厘米。茎直立，具纵沟棱。基生叶在花期枯萎；茎生叶互生，长圆状披针形或披针形，顶端急尖至渐尖，基部楔形至近圆形，边缘具疏锯齿，稀全缘，下面沿脉被短毛。头状花序，排列成伞房状；花序梗纤细，被短糙毛及短柔毛；总苞宽钟状或倒圆锥状；总苞片 3-4 层，暗绿色，有微毛，外层较短，披针形，内层长圆状披针形，顶端钝或稍尖；舌状花黄色，下部被白色长柔毛；冠毛浅棕色。瘦果五棱圆柱形，长约 3 毫米，黑紫色，有光泽，有 10 条纵肋。

花期果期　8-9 月。

地理分布　产于浑源马头山、五台灵镜马头门村、娄烦云顶山、隰县、交城。

生长环境　喜阴湿；生长于海拔 2000 米的山坡、草地或林缘，多见于沟边有积水或潮湿的地方。

主要用途　花开清新，具有观赏价值；药用，有清热解毒、利湿消积作用。

30.18 猫耳菊属 *Hypochaeris* L.

　　多年生草本，极少一年生。茎单生，不分枝或少分枝。有基生的莲座状叶丛。头状花序大或中等大小，卵状、宽半球形或钟形，植株含 1-3 个头状花序，单生茎顶或枝端，有多数同形两性舌状小花；总苞片多层，覆瓦状排列；花托平，有托片，托片长膜质，线形，基部包围舌状小花；全部小花舌状，两性，结实，黄色，舌片顶端截形，5 齿裂；花药基部箭形，花柱分柱纤细，顶端微钝；冠毛羽毛状，1 层。瘦果圆柱形或长椭圆形，有多条高起的纵肋，或纵肋少数，顶端有喙，喙细或短，或顶端截形而无喙。

猫耳菊 ♂

学　名：*Hypochaeris ciliata* (Thunb.)Makino
俗　称：黄金菊、小蒲公英、大黄菊

形态特征　多年生草本，高达 60 厘米。根垂直直伸，直径约 8 毫米。茎被硬刺毛或无毛，基部被枯萎叶柄。基生叶椭圆形、长椭圆形或倒披针形，基部渐窄成翼柄，连翼柄长 9–21 厘米，宽 2–2.5 厘米，边缘有尖锯齿或微尖齿；茎生叶基部平截或圆，无柄，半抱茎；下部茎生叶与基生叶同形，宽达 5 厘米，上部茎生叶椭圆形或卵形；叶两面密被硬刺毛。冠毛浅褐色，羽毛状，1 层。瘦果圆柱状，浅褐色，顶端平截，无喙，有 15–16 细纵裂。

花期果期　6–9 月开花期，9 月果熟期。

地理分布　产于晋城、阳城、陵川、夏县、芮城、翼城、安泽。

生长环境　耐寒；生长于海拔 850–1200 米的山坡草地、林缘路旁或灌丛中。

主要用途　可做观赏栽培；根药用，有利水消肿作用。

多年生或一、二年生草本。叶基生或茎生叶互生。头状花序在茎端排列成伞房状、圆锥状或单生，有多数或少数同形小花，小花舌状，两性，结实；总苞钟状或圆柱状；总苞片 2 至数层；花序托平或凹；舌状花黄色，舌片顶端截形，5 齿裂；冠毛 1 层，白色，刚毛状，纤细。瘦果圆柱形或纺锤形，有 10 -15 条等形的纵肋，无喙。

还阳参 ♂

学　名：*Crepis rigescens* Diels

形态特征　多年生草本。茎上部或中部以上分枝。基部茎生叶鳞片状或线状钻形；中部叶线形，长 3–8 厘米，坚硬，全缘，反卷，两面无毛，无柄。头状花序直立，排成伞房状花序；总苞圆柱状或钟状，长 8–9 毫米，总苞片 4 层，背面被白色蛛丝状毛或无毛，外层线形或披针形，长达 3 毫米，内层披针形或椭圆状披针形，长 7–9 毫米，边缘白色膜质，内面无毛；舌状小花黄色，花冠管外面无毛；冠毛白色。瘦果纺锤形，黑褐色，无喙，有 10–16 条纵肋，肋上疏被刺毛。

花期果期　6–7 月。

地理分布　产于平鲁县，五台县台怀，临县甘川沟村胜利沟，中阳县郭家岭顶、刘家坪碾尾沟，蒲县，陵川县六主，沁源县鱼儿泉，太原南郊。

生长环境　喜阴湿；生长于海拔 800–1600 米的山坡、山谷、沟底潮湿地。

主要用途　全草入药，有益气、止咳平喘、清热降火之功效。

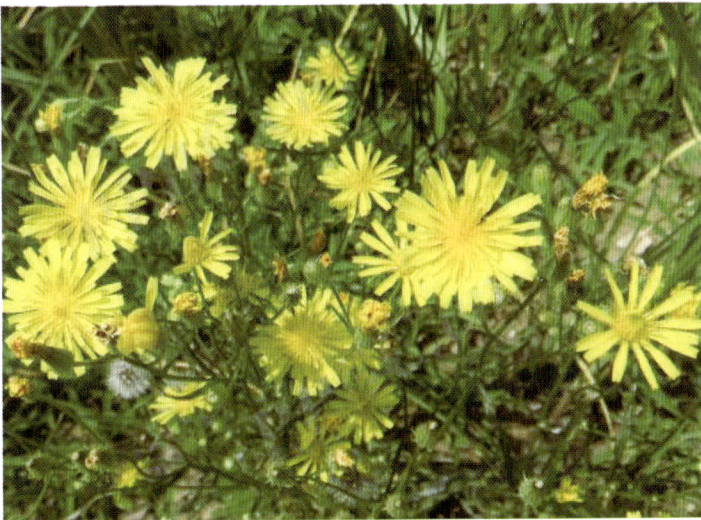

30.20 苦荬菜属 *Ixeris* Cass.

　　一年生或多年生草本。基生叶花期生存。头状花序同型，舌状，含多数舌状小花（10-26 枚），多数或少数在茎枝顶端排成伞房状花序。总苞花期圆柱状或钟状，果期有时卵球形；总苞片 2-3 层，外层最短，内层最长。花托平，无托毛。舌状小花黄色，舌片顶端 5 齿裂。花柱分枝细，花药基部附属器箭头形；冠毛白色，2 层，纤细，不等长，微粗糙，宿存或脱落。瘦果压扁，褐色，纺锤形或椭圆形，无毛，有 10 条尖翅肋，顶端渐尖成细喙，喙长或短，细丝状，异色。

中华苦荬菜 ♂

学　名：*Ixeris chinensis* (Thunb.) Nakai

俗　称：苦菜、取麻菜、小苦苣

形态特征　多年生草本，高可达 80 厘米。根状茎匍匐；茎直立，具纵条棱，无毛，不分枝。基生叶与下部叶长圆状披针形，顶端钝或锐尖，基部渐狭呈柄状，基部稍扩大，半抱茎，边缘具波状齿或羽状浅裂，两面无毛；中部叶与基生叶相似，但无柄。基部耳状抱茎；最上部叶小，披针形。头状花序数个在茎端排成伞房状，有时单生；总苞钟状，苞片 3 层，背部被短柔毛或微毛，外层较小，长卵形，内层披针形；舌状花黄色，长约 2 厘米；冠毛白色，易脱落。瘦果纺锤形，长约 3 毫米，褐色，稍扁，两面各有 3-8 条纵肋。

花期果期　6-8 月开花期，8-9 月果熟期。

地理分布　产于太原、浑源、平顺、沁水、陵川、右玉、垣曲、五台、宁武、偏关、原平、临汾、乡宁、吕梁、临县、中阳。

生长环境　分布范围较广，生长于海拔 350-2400 米的山坡草地、田边路旁、河滩溪边。

主要用途　可栽培于土壤肥力较差的草地上，起到修复作用；嫩叶可做饲料，也可供观赏；多用于清热解毒、凉血、消痛排脓、祛擦止痛。

30.21 蒲公英属 *Taraxacum* F. H. Wigg.

多年生葶状草本，具白色乳状汁液。叶基生，密集成莲座状，倒向或琴状羽状分裂，叶片匙形、倒披针形或披针形。头状花序单生花葶顶端；总苞钟状或狭钟状，3-5层，外层总苞片短于内层总苞片；花序托平坦，有小窝孔，无托片；全为舌状花，两性、结实，头状花序通常有花数十朵，舌片通常黄色，先端截平，具5齿；花药基部戟形；花柱伸出聚药雄蕊外，柱头2裂，裂瓣线形；冠毛多层，毛状，易脱落。瘦果纺锤形有纵沟，上部或全部有刺状瘤状凸起，上端收缩为喙，喙细长。

垂头蒲公英 ♂

学　名: *Taraxacum nutans* Dahlst.

形态特征　多年生草本。叶披针形、窄披针形或倒卵状披针形，长10-15厘米，具尖齿或全缘，稀具浅裂片；外层叶无毛或疏被蛛丝毛，内层叶密被蛛丝状毛。花葶高10-30厘米，上部密被白色蛛丝状毛，下部毛较疏；头状花序直径5-5.5厘米，花后常下垂；总苞钟状，总苞片约4层，近等长，线形，基部弧状或稍弯曲，先端背部有带紫色短角状凸起；舌状花橙黄褐色，舌片初平展，后反卷，边缘花舌片背面有紫色条纹，花柱和柱头暗绿色；冠毛污白或淡黄白色。瘦果污褐色，先端尖，具刺突，下部多少具瘤突或光滑，喙基圆柱形，喙长1-1.5厘米。

花期果期　6-7月。

地理分布　为山西特有种，产于五台山中台、东台顶、鸿门岩至花岩岭、西坡村、台怀黛螺顶，娄烦县米峪镇打阳坪、云顶山，交城县关帝山庞泉沟顶，霍县霍山，沁源等地。

生长环境　对土壤要求不严格；生长于海拔1800-3000米的山坡草地及高山草甸。

主要用途　有绿化、美化环境的作用，无论是地被种植还是盆景栽培都可取得满意的观赏效果。

白缘蒲公英 ♂

学　名: *Taraxacum platypecidum* Diels
俗　称: 山西蒲公英

形态特征　多年生草本。叶宽倒披针形或披针状倒披针形，长 10-30 厘米，疏被蛛丝状柔毛或几无毛，羽状分裂，每侧裂片 5-8，裂片三角形，全缘或有疏齿，顶裂片三角形。花葶 1 至数个，高达 45 厘米，上部密被白色蛛丝状绵毛；头状花序直径 4-4.5 厘米；总苞宽钟状，长 1.5-1.7 厘米，总苞片 3-4 层，先端背面有或无小角，外层宽卵形，中央有暗绿色宽带，边缘宽白色膜质，上端粉红色，疏被睫毛，内层长圆状线形或线状披针形，长约为外层的 2 倍；冠毛白色，长 0.7-1 厘米。瘦果淡褐色，长约 4 毫米，上部有刺瘤，顶端缢缩成圆锥形或圆柱形喙基，长约 1 毫米，喙长 0.8-1.2 厘米。

花期果期　6-7 月。

地理分布　产于天镇县新平，浑源县恒山，五台县北台顶、中台顶、南台顶、东台顶、小北台、鸿门岩，偏关县南堡子，宁武县芦芽山大昌沟、秋千沟大梁，古交市岔口新房，太原天龙山，交城县，沁源县灵空山，垣曲县等。

生长环境　生长于海拔 780-3000 米的山坡草地或路旁。

主要用途　有绿化、美化环境的作用。

蒲公英 ♂

学　名：*Taraxacum mongolicum Hand.-Mazz.*

俗　称：**黄花地丁、婆婆丁、蒙古蒲公英**

形态特征 多年生草本，高可达 30 厘米。根粗壮，锥形。叶莲座状平展，长圆状倒披针形或匙状倒披针形，羽状深裂或浅裂，稀全缘或有波状齿，顶端钝或锐尖，基部渐狭成柄，侧裂片 4–5 对，长圆状披针形或三角形，具齿，顶裂片较大，戟状长圆形，两面被疏蛛丝状毛或近无毛。花葶数个，约与叶等长或稍长于叶，上端被密蛛丝状毛；总苞钟状，淡绿色，总苞片 2–3 层，外层卵状披针形或披针形，边缘膜质，先端背面增厚或具角状凸起；内层长于外层约线状披针形，先端紫红色，背面具小角状凸起；冠毛白色，长约 6 毫米。瘦果倒卵状披针形，暗褐色，长 4–5 毫米，上部具小刺，下部具成行小瘤，顶端渐收缩成长约 1 毫米圆锥形或圆柱形喙基，喙长 0.6–1 厘米，纤细。

花期果期 5–7 月开花期，7 月果熟期。

地理分布 产于浑源县大磁窑，五台县东台顶、耿镇，宁武县东寨丁家湾、芦芽山主峰，阳曲县系舟山，娄烦县云顶山，太原，离石县，蒲县克城张公红崖沟，洪洞县三眼窑西沟，沁源县郭道苗定峪沟，沁县伏牛山，夏县洒交太宽河，垣曲县历山关主庙至麻麻渠，历山同善，永济县介峪沟板子，晋城县火星营长衬等地。

生长环境 喜欢肥沃、湿润、疏松、有机质含量高的土壤，对土壤要求不严；生长于海拔 780–2750 米的山坡、草地、路旁及水边。

主要用途 常见于园林地被植物；全草入药，有清热解毒、利尿、消炎之功效。

华蒲公英 ♂

学 名: *Taraxacum sinicum Kitag.*

形态特征 多年生草本。根茎部有褐色残存叶基。叶倒卵状披针形或狭披针形，稀线状披针形，边缘叶羽状浅裂或全缘，具波状齿，内层叶倒向羽状深裂，顶裂片较大，长三角形或戟状三角形，每侧裂片 3–7 片，狭披针形或线状披针形，全缘或具小齿，平展或倒向，两面无毛，叶柄和下面叶脉常紫色。花葶 1 至数个，长于叶，顶端被蛛丝状毛或近无毛；头状花序，总苞小，淡绿色；总苞片 3 层，先端淡紫色，无增厚，亦无角状凸起，或有时有轻微增厚；外层总苞片卵状披针形，有窄或宽的白色膜质边缘；内层总苞片披针形，长于外层总苞片的 2 倍；舌状花黄色，稀白色，边缘花舌片背面有紫色条纹，舌片长约 8 毫米，宽 1–1.5 毫米；冠毛白色。瘦果倒卵状披针形，淡褐色，上部有刺状凸起，下部有稀疏的钝小瘤，顶端逐渐收缩为长约 1 毫米的圆锥至圆柱形喙基。

花期果期 7–8 月开花期，8 月果熟期。

地理分布 产于天镇县三十里铺、宣家塔瓦夭口，广灵县城关水神堂，五台县鸿门岩，娄烦县云顶山，阳曲县温川乡黑窑庄，太原汾河滩等地。

生长环境 属于盐生植物，适应性强，耐寒、耐热、耐酸碱、耐贫瘠性均极强；生长于海拔 1000–2000 米的山坡、草地、林缘或路旁。

主要用途 具有观赏价值；有良好的抗菌作用；可药用，有消炎作用。

31

水麦冬科
Juncaginaceae

多年生或一年生湿生或水生草本。具根茎。叶通常基生，线形或条形，直立，全缘，基部具鞘。花葶直立；花序总状或穗状，顶生，无苞片；花小，雌雄异株，辐射对称，稀稍两侧对称，3 数或 2 数；花被片 6，稀 4 或 8，2 轮，萼片状，绿或稍带红色；雄蕊 6 或 4（稀 3）枚，2 轮，贴生花被片基部，无花丝或极短，花药 2 室，外向，纵裂；心皮 6（有枚不发育）或 4，离生，基部稍合生，或合生，果时分开；子房上位，花柱粗短或无，柱头具不规则裂片，倒生胚珠 1，通常直立，双珠被，厚珠心。种子无胚乳；胚直。

31.1 水麦冬属 *Triglochin* L.

多年生湿生草本。具根茎，密生须根。叶全部基生，具叶鞘，鞘缘膜质。总状花序较长，棱无苞片；花两性，花被片 6 枚，2 轮，卵形，绿色；雄蕊 6 枚，与花被片对生，花药 2 室，无花丝；心皮 6 枚，有时 3 枚不发育，合生，柱头毛笔状，子房上位，每室胚珠 1 颗。蒴果椭圆形、卵形或长圆柱形，成熟后呈 3 或 6 瓣开裂，内含种子 1 粒。

水麦冬 ♂

学 名：*Triglochin palustris* L.

形态特征 多年生湿生草本，植株弱小。根茎短，生有多数须根。叶基生，条形，长达20厘米，宽约1毫米，先端钝，基部具鞘，两侧鞘缘膜质，残存叶鞘纤维状。花葶细长、直立，圆柱形，无毛；总状花序，花排列较疏散，无苞片；花梗长约2毫米；花被片6枚，绿紫色，椭圆形或舟形；雄蕊6枚，近无花丝，花药卵形，2室；雌蕊由3个合生心皮组成，柱头毛笔状。蒴果棒状条形，成熟时自下而上呈3瓣开裂，仅顶部联合。

花期果期 6-9月开花期，10月果熟期。

地理分布 产于交城县横尖，宁武县挖洞村及五台县陈家庄、金岗库。

生长环境 喜湿，具有一定耐寒性；多见于湿地、沼泽地或盐碱湿草地。

主要用途 叶葱绿繁密，在园林中可作为湿地、沼泽地区的地被植物；药用，具有消炎、止泻作用，藏医常用治眼痛、腹泻。

海韭菜 ♂

学　名：*Triglochin maritima* L.

形态特征　多年生草本，植株稍粗壮。根茎短，着生多数须根，常有棕色叶鞘残留物。叶基生，条形，长 7–30 厘米，宽 1–2 毫米，基部具鞘，鞘缘膜质，顶端与叶舌相连。花葶直立，较粗壮，圆柱形，光滑，中上部着生多数较紧密的花，呈顶生总状花序，无苞片，花梗长约 1 毫米，开花后长可达 2–4 毫米；花两性；花被片 6 枚，绿色，2 轮排列，外轮呈宽卵形，内轮较狭；雄蕊 6 枚，分离，无花丝；雌蕊淡绿色，由 6 枚合生心皮组成，柱头毛笔状。蒴果椭圆形或卵形，具 6 棱，长 3–5 毫米，直径约 2 毫米，成熟后呈 6 瓣开裂。

花期果期　6–9 月开花期，10 月果熟期。

地理分布　产于河津县黄河河滩。

生长环境　喜潮湿环境；多见于沼泽、半沼泽、湿润沙地、海边及盐滩等处。

主要用途　饲用植物，羊和山羊喜食；药用，清热养阴，生津止渴。

32

禾本科
Poaceae

草本，少木本。根多为须根。秆有明显的节，节间中空或实心。叶互生，2 行排列，叶片常狭长，有平行脉，叶鞘抱茎；叶片和叶鞘交界处有呈膜片状或毛状的叶舌，少无叶舌。花序由小穗排列而成，有穗状花序、总状花序、指状花序、圆锥花序等式；小穗含 1 至多数小花，2 行排列在小穗轴上；花小，两性、单性或中性；3-6 枚雄蕊及 1 枚雌蕊组成；雄蕊花丝细长，花药丁字形着生，雌蕊子房 1 室，1 胚珠，花柱 2，其上端生有羽毛状的柱头。果实为颖果；种子含有小的胚和丰富的胚乳。

32.1 披碱草属 *Elymus* L.

多年生丛生草本。叶扁平或内卷。穗状花序顶生，直立或下垂；小穗常 2-4(6）枚同生于穗轴的每节，或在上、下两端每节可有单生者，含 3-7 小花；颖锥形、线形以至披针形，先端尖以至形成长芒，具 3-5(7）脉，脉上粗糙；外稃先端延伸成长芒或短芒以至无芒，芒多少反曲。

老芒麦 ♂

学　名：*Elymus sibiricus* L.

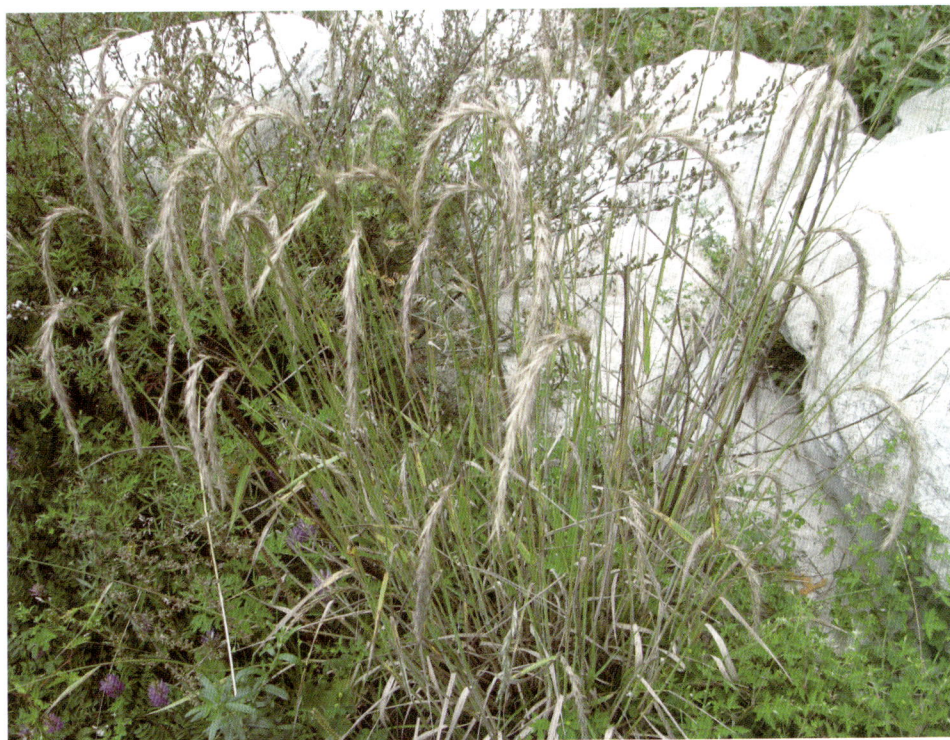

形态特征　秆单生或成疏丛，直立或基部稍倾斜，高 60-90 厘米，粉红色，下部的节稍呈膝曲状。叶鞘光滑无毛；叶片扁平，有时上面生短柔毛，长 10-20 厘米，宽 5-10 毫米。穗状花序较疏松而下垂，通常每节具 2 枚小穗，有时基部和上部的各节仅具 1 枚小穗；穗轴边缘粗糙或具小纤毛；小穗灰绿色或稍带紫色；颖狭披针形，长 4-5 毫米，具 3-5 明显的脉，脉上粗糙，背部无毛，先端渐尖或具长达 4 毫米的短芒；外稃披针形，背部粗糙无毛或全部密生微毛，具 5 脉，脉在基部不太明显，第 1 外稃长 8-11 毫米，顶端芒粗糙，稍展开或反曲；内稃几与外稃等长，先端 2 裂，脊上全部具有小纤毛，脊间亦被稀少而微小的短毛。

花期果期　6-8 月开花期，8-9 月果熟期。

地理分布　产于析城山、五台山、大同、忻州、吕梁、太原、晋中。

生长环境　耐寒、耐湿，对土壤要求不严；生长于海拔 1400-1700 米的山坡、路旁、丘陵、山地林缘等。

主要用途　优等牧草；水土保持资源植物。

鹅观草 ♂

学　名：*Elymus kamoji* (Ohwi) S. L. Chen

俗　称：弯穗鹅观草、柯孟披碱草

形态特征 秆直立或基部倾斜，高 30–100 厘米。叶鞘外侧边缘常具纤毛；叶片扁平，长 5–40 厘米，宽 3–13 毫米。穗状花序长 7–20 厘米，弯曲或下垂；小穗绿色或带紫色，长 13–25 毫米（芒除外），含 3–10 小花；颖卵状披针形至长圆状披针形，先端锐尖至具短芒（芒长 2–7 毫米），边缘为宽膜质，第 1 颖长 4–6 毫米，第 2 颖长 5–9 毫米；外稃披针形，具有较宽的膜质边缘，背部以及基盘近于无毛或仅基盘两侧具有极微小的短毛，上部具明显的 5 脉，脉上稍粗糙，第 1 外稃长 8–11 毫米，先端延伸成芒，芒粗糙，直立或上部稍有曲折，长 20–40 毫米；内稃与外稃约等长，先端钝头，脊显著具翼，翼缘具有细小纤毛。

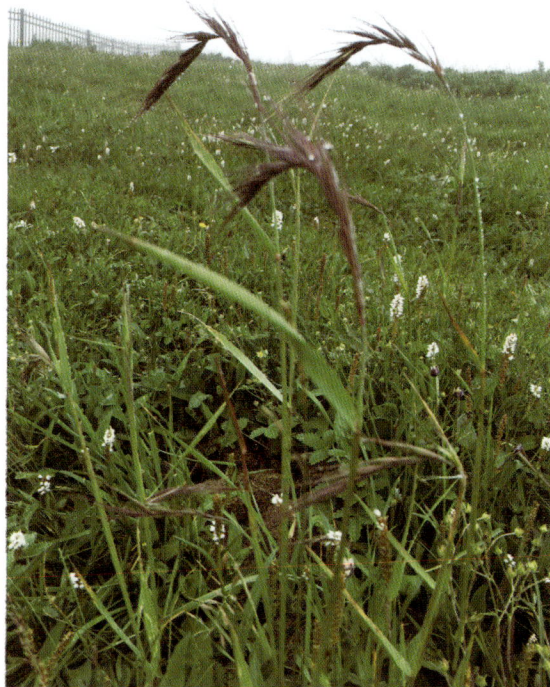

花期果期 6–8 月开花期，8–9 月果熟期。

地理分布 在山西各地均有分布。

生长环境 耐寒；生长于海拔 100–2300 米的山坡和湿润草地。

主要用途 优良牧草。

32.2 赖草属 *Leymus* Hochst.

多年生草本。具横走和直伸根茎。叶片常内卷且质地较硬。小穗常以 1-5 枚簇生于穗轴的每节，小穗轴多少扭转，致使颖与稃体位置改变而不在一个面上，颖自披针形变至窄披针形或锥刺状；小穗含 2 至数小花；颖具 3-5 脉，为锥刺状者仅具 1 脉；外稃披针形，先端渐尖，无芒或具小尖头；内稃的脊上具细刺毛或无毛；子房被毛。颖果扁长圆形。

羊草 ♂

学　名: *Leymus chinensis* (Trin.) Tzvel.

形态特征　多年生草本。具下伸或横走根茎；须根具沙套。秆散生，直立，高 40–90 厘米，具 4–5 节。叶鞘光滑，基部残留叶鞘呈纤维状，枯黄色；叶舌截平，顶具裂齿，纸质，长 0.5–1 毫米；叶片扁平或内卷，上面及边缘粗糙，下面较平滑。穗状花序直立，长 7–15 厘米，宽 10–15 毫米；穗轴边缘具细小睫毛，节间长 6–10 毫米，最基部的节长可达 16 毫米；小穗长 10–22 毫米，含 5–10 小花，通常 2 枚生于 1 节，或在上端及基部者常单生，粉绿色，成熟时变黄；小穗轴节间光滑；颖锥形，长 6–8 毫米，等于或短于第 1 小花，不覆盖第 1 外稃的基部，质地较硬，具不显著 3 脉，背面中下部光滑，上部粗糙，边缘微具纤毛；外稃披针形，具狭窄膜质的边缘，顶端渐尖或形成芒状小尖头，背部具不明显的 5 脉，基盘光滑，第 1 外稃长 8–9 毫米；内稃与外稃等长，先端常微 2 裂，上半部脊上具微细纤毛或近于无毛；花药长 3–4 毫米。

花期果期　6–8 月开花期，8–9 月果熟期。

地理分布　在山西各地均有分布。

生长环境　喜温，耐寒、耐旱、耐碱、耐瘠薄、耐践踏，在湿润的沙壤质栗钙土和黑钙土上生长良好；生境范围较广，多生于平原绿洲。

主要用途　优等牧草；是改良碱地、保护渠道及保持水土资源植物；茎秆是很好的造纸原料。

赖草 ♂

学 名: *Leymus secalinus* (Georgi) Tzvel.

形态特征 多年生草本。具下伸和横走的根茎。秆单生或丛生, 直立, 高 40-100 厘米, 具 3-5 节, 光滑无毛或在花序下密被柔毛。叶鞘光滑无毛, 或在幼嫩时边缘具纤毛; 叶舌膜质, 截平, 长 1-1.5 毫米; 叶片长 8-30 厘米, 宽 4-7 毫米, 扁平或内卷, 上面及边缘粗糙或具短柔毛, 下面平滑或微粗糙。穗状花序直立, 灰绿色; 穗轴被短柔毛, 节与边缘被长柔毛, 节间长 3-7 毫米, 基部者长达 20 毫米; 小穗通常 2-3 稀 1 或 4 枚生于每节; 小穗轴节间长 1-1.5 毫米, 贴生短毛; 颖短于小穗, 线状披针形, 先端狭窄如芒, 不覆盖第 1 外稃的基部, 具不明显的 3 脉, 上半部粗糙, 边缘具纤毛, 第 1 颖短于第 2 颖, 长 8-15 毫米; 外稃披针形, 边缘膜质, 先端渐尖或具长 1-3 毫米的芒, 背具 5 脉, 被短柔毛或上半部无毛, 基盘具长约 1 毫米的柔毛, 第一外稃长 8-14 毫米; 内稃与外稃等长, 先端常微 2 裂, 脊的上半部具纤毛。

花期果期 6-8 月开花期, 8-9 月果熟期。

地理分布 在山西各地均有分布。

生长环境 生境范围较广, 耐寒、耐旱, 在一定程度上耐盐渍; 多生于沙地、平原绿洲及山地草原带。

主要用途 良等牧草; 又可改良碱地、保护渠道及保持水土资源; 根茎或全草入药, 有清热利湿、止血之功效。

32.3 冰草属 *Agropyron* Gaertn.

多年生草本。根外常具沙套，通常不具根茎。秆仅具少数节，直立或基部常呈膝曲状。叶鞘紧密裹茎；叶舌膜质；叶片常内卷。穗状花序顶生，穗轴节间短缩，常密生毛，每节着生 1 枚小穗，顶生小穗常退化；小穗互相密接而呈覆瓦状，含 3-11 小花；颖具 1-3 脉（亦有具 5-7 脉者），两侧具宽膜质边缘，背部主脉形成明显的脊，先端具芒尖或短芒；外稃具 5 脉，中脉形成脊，尤以上部更为明显，先端常具芒尖或短芒，基盘明显；内稃略与外稃等长或稍长，先端常 2 裂；花药长为内稃之半。颖果与稃片贴合而不易脱落。

冰草 ♂

学　名: *Agropyron cristatum* (L.) Gaertn.

形态特征　多年生草本。须根稠密，外具沙套。秆成疏丛，上部紧接花序部分被短柔毛或无毛，有时分蘖横走或下伸成长达 10 厘米的根茎。叶片长 5–15（20）厘米，宽 2–5 毫米，质较硬而粗糙，常内卷，上面叶脉强烈隆起成纵沟，脉上密被微小短硬毛。穗状花序较粗壮，矩圆形或两端微窄；小穗紧密平行排列成两行，整齐呈篦齿状，含（3）5–7 小花，长 6–9（12）毫米；颖舟形，脊上连同背部脉间被长柔毛，第 1 颖长 2–3 毫米，第 2 颖长 3–4 毫米，具略短于颖体的芒；外稃被有稠密的长柔毛或被显著稀疏柔毛，顶端具短芒长 2–4 毫米；内稃脊上具短小刺毛。

花期果期　7–8 月开花期，8–9 月果熟期。

地理分布　产于阳高、左云、右玉、平鲁、应县、朔州等地。

生长环境　耐寒冷、耐旱、抗盐碱、不耐涝；生长于干燥草地、山坡、丘陵以及沙地。

主要用途　优良牧草；水土保持、固土护坡的优质植物资源；做景观草地配置草种使用。

32.4 **早熟禾属 Poa L.**

多年生或一年生草种，疏丛型或密丛型。有些具匍匐根状茎。叶鞘开放，或下部闭合；叶舌膜质；叶片扁平，对折或内卷。圆锥花序开展或紧缩；小穗含 2-8 小花，上部小花常不发育；两颖不等或近相等，颖具 1~3 脉；外稃无芒，具 5 脉，中脉成脊，背部大多无毛，脊与边脉下部具柔毛，基盘常具绵毛；内稃等长或稍短于其外稃。颖果长圆状纺锤形，与内外稃分离；种脐点状，胚比 1/5 左右。

细叶早熟禾 ♂

学 名：*Poa pratensis* subsp. *angustifolia* (Linnaeus) Lejeun

形态特征 多年生草本。具匍匐根状茎。秆丛生，直立，高 30–60 厘米，平滑无毛。叶鞘稍短于其节间而数倍长于其叶片；叶舌截平；叶片狭线形，对折或扁平，茎生叶长 3–9 厘米，宽约 2 毫米；分蘖叶片内卷，长达 20 厘米，宽约 1 毫米。圆锥花序长圆形；分枝直立或上升，微粗糙；3–5 枚着生于各节，基部主枝长 2–5 厘米，裸露部分长 1–2 厘米，侧生小穗柄短；小穗卵圆形，长 4–5 毫米，含 2–5 小花，绿色或带紫色；颖近相等，顶端尖，脊上微粗糙，第 1 颖稍短，具 1 脉；外稃顶端尖，具狭膜质，脊与边脉在中部以下具长柔毛，间脉明显，基盘密生长绵毛，内稃等长或稍长于其外稃，脊具短纤毛；花药长约 1.2 毫米。颖果纺锤形，扁平，长约 2 毫米。

花期果期 6–7 月开花期，7–9 月果熟期。

地理分布 产于吕梁、运城等地。

生长环境 耐旱、耐寒，再生性强，在棕壤和山地褐土，多砾石的条件下生长良好；生长于海拔 500–2300 米的松栎林缘、较平缓的山坡草地。

主要用途 优良牧草；草坪绿化环保植物。

硬质早熟禾 ♂

学　名：*Poa sphondylodes* Trin.

形态特征　多年生，密丛型禾草。秆直立，高 30–60 厘米，具 3–4 节，顶节特长，裸露，位于中部以下。叶鞘基部带淡紫色，长于其叶片；叶舌先端尖；叶片狭长，长 3–7 厘米，宽 1 毫米。圆锥花序紧缩而稠密；主轴各节具 4–5 枚着分枝，基部着生小穗；小穗绿色，熟后草黄色；颖具 3 脉，先端锐尖；外稃具 5 脉，间脉不明显，先端极窄膜质下带黄铜色，脊下部 2/3 和边脉下部 1/2 具长柔毛，基盘具中量绵毛；内稃等长或稍长于外稃。颖果，腹面有凹槽。

花期果期　5–6 月开花期，7–8 月结果期。

地理分布　产于沁源、阳城、吕梁、大同、朔州、河曲、偏关、保德、岢岚、五寨、宁武、五台等地。

生长环境　喜阳光、耐寒、耐旱、生态幅度广，在栗钙土及碳酸盐褐土上生长良好；生长于山坡草地、路旁、地埂。

主要用途　良等牧草，夏秋季抓膘牧草；用于运动场和绿化草地栽培；地上部分入药，具清热解毒、利尿通淋的功效。

西伯利亚早熟禾 ♂

学　名：*Poa sibirica* Roshev.

形态特征　多年生草本。秆直立或倾斜，疏丛型，高 50–100 厘米，具 3–4 节，质软，光滑。叶鞘短于其节间，多少具脊，无毛，顶生者长 12–18 厘米；叶舌长 0.5–2 毫米；叶片扁平，平滑，茎生者长 5–10 厘米，宽 2–5 毫米，分蘖叶细长。圆锥花序金字塔形，疏松开展，长 10–15 厘米，主轴每节具 2–5 分枝，下部节间长 2–4 厘米；分枝微粗糙或下部平滑，毛细管状，基部主枝长达 7 厘米，中部以下裸露；小穗长 4–5 毫米，含 2–5 小花，绿色或带紫黑色；颖披针形，锐尖，脊上部和脉微粗糙，第 1 颖长 2–2.5 毫米，具 1 脉，第 2 颖长 2.5–3 毫米，具 3 脉；外稃具明显的 5 脉，全部无毛，基盘无绵毛，先端急尖，具狭膜质，上部稍粗糙，第 1 外稃长 3–3.5（3.8）毫米；内稃等长或稍长于外稃，先端微凹，脊具细锯齿，脊间散生微毛；花药长 1.5–2 毫米。

花期果期　6–7 月开花期，7–8 月果熟期。

地理分布　产于忻州五台山。

生长环境　喜光、喜凉爽潮湿；生长于海拔 1700–2800 米的林缘、灌丛间草甸、山坡草地河谷及亚高山草甸。

主要用途　优良牧草；草坪绿化、球场建坪环保植物。

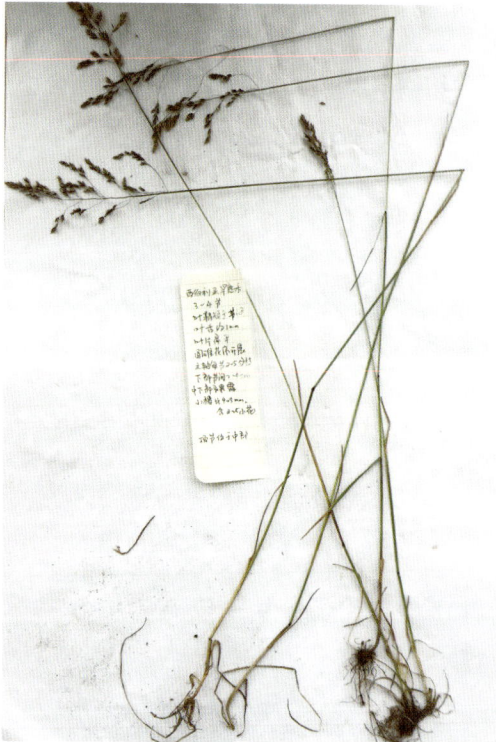

草地早熟禾 ♂

学　名: *Poa pratensis* L.

俗　称: 多花早熟禾、绿早熟禾

版权所有 © 朱鑫鑫@PPBC.cn/6231502　　版权所有 © 朱鑫鑫@PPBC.cn/6231510

形态特征　多年生草本。具发达的匍匐根状茎。秆疏丛生，直立，高 50–90 厘米，具 2–4 节。叶鞘平滑或粗糙，长于其节间，并较其叶片长；叶舌膜质，长 1–2 毫米，蘖生叶较短；叶片线形，扁平或内卷，长 30 厘米左右，宽 3–5 毫米，顶端渐尖，平滑或边缘与上面微粗糙，蘖生叶片较狭长。圆锥花序金字塔形或卵圆形；分枝开展，每节 3–5 枚，微粗糙或下部平滑，2 次分枝，小枝上着生 3–6 枚小穗，基部主枝长 5–10 厘米，中部以下裸露；小穗柄较短；小穗卵圆形，绿色至草黄色，含 3–4 小花，长 4–6 毫米；颖卵圆状披针形，顶端尖，平滑，有时脊上部微粗糙，第 1 颖长 2.5–3 毫米，具 1 脉，第 2 颖长 3–4 毫米，具 3 脉；外稃膜质，顶端稍钝，具少许膜质，脊与边脉在中部以下密生柔毛，间脉明显，基盘具稠密长绵毛；第 1 外稃长 3–3.5 毫米；内稃较短于外稃，脊粗糙至具小纤毛；花药长 1.5–2 毫米。颖果纺锤形，具 3 棱，长约 2 毫米。

花期果期　5–6 月开花期，7–9 月结实期。

地理分布　产于屯留、沁县、沁水、灵石、介休、运城、永济、五台、宁武、五寨、翼城、霍州、方山、中阳。

生长环境　生长于海拔 500–4000 米的湿润草甸、沙地、草坡、山地。

主要用途　为重要牧草和草坪水土保持资源，各地普遍引种栽植。

32.5 羊茅属 *Festuca* L.

多年生草本，密丛或疏丛。叶片扁平、对折或纵卷，基部两侧具披针形叶耳或无；叶舌膜质或革质；叶鞘开裂或新生枝叶鞘闭合但不达顶部。圆锥花序开展或紧缩；小穗含2至多数小花，顶花常发育不全；小穗轴微粗糙或平滑，脱节于颖之上或诸小花之间；颖短于第1外稃，顶端钝或渐尖，第1颖较小，具1脉，第2颖具3脉；外稃草质兼硬纸质，具狭膜质的边缘，顶端或其裂齿间具芒或无芒，具5脉；内稃脊粗糙或近于平滑；雄蕊3；子房顶端平滑或被毛。颖果长圆形或线形，腹面具沟槽或凹陷，分离或多少附着于内稃。

紫羊茅 ♂

学　名：*Festuca rubra* L.

形态特征　多年生草本，疏丛或密丛生。具短根茎或具根头。秆直立，平滑无毛，具2节。叶鞘粗糙，基部者长于而上部者短于节间；叶舌平截，具纤毛，长约0.5毫米，叶片对折或边缘内卷，稀扁平，两面平滑或上面被短毛。圆锥花序狭窄，疏松，花期开展，长7-13厘米；分枝粗糙，长2-4厘米，基部者长可达5厘米，1/3-1/2以下裸露；小穗淡绿色或深紫色，长7-10毫米；小穗轴节间长约0.8毫米，被短毛；颖片背部平滑或微粗糙，边缘窄膜质，顶端渐尖，第1颖窄披针形，具1脉，长2-3毫米，第2颖宽披针形，具3脉，长3.5-4.5毫米；外稃背部平滑或粗糙或被毛，顶端芒长1-3毫米，第1外稃长4.5-5.5毫米；内稃近等长于外稃，顶端具2微齿，两脊上部粗糙；花药长2-2.5毫米；子房顶端无毛。

花期果期	6–8 月开花期，8–9 月果熟期。。
地理分布	产于历山舜王坪、五台山。
生长环境	喜凉爽湿润，耐寒冷、抗旱；生长于海拔 600–3200 米的山坡草地、高山草甸、河滩、路旁、灌丛、林下等。
主要用途	优良牧草；草坪植物，水土保持、固土护坡的优质植物资源，做景观草地配置草种使用，果园覆盖植物。

32.6 落草属 *Koeleria* Pers.

多年生密丛草本。短根茎。叶鞘在基部分蘖者常闭合，叶片扁平或纵卷。顶生圆锥花序，分枝常较短，小穗含 2-4 个两性小花，小穗轴被毛或无毛，脱节于颖以上，延伸于顶生内稃之后呈刺状；颖披针形或卵状披针形，稍不等长，边缘膜质而有光泽；外稃纸质，有光泽，边缘及先端宽膜质，具 3-5 脉，基盘钝圆，顶端尖或在近顶端处伸出 1 短芒；内稃与外稃几等长，膜质，具 2 脊，基盘钝圆，内稃与外稃几等长。

芒落草 ♂

学 名: *Koeleria litvinowii* Dom.

形态特征　多年生密丛草本。秆高 25–50 厘米，花序下被柔毛。叶鞘大多长于节间或稍短于节间，遍布柔毛，上部叶鞘膨大；叶舌膜质，边缘须状；叶片扁平，边缘具较长的纤毛，两面被短柔毛。圆锥花序穗状，长圆形；主轴及分枝均密被短柔毛，小穗含 2–3 个小花；颖长圆形至披针形，第 1 颖具 1 脉，第 2 颖基部具 3 脉；外稃披针形；内稃短于外稃。

花期果期	6–8 月开花期，8–9 月果熟期。
地理分布	产于五台山、析城山。
生长环境	耐寒、耐旱，在土层较深厚、湿润的地方生长良好；生长于海拔 200 米以上的亚高山草甸和高山草甸。
主要用途	良等牧草；也可做景观草。

落草 ♂

学　名: *Koeleria macrantha* (Ledeb.) Schult.

形态特征　多年生草本，密丛。秆直立，具 2-3 节，高 25-60 厘米，在花序下密生绒毛。叶鞘灰白色或淡黄色，无毛或被短柔毛，枯萎叶鞘多撕裂残存于秆基；叶舌膜质，截平或边缘呈细齿状；叶片灰绿色，线形，常内卷或扁平，长 1.5-7 厘米，宽 1-2 毫米，下部分蘖叶长 5-30 厘米，宽约 1 毫米，被短柔毛或上面无毛，上部叶近于无毛，边缘粗糙。穗状圆锥花序，下部间断，有光泽，草绿色或黄褐色，主轴及分枝均被柔毛；小穗长 4-5 毫米，含 2-3 小花，小穗轴被微毛或近于无毛，长约 1 毫米；颖倒卵状长圆形至长圆状披针形，先端尖，边缘宽膜质，脊上粗糙，第 1 颖具 1 脉，长 2.5-3.5 毫米，第 2 颖具 3 脉，长 3-4.5 毫米；外稃披针形，先端尖，具 3 脉，边缘膜质，背部无芒，稀顶端具长约 0.3 毫米之小尖头，基盘钝圆，具微毛，第 1 外稃长约 4 毫米；内稃膜质，稍短于外稃，先端 2 裂，脊上光滑或微粗糙；花药长 1.5-2 毫米。

花期果期　6-8 月开花期，8-9 月果熟期。

地理分布　产于关帝山、介休、永济、稷山、洪洞县、晋城等地。

生长环境　生长于山坡、草地或路旁。

主要用途　良等牧草；也可做景观草。

32.7 三毛属 *Trisetum* Pers.

多年生草本，丛生或单生。叶片窄狭而扁平。圆锥花序多开展或紧缩呈穗状；小穗常含 2-3 小花，稀 4-5 小花，小穗轴节间具柔毛，并延伸于顶生内稃之后，呈刺状或具不育小花；颖草质或膜质，先端尖或渐尖，宿存，不等长，第 1 颖较第 2 颖短，具 1-3 脉；外稃披针形，两侧压扁，纸质而具膜质边缘，顶端常具 2 裂齿，基盘被微毛，自背部 1/2 以上处生芒；内稃透明膜质，等长或较短于外稃，具 2 脊，脊粗糙；鳞被 2，透明膜质，长圆形或披针形，顶端常 2 裂或齿裂。

穗三毛草 ♂

学　名：*Trisetum spicatum* (L.) Richt.

俗　称：穗三毛

形态特征　多年生草本。须根细弱，稠密。秆直，密集丛生，花序以下通常具绒毛，高8–30厘米（有时仅高5厘米即抽穗），具1–3节。叶鞘松弛，密生柔毛，基部者长于节间；叶舌透明膜质，长1–2毫米，顶端常撕裂；叶片扁平或纵卷，被密或疏的柔毛，稀无毛。圆锥花序常稠密，紧缩呈穗状，卵圆形至长圆形或狭长圆形，下部有时间断，长1.5–7厘米，宽0.5–2厘米，浅绿色或紫红色，有光泽，分枝短，被柔毛，直立或斜向上升；小穗卵圆形，长4–6毫米，含2–3小花（常为2小花）；小穗轴节间被几等长的柔毛；颖透明膜质，近相等，中脉粗糙，第1颖长4–5.5毫米，具1脉，第2颖长5–6毫米，具3脉；第1外稃长4–5毫米，背部粗糙，顶端2齿裂，基盘被短毛，自稃体顶端以下约1.5毫米处生芒，其芒长3–4毫米，向外反曲；内稃略短于外稃，具2脊，脊上粗糙；鳞被2，透明膜质，顶端2裂或不规则齿裂；花药黄色或带紫红色。

花期果期　6–8月开花期，8–9月果熟期。

地理分布　产于繁峙县伯强太平沟，五台县台山鸿门岩。

生长环境　生长于海拔2000–2500米的山坡阳处。

主要用途　良好牧草；也可做景观草。

32.8 发草属 *Deschampsia* P. Beauv.

多年生草本。叶片卷折或扁平。顶生圆锥花序紧缩呈穗状或疏松且开展；小穗常含 2-3 小花，稀 3-5 小花；小穗轴脱节于颖以上，具柔毛，并延伸于顶生内稃之后；颖膜质，几相等，长于、等于或略短于小穗，具 1-3 脉；外稃膜质，顶端常为啮蚀状，基盘具毛，芒自稃体背部伸出，直立或膝曲；内稃薄膜质，几等于外稃；鳞被 2；雄蕊 3；花柱短而不显著，柱头帚刷状。

发草 ♂

学 名：*Deschampsia cespitosa* (Linnaeus) P. Beauvois

形态特征 多年生密丛型禾草。须根柔韧。秆直立或基部稍膝曲，丛生，高 30–150 厘米，具 2-3 节。叶鞘上部者常短于节间，无毛；叶舌膜质，先端渐尖或 2 裂；叶片质韧，常纵卷或扁平，分蘖者长达 20 厘米。圆锥花序疏松开展，常下垂，长 10–20 厘米，分枝细弱，平滑或微粗糙，中部以下裸露，上部疏生少数小穗；小穗草绿色或褐紫色，含 2 小花；小穗轴节间长约 1 毫米，被柔毛；颖不等，第 1 颖具 1 脉，长 3.5–4.5 毫米，第 2 颖具 3 脉，等于或稍长于第 1 颖；第 1 外稃长 3–3.5 毫米，顶端啮蚀状，基盘两侧毛长达稃体的 1/3，芒自稃体基部 1/4–1/5 处伸出，直立，稍短于或略长于稃体；内稃等长或略短于外稃；花药长约 2 毫米。

花期果期 7–8 月开花期，8–9 月果熟期。

地理分布 产于五台山。

生长环境 喜温凉气候，耐寒、喜湿润、在沼泽草甸土、低湿沙土及山地草甸土均生长良好；生长于海拔 1500–3000 米的河滩地、灌丛中及草甸草原。

主要用途 优良牧草；建立人工草地优良草种；秆细长柔韧，适于编织草帽。

32.9 异燕麦属 *Helictochloa* Romero Zarco

多年生草本。具开展或紧缩而有光泽的顶生圆锥花序；小穗含 2 至数小花，小穗轴节间具毛，脱节于颖之上及各小花之间；颖几相等，等长或短于小花，具 1-5 脉，边缘宽膜质；外稃成熟时下部较硬，上部薄膜质，常浅裂为 2 尖齿，背部为圆形，具数脉，常于中部附近着生扭转膝曲的芒，基盘钝而具毛；内稃 2 脊具纤毛；雄蕊 3；子房有毛。

异燕麦 ♂

学　名：*Helictochloa hookeri* (Scribn.) Romero Zarco

俗　称：**野燕麦**

形态特征 秆少数丛生；高 25–75 厘米，无毛，通常具 2 节。叶鞘较粗糙，叶舌披针形，长 3–6 毫米；叶片平展，长 5–10 厘米，宽 2–4 毫米，基部分蘖者长达 25 厘米，两面粗糙。圆锥花序紧缩，淡褐色，有光泽，长 8–12 厘米，宽 1.5–2 厘米；分枝常孪生，粗糙，直立或稍斜升；小穗轴节间具 1–2 毫米长的柔毛；小穗具 3–6 小花（顶花退化），长 1.1–1.7 厘米；颖披针形，第 1 颖长 0.9–1.2 厘米，第 2 颖长 1–1.3 厘米；外稃具 9 脉，第 1 外稃长 1–1.3 厘米，芒长 1.2–1.5 厘米，下部约 1/3 处膝曲，芒柱稍扁，扭转；内稃甚短于外稃，第 1 内稃长 7–8 毫米，脊上部被细纤毛。

花期果期 7–8 月开花期，8–9 月果熟期。

地理分布 产于五台。

生长环境 生长于海拔 160–3400 米的山坡草原、林缘及高山较潮湿草地。

主要用途 为粮食代用品及牛马的青饲料。

32.10 黄花茅属 *Anthoxanthum* L.

多年生有香气的草本植物。圆锥花序卵形或金字塔形；小穗褐色有光泽，有 1 顶生两性小花和 2 侧生的雄性小花，两侧压扁；小穗轴脱节于颖之上，但不在小花间折断，3 小花同时脱落；颖几等长，薄膜质，宽卵形，顶端尖，有 1-5 脉，雄性花含 3 雄蕊，外稃多少变硬，古铜色，均等长于颖片，舟形，边缘具纤毛，无芒或有芒；两性花含 2 雄蕊，外稃无芒或具短尖头，等长或稍短于雄花外稃，下部有光泽，上部多少有柔毛；内稃具 1-2 脉；鳞被 2。

茅香 ♂

学　名：*Anthoxanthum nitens* (Weber) Y. Schouten et Veldkamp

形态特征　根茎细长横走，长达 30 厘米以上。秆高 50-60 厘米，无毛，3-4 节。叶鞘长于节伺，无毛，叶舌膜质，长 2-5 毫米，顶端啮蚀状；叶片长 4-10（分蘖叶达 40）厘米，宽 4-7 毫米，上面被微毛。圆锥花序卵形，长 8-10 厘米；分枝长 1-3 厘米，2-3 枚簇生，下部裸露；小穗黄褐色，长 5-6 毫米；颖等长或第 1 颖稍短，1-3 脉；雄花外稃稍短于颖，顶端具小尖头，背部向上渐被微毛，边缘具纤毛；两性花外稃长 2.5-3.5 毫米，上部被短毛。

花期果期　6-8 月开花期，8-9 月果熟期。

地理分布　产于中阳县刘家坪铁河沟、棋盘山，稷山县，太原南郊等地。

生长环境　生长于阴被或潮湿地。

主要用途　根茎蔓延可巩固坡地，防止水土流失；含香豆素，可做香草浸剂。

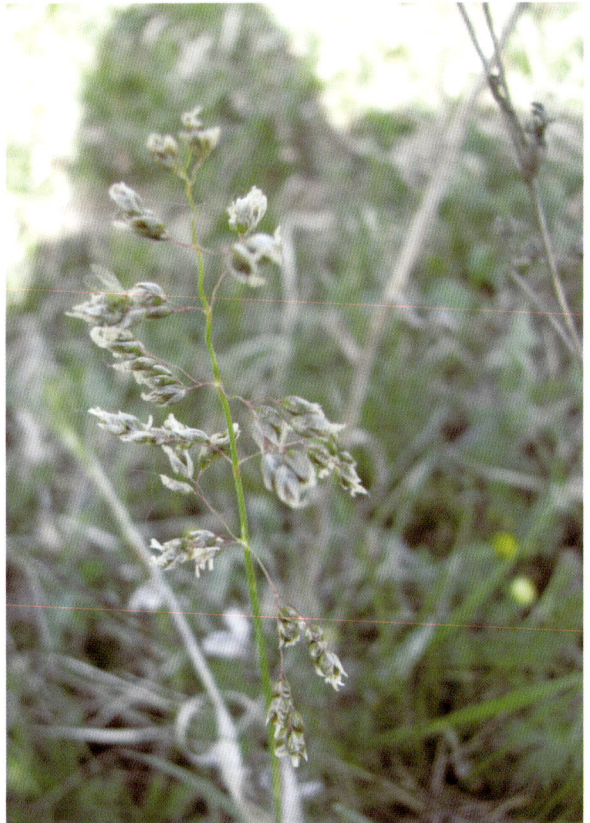

32.11 拂子茅属 *Calamagrostis* A.

多年生粗壮草本。叶片线形，先端长渐尖。圆锥花序紧缩或开展；小穗线形，常含1小花，小穗轴脱节于颖之上，通常不延伸于内稃之后，或稍有极短的延伸；两颖近于等长，有时第1颖稍长，锥状狭披针形，先端长渐尖，具1脉或第2颖具3脉；外稃透明膜质，短于颖片，先端有微齿或2裂，芒自顶端齿间或中部以上伸出，基盘密生丝状毛；内稃细小而短于外稃。

假苇拂子茅 ♂

学　名: *Calamagrostis pseudophragmites* (Hall. F.) Koel.

形态特征　秆直立，高40–100厘米，直径1.5–4毫米。叶鞘平滑无毛，或稍粗糙，短于节间，有时在下部者长于节间；叶舌膜质，长4–9毫米，长圆形，顶端钝而易破碎；叶片长10–30厘米，宽1.5–5（7）毫米，扁平或内卷，上面及边缘粗糙，下面平滑。圆锥花序长圆状披针形，疏松开展，分枝簇生，直立、细弱、稍粗糙；小穗长5–7毫米，草黄色或紫色；颖线状披针形，成熟后张开，顶端长渐尖，不等长，第2颖较第1颖短1/4–1/3，具1脉或第2颖具3脉，主脉粗糙；外稃透明膜质，长3–4毫米，具3脉，顶端全缘，稀微齿裂，芒自顶端或稍下伸出，细直、细弱，长1–3毫米，基盘的柔毛等长或稍短于小穗；内稃长为外稃的1/3–2/3；雄蕊3，花药长1–2毫米。

花期果期　7–8月开花期，8–9月果熟期。

地理分布　产于右玉、繁峙县、代县、临县、关帝山、中阳、离石、中阳、夏县、蒲县等地。

生长环境　喜阴湿；生长于海拔350–2500米的山坡草地或河岸阴湿之处。

主要用途　做牧草使用；水土保持植物资源、防沙固堤材料；做景观草地配置草种使用，河溪湿草地生态恢复的群落辅助草种；造纸及人造纤维工业的原料。

243

拂子茅 ♂

学　名：*Calamagrostis epigeios* (L.) Roth

形态特征　多年生草本。具根状茎。秆直立，平滑无毛或花序下稍粗糙，高 45–100 厘米，直径 2–3 毫米。叶鞘平滑或稍粗糙，短于或基部者长于节间；叶舌膜质，长 5–9 毫米，长圆形，先端易破裂；叶片长 15–27 厘米，宽 4–13 毫米，扁平或边缘内卷，上面及边缘粗糙，下面较平滑。圆锥花序紧密，圆筒形，直立、具间断，中部直径 1.5–4 厘米，分枝粗糙，直立或斜向上升；小穗长 5–7 毫米，淡绿色或带淡紫色；两颖近等长或第 2 颖微短，先端渐尖，具 1 脉，第 2 颖具 3 脉，主脉粗糙；外稃透明膜质，长约为颖之半，顶端具 2 齿，基盘的柔毛几与颖等长，芒自稃体背中部附近伸出，细直，长 2–3 毫米；内稃长约为外稃的 2/3，顶端细齿裂；小穗轴不延伸于内稃之后，或有时仅于内稃之基部残留 1 微小的痕迹；雄蕊 3，花药黄色，长约 1.5 毫米。

花期果期　5–8 月开花期，8–9 月果熟期。

地理分布　产于析城山、偏关、方山、代县、离石、乡宁、交城。

生长环境　喜湿、抗盐碱；生长于海拔 160–3900 米的潮湿地及河岸沟渠旁。

主要用途　优良牧草；是水土保持、固土护坡的优质植物资源；做景观草地配置草种使用，河溪湿草地生态恢复的群落辅助草种。

32.12　剪股颖属 *Agrostis* L.

　　一年生或多年生丛生草本。叶鞘抱茎，长或短于节间；叶舌膜质，先端有齿或破裂；叶片扁平或内卷呈针状。小穗含 1 小花，退化小穗轴多消失，稀存在；颖片 2 枚，先端急尖、渐尖，无芒，具 1 脉，脉上粗糙或被短硬毛；外稃白色，膜质，一般短于颖片，先端平截或圆钝，有的急尖，外表面有时被毛，一般光滑，具 5 脉；基盘光滑或两侧簇生短毛；内稃一般短于外稃，稀等长，长圆形、卵形或倒卵形，先端全缘或平截，有齿或裂，具 2 脉；鳞被 2，近披针形，透明膜质；雄蕊 3，花药为外稃的 3/4-1/10；柱头被羽毛。颖果与外稃分离或紧被外稃所包，长圆形，最宽点在果实的中部或下部，具纵槽，胚小，脐长或斑点状。

巨序剪股颖 ♂

学 名： *Agrostis gigantea* Roth

形态特征 多年生草本，高 30–130 厘米。具根茎或秆的基部偃卧；秆 2–6 节，平滑。叶鞘短于节间；叶舌干膜质，长圆形，先端齿裂；叶片扁平，线形，长 5–30 厘米，宽 0.3–1 厘米，边缘和脉粗糙。花序长圆形或尖塔形，疏松或紧缩，长 10–25 厘米，宽 3–10 厘米，每节具 5 至多数分枝，稍粗糙，基部不裸露，有小穗在基部腋生；小穗草绿色或带紫色，穗梗粗糙，小穗长 2–2.5 毫米，颖片舟形，两颖等长或第 1 颖稍长，先端尖，背部具脊，脊的上部或颖的先端稍粗糙；外稃长 1.8–2 毫米，先端钝圆，无芒；基盘两侧簇生长达 0.2–0.4 毫米的毛；内稃长为外稃的 2/3–3/4，长圆形，顶端圆或微有不明显的齿。

花期果期 6–7 月开花期，7 月果熟期。

地理分布 产于兴县、宁武、浑源、代县、五台、离石、中阳、五寨、临县、交城、夏县。

生长环境 喜凉湿气候；生长于低海拔的潮湿处、山坡、山谷和草地上。

主要用途 优良牧草；也可做景观草。

丝状剪股颖 ♂

学　名： *Agrostis capillaris* Linnaeus

俗　称： 细弱剪股颖

形态特征　多年生草本，高 20–25 厘米。具短的根状茎。秆丛生，具 3–4 节，基部膝曲或弧形弯曲，上部直立，细弱，直径约 1 毫米。叶鞘一般长于节间，平滑；叶舌干膜质，长约 1 毫米，先端平；叶片窄线形，质厚，长 2–4 厘米，宽 1–1.5 毫米，干时内卷，边缘和脉上粗糙，先端渐尖。圆锥花序近椭圆形，开展，每节具 2–5 分枝，分枝斜向上升，细瘦，长 1.5–3.5 厘米，稍波状弯曲，平滑，基部无小穗；小穗紫褐色，穗梗近平滑；第一颖长 1.5–1.7 毫米，两颖近等长或第 1 颖稍长，椭圆状披针形，先端急尖，脊上粗糙；外稃长约 1.5 毫米，先端平，中脉稍凸出，无芒，基盘无毛；内稃较大，长为外稃的 2/3；花药金黄色，长 0.8–1 毫米。

花期果期　8 月开花期，9 月结果期。

地理分布　为山西特有种，产于灵石、右玉、沁源。

生长环境　喜凉爽，耐寒、耐旱和耐热性较差；生长于海拔 1000–1500 米的湿润草地。

主要用途　良等牧草；草坪植物。

(32.13) 针茅属 *Stipa* L.

多年生密丛草本。叶有基生叶与秆生叶之分，其叶舌同形或异形；叶片常纵卷如线，少数纵折、扁平。圆锥花序开展或窄狭，伸出鞘外或基部为叶鞘所包被；小穗含 1 小花，两性，脱节于颖之上；颖近等长或第 1 颖稍长，膜质或纸质，具 3-5 脉，通常窄披针形且具线状尾尖，或为较宽的披针形而具短尖头；外稃细长圆柱形，紧密包卷内稃，背部散生细毛或毛沿脉呈条状，常具 5 脉，并在外稃顶部结合向上延伸成芒，芒基与外稃顶端连接处具关节，芒一回或两回膝曲，芒柱扭转，两侧棱上全部无毛或全部具羽状毛，基盘尖锐，具髭毛；内稃等长或稍短于外稃，常被外稃包裹几不外露；鳞被披针形，3-2。颖果细长柱状，具纵长腹沟。

狼针草 ♂

学　名：*Stipa baicalensis* Roshev.

俗　称：贝加尔针茅

形态特征　秆丛生，高 50-80 厘米，3-4 节。叶鞘下部常长于节间，平滑或粗糙，基生叶舌长 0.5-1 毫米，平截或 2 裂，秆生叶舌钝圆或 2 裂，长 1.5-2 毫米，均具睫毛；叶片纵卷呈线形，基生叶长达 40 厘米，上面被疏柔毛，下面平滑。小穗灰绿或紫褐色；颖披针形，长 25-35 厘米，先端细丝状尾尖，3-5 脉；外稃长 1.1-1.4 厘米，先端关节被毛，背部具成纵行短毛，基盘长约 4 毫米，密被柔毛，芒一回膝曲，无毛，边缘微粗糙，第 1 芒柱长 3-5 厘米，扭转，第 2 芒柱长 1.5-2 厘米，稍扭转，芒针长约 10 厘米，卷曲；内稃具 2 脉；花药长约 5 毫米。

花期果期　6-8 月开花期，8-10 月果熟期。

地理分布　产于陵川、朔城、平鲁、山阴、太谷、介休、五台、岢岚、交城、岚县。

生长环境　生长于海拔 700-3500 米的山坡和草地。

主要用途　在草甸草原地区，牲畜喜食。

针茅 ♂

学　名：*Stipa capillata* L.

俗　称：克氏针茅

形态特征　秆直立，丛生，高 40–80 厘米，常具 4 节，基部宿存枯叶鞘。叶鞘平滑或稍粗糙，长于节间；叶舌披针形，基生者长 1–1.5 毫米，秆生者长 4–8（10）毫米；叶片纵卷成线形，上面被微毛，下面粗糙，基生叶长可达 40 厘米。圆锥花序狭窄，几全部含藏于叶鞘内；小穗草黄或灰白色；颖尖披针形，先端细丝状，长 2.5–3.5 厘米，第 1 颖具 1–3 脉，第 2 颖具 3–5 脉（间脉多不明显）；外稃长 1–1.2 厘米，背部具有排列成纵行的短毛，芒两回膝曲，光亮，边缘微粗糙，第 1 芒柱扭转，长 4–5 厘米，第 2 芒柱稍扭转，长约 1.5 厘米，芒针卷曲，长约 10 厘米，基盘尖锐，具淡黄色柔毛；内稃具 2 脉。颖果纺锤形，长 6–7 毫米，腹沟甚浅。

花期果期　6–7 月开花期，8 月果熟期。

地理分布　产于大同、河津、偏关、隰县。

生长环境　生长于海拔 500–2300 米的山间谷地、准平原面或石质性的向阳山坡。

主要用途　营养成分、适口性和耐牧性均很高，是草原地带的优良饲用植物。

大针茅 ♂

学 名：*Stipa grandis* P.Smirn.

形态特征 多年生密丛型禾草。秆高 50–100 厘米，具 3–4 节，基部宿存枯萎叶鞘。叶鞘粗糙或老时变平滑，下部者通常长于节间；基生叶舌长 0.5–1 毫米，钝圆，缘具睫毛，秆生者长 3–10 毫米，披针形；叶片纵卷似针状，上面具微毛，下面光滑，基生叶长可达 50 厘米。圆锥花序基部包藏于叶鞘内，长 20–50 厘米，分枝细弱，直立上举；小穗淡绿色或紫色；颖长 3–4.5 厘米，尖披针形，先端丝状，第 1 颖具 3–4 脉，第 2 颖具 5 脉；外稃长 1.5–1.6 厘米，具 5 脉，顶端关节处生 1 圈短毛，背部具贴生成纵行的短毛，基盘尖锐，具柔毛，长约 4 毫米，芒两回膝曲扭转，微糙涩，第 1 芒柱长 7–10 厘米，第 2 芒柱长 2–2.5 厘米，芒针卷曲，长 11–18 厘米；内稃与外稃等长，具 2 脉；花药长约 7 毫米。

花期果期 5–7 月开花期，7–8 月果熟期。

地理分布 产于大同、朔州、晋西北、右玉。

生长环境 耐旱，在壤质、沙壤质典型栗钙土与暗栗钙土上生长良好；生长于海拔 1200–1700 米的山坡上，多生于广阔、平坦的波状高原上，

主要用途 优良牧草；干旱草原良好的固土植物。

32.14 芨芨草属 *Neotrinia* (Tzvelev) M. Nobis, P. D. Gudkova et A. Nowak

多年生丛生草本。叶片通常内卷，稀扁平。圆锥花序顶生、狭窄或开展；小穗含 1 小花，两性，小穗轴脱节于颖之上；两颖近等长或略有上下，宿存，膜质或兼草质，先端尖或渐尖，稀钝圆；外稃较短于颖，圆柱形，厚纸质，成熟后略变硬，顶端具 2 微齿，背部被柔毛，芒从齿间伸出，膝曲而宿存，稀近于立直而脱落，基盘钝或较尖，具髯毛；内稃具 2 脉，无脊，脉间具毛，成熟后背部多少裸露；鳞被 3；雄蕊 3，花药顶端具毫毛或稀无毛。

芨芨草 ♂

学 名: *Neotrinia splendens* (Trin.) M.Nobis, P.D.Gudkova et A.Nowa

形态特征 植株具粗而坚韧外被沙套的须根。秆直立，坚硬，内具白色的髓，形成大的密丛，高 50–250 厘米，直径 3–5 毫米，节多聚于基部，具 2–3 节，平滑无毛，基部宿存枯萎的黄褐色叶鞘。叶鞘无毛，具膜质边缘；叶舌三角形或尖披针形，长 5–15 毫米；叶片纵卷，质坚韧，上面脉纹凸起，微粗糙，下面光滑无毛。圆锥花序，开花时呈金字塔形开展，主轴平滑，或具角棱而微粗糙，分枝细弱，2–6 枚簇生，平展或斜向上升，长 8–17 厘米，基部裸露；小穗长 4.5–7 毫米（除芒），灰绿色，基部带紫褐色，成熟后常变草黄色；颖膜质，披针形，顶端尖或锐尖，第 1 颖长 4–5 毫米，具 1 脉，第 2 颖长 6–7 毫米，具 3 脉；外稃长 4–5 毫米，厚纸质，顶端具 2 微齿，背部密生柔毛，具 5 脉，基盘钝圆，具柔毛，长约 0.5 毫米，芒自外稃齿间伸出，直立或微弯，粗糙，不扭转，易断落；内稃长 3–4 毫米，具 2 脉而无脊，脉间具柔毛；花药长 2.5–3.5 毫米，顶端具毫毛。

花期果期 6–7 月开花期，8–9 月果熟期。

地理分布 产于大同、朔州、忻州、晋中。

生长环境 耐旱、耐盐碱；生长于海拔 900–2600 米的微碱性的草滩及沙土山坡上。

主要用途 中等牧草，在早春幼嫩时，为牲畜良好的饲料；又可改良碱地、保护渠道及保持水土，草坪水土保持资源；其秆叶坚韧、长而光滑，为极有用之纤维植物，供造纸及人造丝，又可编织筐、草帘、扫帚等，叶浸水后，韧性极大，可做草绳。

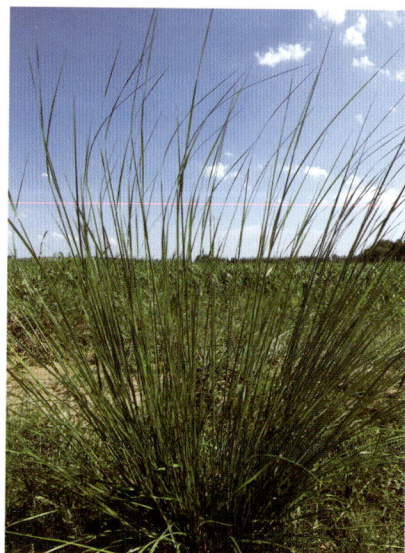

京芒草 ♂

学　名： *Achnatherum pekinense* (Hance) Ohwi

俗　称： 远东芨芨草

形态特征　多年生草本。须根细韧。秆直立，光滑，疏丛，高达150厘米，直径3-3.5毫米，具3-4节，基部具鳞芽。叶鞘较松弛，平滑，上部者短于节间；叶舌长约1毫米，平截，顶端常具裂齿；叶片扁平或边缘稍内卷，长达50厘米，宽4-10毫米，上面及边缘微粗糙，下面平滑。圆锥花序开展，长20-40厘米，分枝3-6枚簇生，细长而微粗糙，基部裸露，中部以上疏生小穗，成熟后水平开展；小穗长6-9毫米，草绿色或紫色；颖膜质，长圆状披针形，先端尖，几等长或第1颖稍短，平滑，具3脉；外稃长5-7毫米，顶端具不明显2微齿，背部密被柔毛，具3脉，脉于顶端汇合，基盘钝圆，长约0.5毫米，具短毛，芒长约2厘米，一回膝曲，芒柱扭转且具短微毛；内稃背部圆形，无脊，具2脉，脉间被柔毛；花药黄色，长4-5毫米，顶端具毫毛。颖果长约4毫米，纺锤形。

花期果期　7-8月开花期，8-9月果熟期。

地理分布　在山西各地均有分布。

生长环境　生态适应幅度较广；生长于海拔800-3000米的低矮山坡草地、山谷草丛、林缘、灌丛中及路旁。

主要用途　中等牧草，嫩草可做饲料；又可改良碱地、保护渠道及保持水土，草坪草资源。

32.15 细柄茅属 *Ptilagrostis* Griseb.

多年生禾草。叶片细丝状，圆锥花序开展或狭窄。小穗具细长的柄，含1小花，两性，颖膜质，近等长，基部常呈紫色；外稃纸质，被毛，顶端具2微齿，芒从齿间伸出，全部被柔毛，膝曲，芒柱扭转，基盘短钝，具柔毛；内稃膜质，具1-2脉，脉间具柔毛，背部圆形，常裸露于外稃之外；鳞被3；雄蕊3。

细柄茅 ♂

学　名： *Ptilagrostis mongholica* (Turcz. ex Trin.) Griseb.

形态特征　多年生草本。秆直立，密丛，高 20–60 厘米，直径约 2 毫米，通常具 2 节，平滑无毛，基部宿存枯萎的叶鞘。叶鞘紧密抱茎，微粗糙；叶舌膜质，顶端钝圆，长 1–3 毫米；叶片纵卷如针状，质地较软，秆生者长 2–4 厘米，基生者长达 20 厘米。圆锥花序开展，分枝细弱，呈细毛状，常孪生或稀单生，下部裸露，上部一至二回分叉，枝腋间或小穗柄基部膨大；小穗柄细长；小穗长 5–7 毫米，暗紫色或带灰色；颖膜质，几等长，先端尖或稍钝且粗糙，具 3–5 脉，边脉甚短；外稃长具 5 脉，顶端 2 裂，背上部粗糙，无毛，下部被柔毛，基盘稍钝，具短毛，芒长 2–3 厘米，全被长约 2 毫米的柔毛，一回或不明显的两回膝曲，芒柱扭转；内稃与外稃等长，背部圆形，下部具柔毛；花药顶端常无毛或具毛。

花期果期　7–8 月开花期，8 月果熟期。

地理分布　产于五台山。

生长环境　喜高寒、干燥气候，耐瘠薄，对土壤要求不严，在草甸土、黑钙土、栗钙土上均可生长，适宜湿润微温气候；生长于海拔 2000–3000 米的高山草原。

主要用途　优良牧草；水土保持、固土护坡的优质植物资源。

32.16　狗尾草属 *Setaria* B.

一或多年生草本。秆直立或基部膝曲。叶片线形、披针形或长披针形，扁平或具折襞，基部钝圆或窄狭呈柄状。圆锥花序通常呈穗状或总状圆柱形；小穗含 1-2 小花，椭圆形或披针形，全部或部分小穗下托以 1 至数枚由不发育小枝而成的芒状刚毛，脱节于极短且呈杯状的小穗柄上，并与宿存的刚毛分离；颖不等长，第 1 颖具 3-5 脉或无脉，第 2 颖与第 1 外稃等长或较短；具 5-7 脉；第 1 小花雄性或中性，第 1 外稃与第 2 颖同质，通常包着纸质或膜质的内稃；第 2 小花两性，第 2 外稃软骨质或革质，成熟时背部隆起或否，平滑或具点状、横条状皱纹，等长或稍长或短于第 1 外稃，包着同质的内稃；鳞被 2，楔形；雄蕊 3；花柱 2。颖果椭圆状球形或卵状球形，稍扁，种脐点状。

狗尾草 ♂

学 名: *Setaria viridis* (L.) Beauv.

形态特征 一年生草本。根为须状，高大植株具支持根。秆直立或基部膝曲，高 10–100 厘米，基部直径达 3–7 毫米。叶鞘松弛，无毛或疏具柔毛或疣毛，边缘具较长的密绵毛状纤毛；叶舌极短，缘有长 1–2 毫米的纤毛；叶片扁平，长三角状狭披针形或线状披针形，先端长渐尖，基部钝圆形，几呈截状或渐窄，通常无毛或疏被疣毛，边缘粗糙。圆锥花序紧密呈圆柱状或基部稍疏离，直立或稍弯垂，主轴被较长柔毛，刚毛长 4–12 毫米，粗糙或微粗糙，直或稍扭曲，通常绿色或褐黄到紫红或紫色；小穗 2–5 个簇生于主轴上或更多的小穗着生在短小枝上，椭圆形，先端钝，长 2–2.5 毫米，铅绿色；第 1 颖卵形、宽卵形，长约为小穗的 1/3，先端钝或稍尖，具 3 脉；第 2 颖几与小穗等长，椭圆形，具 5–7 脉；第 1 外稃与小穗等长，具 5–7 脉，先端钝，其内稃短小狭窄；第 2 外稃椭圆形，顶端钝，具细点状皱纹，边缘内卷，狭窄；鳞被楔形，顶端微凹。颖果灰白色。

花期果期 5–8 月开花期，8–10 月果熟期。

地理分布 山西各地区均有分布。

生长环境 耐旱、耐盐碱，生长于海拔 4000 米以下的荒野、道旁。

主要用途 优良牧草；水土保持、固土护坡的优质植物资源；可作为编织材料或供庭园观赏；秆、叶可做饲料，也可入药，治痈瘀、面癣；小穗可提炼糠醛。

33

莎草科
Cyperaceae

多年生草本，较少为一年生。多数具根状茎少有兼具块茎。大多数具有三棱形的秆。叶基生和秆生，一般具闭合的叶鞘和狭长的叶片。花序有穗状花序、总状花序、圆锥花序、头状花序或长侧枝聚散花序；小穗单生、簇生或排列成穗状或头状，具2至多数花；花雌雄同株，着生于鳞片（颖片）腋间，鳞片复瓦状螺旋排列或2列，无花被或花被退化成下位鳞片或下位刚毛，有时雌花为先出叶所形成的果囊所包裹；雄蕊3个；子房1室，具1个胚珠，柱头2-3个。果实为小坚果。

33.1 扁穗草属 *Blysmus* Panz. ex Schult.

多年生草本。具匍匐根状茎。秆有节或无，三棱形，平滑或粗糙。叶基生或秆生。苞片叶状，小苞片呈鳞片状；穗状花序单一，顶生，具数个至10多个小穗，排成2列或近于2列；小穗具少数两性花；鳞片复瓦状，近2列；下位刚毛存在或不发育，通常生倒刺；雄蕊3，药隔突出于花药顶端；花柱基部不膨大，脱落，柱头2。小坚果平凸状。

华扁穗草 ♂

学　名: *Blysmus sinocompressus* Tang et Wang

形态特征　多年生草本。有长的匍匐根状茎，黄色，光亮，有节，节上生根，长 2–7 厘米，直径 2.5–3.5 毫米，鳞片黑色；秆近于散生，扁三棱形，具槽，中部以下生叶，基部有褐色或紫褐色老叶鞘，高 5–26 厘米。叶平张，边略内卷并有疏而细的小齿，向顶端渐狭，顶端三棱形，短于秆，宽 1–3.5 毫米；叶舌很短，白色，膜质。苞片叶状，一般高出花序；小苞片呈鳞片状，膜质；穗状花序 1 个，顶生，长圆形或狭长圆形；小穗 3–10 个，排列成 2 列或近 2 列，密，最下部 1 至数个小穗通常远离；小穗卵披针形、卵形或长椭圆形，有 2–9 朵两性花；鳞片近 2 行排列，长卵圆形，顶端急尖，锈褐色，膜质，背部有 3–5 条脉，中脉呈龙骨状凸起，绿色；下位刚毛 3–6 条，卷曲，高出小坚果约 2 倍，有倒刺；雄蕊 3，花药狭长圆形，顶端具短尖；柱头 2，长于花柱约 1 倍。小坚果宽倒卵形，平凸状，深褐色。

花期果期　6–7 月开花期，8–9 月果熟期。

地理分布　产于太原、浑源、稷山、五台、宁武、五寨、蒲县、霍州、吕梁、离石。

生长环境　生活力强，耐霜冻，喜湿润；生长于在海拔 1000–3000 米的山溪边、河床、沼泽地、草地等潮湿地区。

主要用途　春季及初夏较柔嫩，为牦牛和马所喜食，绵羊亦采食，粗蛋白含量较高，在天然草地中有较好的饲用价值。

33.2 薹草属 *Carex* L.

多年生草本。具地下根状茎。秆丛生或散生，中生或侧生，直立，三棱形，基部常具无叶片的鞘。叶基生或兼具秆生叶，平张，少数边缘卷曲，条形或线形，基部通常具鞘。苞片叶状，少数鳞片状或刚毛状；花单性，由1朵雌花或1朵雄花组成1个支小穗，雌性支小穗外面包以边缘完全合生的先出叶，即果囊，果囊内有的具退化小穗轴，基部具1枚鳞片；小穗由多数支小穗组成，单性或两性，小穗1至多数，单一顶生或多数时排列成穗状、总状或圆锥花序；雄花具3枚雄蕊，花丝分离；雌花具1个雌蕊，花柱稍细长，有时基部增粗，柱头2-3个；果囊三棱形、平凸状或双凸状，具或长或短的喙。小坚果较紧或较松地包于果囊内，三棱形或平凸状。

翼果薹草 ♂

学 名: *Carex neurocarpa* Maxim.

形态特征 多年生草本。根状茎短，木质。秆丛生，全株密生锈色点线，粗壮，扁钝三棱形，平滑，基部叶鞘无叶片，淡黄锈色。叶短于或长于秆，平张，边缘粗糙，先端渐尖，基部具鞘，鞘腹面膜质，锈色。苞片下部叶状，显著长于花序，无鞘，上部刚毛状；小穗多数，雄雌顺序，卵形；穗状花序紧密，呈尖塔状圆柱形；雄花鳞片长圆形，锈黄色，密生锈色点线；雌花鳞片卵形至长圆状椭圆形，顶端急尖，具芒尖，基部近圆形，锈黄色，密生锈色点线；果囊长于鳞片，卵形或宽卵形，稍扁，膜质，密生锈色点线，两面具多条细脉，无毛，中部以上边缘具宽而微波状不整齐的翅，锈黄色，上部通常具锈色点线，基部近圆形，里面具海绵状组织，有短柄，顶端急缩成喙，喙口2齿裂。小坚果疏松地包于果囊中，卵形或椭圆形，平凸状，淡棕色，平滑，有光泽，具短柄，顶端具小尖头。

花期果期 6-7月开花期，8月果熟期。

地理分布 产于晋城历山、垣曲、夏县、永济。

生长环境 喜光，耐寒、耐水湿，适应性强；生长于海拔100-1700米的草甸及水边湿地。

主要用途 优良的绿化植物；其提取物具有抗病毒作用。

尖嘴薹草 ♂

学　名：*Carex leiorhyncha* C. A. Mey.

形态特征 全株密生锈色点线。根状茎短，木质。秆丛生，高20-80厘米，宽1.5-3毫米，三棱形，上部粗糙，下部平滑，基部叶鞘锈褐色。叶短于秆，宽3-5毫米，平张，先端长渐尖，基部叶鞘疏松地包茎，腹面膜质部分具横皱纹，其顶端截形。苞片刚毛状，下部1-2枚叶状，长于小穗；小穗多数，卵形，雄雌顺序；雄花鳞片长圆形，先端渐尖，长2.2-2.5毫米，淡黄色，具锈色点线；雌花鳞片卵形，先端渐尖成芒尖，长2.2-3毫米，锈黄色，边缘膜质，具紫红色点线；果囊长于鳞片，披针状卵形或长圆状卵形，平凸状，长3.5-4毫米，宽约1毫米，膜质，淡黄色或淡绿色，上部密生锈点，两面均具多条细脉，平滑，边缘无翅，基部近圆形，无海绵质，具短柄，先端渐狭成长喙，喙平滑，喙口2齿裂。小坚果疏松地包于果囊中，椭圆形或卵状椭圆形，平凸状或微双凸状，长1-1.2毫米，基部稍收缩，顶端圆形，具小尖头；花柱基部不膨大，柱头2个。

花期果期 6-7月开花期，7月果熟期。

地理分布 山西各地均有分布。

生长环境 喜湿凉气候，耐寒；生长于海拔200-2000米的山坡草地、林缘、湿地或路旁。

主要用途 优等牧草；草坪草。

无脉薹草 ♂

学　名：*Carex enervis* C. A. Mey.

俗　称：川西北薹草

形态特征　根状茎粗、长而匍匐。秆高 10–30 厘米，宽 1–1.2 毫米，三棱形，稍弯，上部粗糙，下部平滑，基部具淡褐色的叶鞘。叶短于秆，宽 2–3 毫米，平张或对折，灰绿色，边缘粗糙，先端渐尖。苞片刚毛状或鳞片状；小穗多数，雄雌顺序，较紧密地聚集成卵形或长圆形的穗状花序，花序长 1–2 厘米，宽 7–14 毫米；雌花鳞片长圆状宽卵形，先端急尖或渐尖，具短尖，长 3–3.5 毫米，宽 1.8–2 毫米，淡褐色至锈色，具极狭的白色膜质边缘，中脉 1 条。果囊与鳞片近等长，长圆状卵形或椭圆形，平凸状，长 3 毫米，宽约 1.2 毫米，纸质，禾秆色至锈色，边缘加厚，稍向腹面弯曲，通常无脉或背面基部具几条脉，腹面无脉，基部近圆形或楔形，先端渐尖成中等长的喙，喙边缘粗糙，喙口白色膜质，具 2 齿裂。小坚果稍紧包于果囊中，椭圆状倒卵形，长 1.2–1.5 毫米，宽约 1 毫米，浅灰色，具锈色花纹，有光泽；花柱基部不膨大，柱头 2 个。

花期果期　6–7 月开花期，8 月果熟期。

地理分布　产于乡宁、沁县、霍州。

生长环境　生长于海拔 2460–3100 米的潮湿处、沼泽草地或草甸。

主要用途　可引种栽培做草甸修复草种或绿化植被。

鹤果薹草 ♂

学　名： *Carex cranaocarpa* Nelmes

形态特征　根状茎斜生，木质。秆丛生，高 50–80 厘米，钝三棱形，平滑，最上部粗糙，基部具褐色分裂成纤维状的老叶鞘。叶短于秆，宽 2–3 毫米，平张，边缘粗糙，顶端长渐尖。苞片短叶状，短于花序，具鞘，鞘长 1–2 厘米；小穗 4–9 个，上部 3–5（7）个雄性，接近，圆柱形，长 1–2 厘米，小穗无柄；其余小穗雌性，有的顶端具雄花，圆柱形或长圆形，密生花，小穗具细柄，柄长 1.5–5 厘米，粗糙；雌花鳞片椭圆状披针形且宽卵形，栗色，具宽的白色膜质边缘，背面中脉两侧具小刺状粗糙；果囊长于且宽于鳞片，椭圆状披针形，扁三棱状，长 7–8 毫米，纸质，下部麦秆黄色，上部紫褐色，具密的小凸起或小刺状粗糙，背面脉明显，腹面脉不明显，基部收缩，上部渐狭成喙，喙顶端斜截形，喙口白色膜质。小坚果疏松地包于果囊中，长圆形，三棱形，长约 2.5 毫米，褐色，基部具短柄，柄长 0.5–0.8 毫米；花柱长而直立，疏生毛，基部不膨大，柱头 3 个。

花期果期　7–8 月开花期，8–9 月果熟期。

地理分布　产于沁源县里岳山牛槽村、荷叶坪。

生长环境　喜阳光；生长于海拔 1500–2500 米的山坡阳处石缝中或路边。

主要用途　可做景观草地配置草种。

冻原薹草 ♂

学 名: *Carex siroumensis* Koidz

形态特征 根状茎短，木质，斜生。秆密丛生，高 10–22 厘米，纤细，扁三棱形，微粗糙，基部具淡褐色分裂成纤维状的老叶鞘。叶与秆等长或短于秆，宽 1–2 毫米，平张，有时稍内卷，边缘粗糙，顶端渐尖。苞片下部叶状，短于花序，具鞘，鞘长 1–2 毫米，上部的鳞片状；小穗 3–7 个，顶生小穗雌雄顺序，棒状，长 1.4–1.8 厘米，少有雄性；其余小穗雌性，圆柱形，长 1–2 厘米，上部 1–2 个接近，无柄或近无柄，最下部 1 个稍远离，具长柄；果囊长于鳞片，长圆状披针形，扁三棱形，长 4–5.5 毫米，黄绿色或顶部带紫褐色，膜质，具不明显的脉，被短硬毛，边缘具短刺，基部楔形，顶端渐狭成喙，喙口具 2 齿；花柱直立，基部不膨大，柱头 3 个。小坚果疏松地包于果囊中，长圆形，扁三棱形，淡褐色，长 2–2.3 毫米，具柄。

花期果期 7–8 月开花期，8 月果熟期。

地理分布 产于忻州荷叶坪和五台山。

生长环境 生长于海拔 2200–2400 米的高山草原或岩石陡壁的石缝中。

主要用途 高山草原上的优良草种。

扁囊薹草 ♂

学　名: *Carex coriophora* Fisch. et C. A. Mey. ex Kunth

形态特征　根状茎短,具匍匐茎。秆高 50–70 厘米,三棱形,粗 2 毫米,平滑,基部具淡褐色的叶鞘,分裂成纤维状。叶短于秆,长约为秆的 1/3,宽 3–5 毫米,平张,淡绿色,顶端渐尖,质硬,顶端边缘粗糙。苞片叶状,短于花序,基部具鞘;小穗 3–5 个,顶生 1–2 个雄性,长圆形,长 1–1.5 厘米,宽 3–4 毫米;其余小穗雌性,椭圆形或长圆形,密花;小穗柄纤细,长 2–3 厘米,弯曲或下垂,平滑;雄花鳞片长圆状倒卵形,长 5 毫米;雌花鳞片长圆形或披针形,下部淡锈色,上部紫褐色,背面中间黄绿色,具窄的白色膜质边缘,顶端尖;果囊长于鳞片,宽椭圆形,极压扁,三棱形,长 4.8–5.2 毫米,宽 3 毫米,褐色,具淡绿色边缘,无毛,无脉或有时具不明显的细脉,有时上部两侧边缘具疏生小刺状粗糙,基部近圆形,具短柄,上部急缩成短喙,喙圆柱形,喙口白色膜质,具 2 微齿;花柱细,直立,基部不膨大,柱头 3 个。小坚果疏松地包于果囊中,长 1.5 毫米,淡黄色,基部具长柄,柄长 1 毫米。

花期果期　6–8 月开花期,8 月果熟期。

地理分布　产于五台县五台山东台顶、北台至中台、小北台至庙顶庵,荷叶坪。

生长环境　喜湿润;生长于海拔 2240–2750 米的山坡草地、河岸旁湿草地、沼泽地踏头上。

主要用途　可人工引种栽培最为绿化及湿地修复草种。

异穗薹草 ♂

学　名：*Carex heterostachya* Bge.

形态特征　秆高 20–40 厘米，较细，三棱形，下部平滑，上部稍粗糙，基部叶鞘红褐色无叶片，老叶鞘裂呈纤维状。叶短于秆，宽 2–3 毫米，稍坚挺，边缘粗糙，叶鞘稍长。苞片长芒状，常短于小穗，最下部的叶状，稍长于小穗，无苞鞘或最下部的具短鞘；雌花鳞片圆卵形或宽卵形，长约 3.5 毫米，先端急尖，具短尖，上端边缘有时啮蚀状，膜质，两侧褐色，中间淡黄褐色，边缘白色透明，3 脉，中脉绿色；果囊斜展，卵形或宽卵形，钝三棱状，长 3–4 毫米，革质，褐色，无毛，稍有光泽，脉不明显，喙稍宽短，喙口具 2 短齿；花柱基部不增粗，柱头 3。小坚果较紧包果囊中，宽倒卵形或宽椭圆形，三棱状，长约 2.8 毫米，顶端具短尖，柄短。

花期果期　4–6 月开花期，6 月果熟期。

地理分布　产于五台县门限石石瓮衬，太原天龙山，垣曲县同善等地。

生长环境　生长于海拔 300–1000 米的干燥的山坡、草地或道旁荒地。

主要用途　优良的地被植物。

小粒薹草 ♂

学　名：*Carex karoi* (Freyn) Freyn

形态特征　根状茎短。秆密丛生，高 10–40 厘米，稍细，下部平滑，上部棱上稍粗糙，基部残存的叶鞘常撕裂呈纤维状。叶生于近基部，短于秆，宽 1–2 毫米，稍坚挺，基部常折合，向上部渐平展，边缘粗糙，具鞘；鞘短，长 1–2 厘米。苞片最下面 1 枚叶状，较小穗长，上面为刚毛状，最上端的常呈鞘状；小穗 3–4（6）个，单生于苞片鞘内，间距下面的较长，上面的很短，顶生小穗为雌雄顺序，雌花部分短于雄花部分，上端具几朵雌花，或有时为雄小穗，一般高出邻近的雌小穗，长圆状倒卵形或短棍棒形；小穗柄纤细，下面的较长，上面的短；雄花鳞片长圆形或倒卵状长圆形，长约 2.5 毫米，顶端钝圆，无短尖，膜质，淡黄褐色，具 1 条中脉；雌花鳞片宽卵形或近圆形，长约 1.5 毫米，顶端钝，无短尖，膜质，淡黄色，半透明，具 1 条中脉；果囊斜展，长于鳞片，宽倒卵形或近圆形，鼓胀三棱形，膜质，淡黄绿色，无光泽，脉不明显，基部宽楔形，上端急缩成极短的喙或近于无喙，喙边缘稍粗糙，喙口斜截形，边缘白色半透明；花柱基部不增粗，柱头 3 个。小坚果疏松地包于果囊中，宽椭圆形或倒卵状椭圆形，三棱形，长约 1.2 毫米，顶端具小短尖。

花期果期　6–8 月开花期，8 月果熟期。

地理分布　产于离石、交城、广灵、五台山。

生长环境　喜阴湿；生长于灌木丛中潮湿处、河边、溪旁、沼泽地。

主要用途　优良的地被植物。

青绿薹草 ♂

学　名：*Carex breviculmis* R. Br.

形态特征　秆丛生，纤细，三棱形，上部稍粗糙，基部叶鞘淡褐色，纤维状。叶短于秆，边缘粗糙，质硬。苞片最下部叶状，长于花序，鞘长 1.5–2 毫米，刚毛状，近无鞘；小穗 2–5，上部的靠近，下部的疏离，顶生小穗雄性，长圆形，长 1–1.5 厘米，近无柄，紧靠近其下部的雌小穗；侧生小穗雌性，长圆形或长圆状卵形，稀圆柱形，花稍密生，无柄或最下部的柄长 2–3 毫米；雌花鳞片长圆形或倒卵状长圆形，先端平截或圆，长 2–2.5 毫米（不包括芒），膜质，苍白色，背面中间绿色，3 脉，芒长 2–3.5 毫米；果囊倒卵形，钝三棱状，长 2–2.5 毫米，宽 1.2–2 毫米，膜质，淡绿色，多脉，上部密被短柔毛，具短柄，喙圆，喙口微凹；花柱基部圆锥状，柱头 3。小坚果紧包于果囊中，卵形，长约 1.8 毫米，栗色，顶端为环盘。

花期果期　4–7 月开花期，8 月果熟期。

地理分布　产于广灵、忻州五台山等地。

生长环境　生长于海拔 470–2300 米的山坡草地、路边、山谷沟边。

主要用途　水土保持植物。

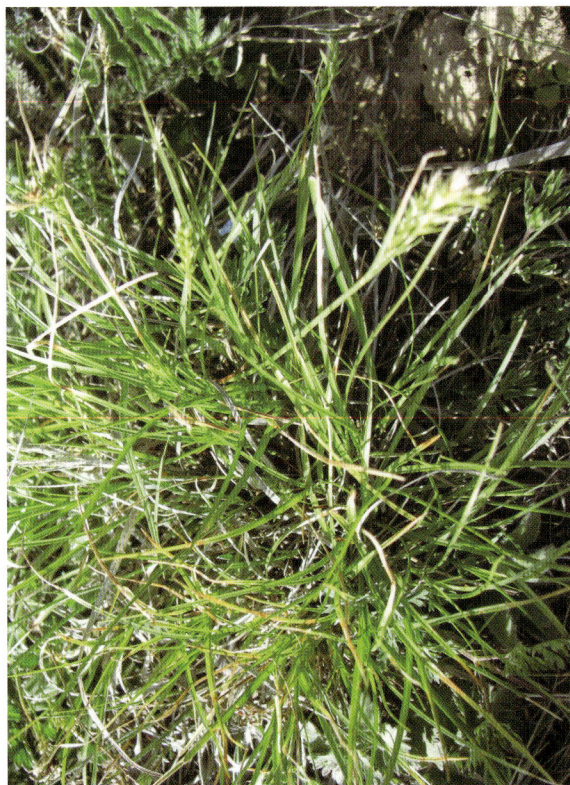

尖苞薹草 ♂

学　名：*Carex microglochin* Wahl.

形态特征　根状茎短。秆丛生，高 10–20 厘米，平滑，秆在 1/4 以下生叶，基部叶鞘淡褐色。叶短于秆，狭窄，宽 0.5–1 毫米，边缘内卷。小穗 1 个，顶生，雄雌顺序，卵形至圆状卵形，长 4–7 毫米，宽 4–5 毫米；雄花部分不明显，具 3–5 朵花；雌花部分占小穗的大部分，具 5–10 朵花；雄花鳞片椭圆形，长约 2 毫米，膜质，淡棕色，具 1 条明显中脉和 2 条不明显侧脉；雌花鳞片宽卵形，膜质，中间部分色淡而具 3 条脉，两侧淡棕色；果囊稍长或等长于鳞片，宽卵形，稍肿胀三棱形，长约 2 毫米，近于无喙，喙口圆形，背腹两面的脉均不明显，基部从腹面观近心形，成熟后水平展开。小坚果疏松地包于果囊内，椭圆形或倒卵形，三棱形，长约 1.5 毫米。

花期果期　6–7 月开花期，8 月果熟期。

地理分布　产于忻州五台山等地。

生长环境　主要生长于森林地区沼泽泥炭藓上。

主要用途　可引种繁育，作为修复植物。

大披针薹草 ♂

学　名: *Carex lanceolata* Boott

形态特征　高 10-35 厘米。根状茎粗壮。叶花后长于秆，边缘稍粗糙，基部具紫褐色裂呈纤维状宿存叶鞘。苞片佛焰苞状，背部淡褐色，余绿色，具褐色条纹，下部的具刚毛状苞叶，上部的呈突尖状；小穗 3-6，疏离；顶生雄小穗线状圆柱形，长 0.5-1.5 厘米，侧生雌小穗长圆形或长圆状圆柱形，长 1-1.7 厘米，花 5-10 朵稍疏生或稍密生；小穗柄通常不伸出苞鞘；小穗轴微之字形曲折；雌花鳞片披针形或倒卵状披针形，长 5-6 毫米，先端急尖或渐尖，具短尖，纸质，两侧紫褐色，有白色宽膜质边缘，中间淡绿色，3 脉；果囊倒卵状长圆形，钝三棱状，长约 3 毫米，纸质，淡绿色，密被短柔毛，具 2 侧脉及若干隆起细脉，具长柄，喙短，喙口平截；花柱基部稍增粗，柱头 3。小坚果倒卵状椭圆形，三棱状，具短柄，顶端具外弯短喙。

花期果期　6-7 月开花期，8 月果熟期。

地理分布　产于沁源花坡、历山舜王坪。

生长环境　生长于海拔 110-2300 米的林下、林缘草地、阳坡干燥草地。

主要用途　嫩茎叶是牲畜的饲料；茎叶可做造纸原料。

白颖薹草 ♂

学　名：*Carex duriuscula* subsp. *rigescens* (Franch) S.Y.Liang et Y.C.Tang

形态特征　秆高 5-20 厘米。叶短于秆，宽 1-1.5 毫米，叶片平张，边缘稍粗糙。苞片鳞片状；穗状花序卵形或球形，长 0.5-1.5 厘米；小穗 3-6，卵形，密生，长 4-6 毫米，雄雌顺序，少花；雌花鳞片具宽的白色膜质边缘，具短尖；果囊宽椭圆形或宽卵形，长 3-3.5 毫米，平凸状，革质，锈色或黄褐色，成熟时稍有光泽，多脉，基部有海绵状组织，柄粗短，喙短，喙缘稍粗糙，喙口白色膜质，斜截；花柱基部膨大，柱头 2。小坚果稍疏松包果囊中，近圆形或宽椭圆形，长 1.5-2 毫米；

花期果期　5-8 月开花期，8 月果熟期。

地理分布　产于沁源花坡、五台山。

生长环境　生长于山坡、半干旱地区或草原上。

主要用途　叶绿、纤细且外形整齐美观常用于草坪建植；根系发达，抗寒和抗旱能力强，也常常被用于公路和铁路两边的绿化和水土保持植物。

嵩草 ♂

学　名：*Carex myosuroides* Villars
俗　称：油草

形态特征　多年生草本植物。根状茎短。秆密丛生，纤细，柔软，钝三棱形，基部具褐色至栗褐色有光泽的宿存叶鞘。叶短于秆或与秆近等长，丝状，柔软，腹面具沟；先出叶卵形、椭圆形或长圆形，膜质，下部白色，上部栗褐色。穗状花序线状圆柱形；支小穗多数，稍疏生，顶生的雄性，侧生的雄雌顺序；鳞片卵形、长圆形或披针形，顶端钝、圆或渐尖，纸质，栗褐色，有光泽，有宽的白色膜质边缘，具 1 条中脉。小坚果倒卵形或长圆形、三棱形，有时为双凸状，黄绿色，成熟后为暗灰褐色，有光泽，基部几无柄，顶端具短喙。

花期果期　6–8 月开花期，8 月果熟期。

地理分布　产于五台山中台、南台顶、北台顶等地。

生长环境　喜寒冷而湿润的气候，具有一定的耐旱能力，适宜土壤为壤质的高山草甸土，在稍微石质化的地段也能形成群落；多生长于海拔 2400–3058 米的河漫滩、湿润草地、林下、沼泽草甸和灌丛草甸。

主要用途　具有较强的再生能力，耐牧性强，马、牛和牦牛均喜食，其营养价值较高，夏季放牧性，畜增重明显，是马和羊的抓膘牧草，属于优等牧草。

高山嵩草 ♂

学　名: *Carex parvula* O. Yano

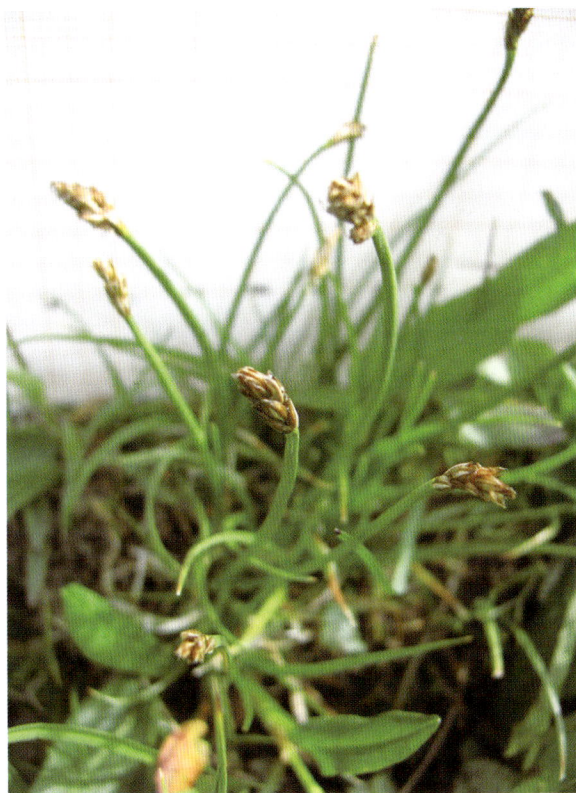

形态特征　多年生垫状草本。秆高 1–3.5 厘米，圆柱形，有细棱，无毛，基部具密集的褐色的宿存叶鞘。叶与秆近等长，线形，坚挺，腹面具沟，边缘粗糙；先出叶椭圆形，膜质，褐色，顶端带白色。穗状花序雄雌顺序，少有雌雄异序，椭圆形，细小；支小穗密生，顶生的雄性，侧生的雌性，少有全部为单性；雄花鳞片长圆状披针形，膜质，褐色；雌花鳞片宽卵形、卵形或卵状长圆形，顶端圆形或钝，具短尖或短芒，纸质，两侧褐色，具狭的白色膜质边缘，中间淡黄绿色。小坚果椭圆形或倒卵状椭圆形，扁三棱形，成熟时暗褐色，无光泽，顶端几无喙。

花期果期　6–8 月开花期，8 月果熟期。

地理分布　产于五台山西台顶、中台、北台。

生长环境　为典型的旱中生植物，是高寒草原化草甸的建群种，主要分布于海拔 3200 米的山地阳坡、浑圆低丘和河流高阶地。

主要用途　优等饲用植物。

34

灯芯草科
Juncaceae

多年生或稀为一年生草本，稀为灌木。根状茎直立或横走，须根纤维状，通常不分枝。叶大部分基生成丛，扁平或圆柱状，基部具鞘，有时叶片退化仅存叶鞘。花序圆锥状、伞房状或头状，稀单生；花两性，如为单性则雌雄异株、整齐，花被片草质，稀为干膜质，2 轮排列，每轮 3 枚（偶为 1 轮），通常绿色或黄褐色，无花萼和花冠之分；雄蕊 6 枚或 3 枚，与花被片对生，花丝分离，花药 2 室，内向开裂；雄蕊 1，子房上位，1 室，花柱 1-3，柱头 3。蒴果 1-3 室，胞背开裂。

34.1 **灯芯草属 _Juncus_ L.**

多年生稀为一年生草本。根状茎横走或直伸；茎直立或斜上，圆柱形或压扁，具纵沟棱。叶基生和茎生，有些种类具有低出叶；叶片扁平或圆柱形，披针形、线形或毛发状，有明显或不明显的横隔膜或无横隔，有时叶片退化为刺芒状而仅存叶鞘；叶鞘开放，偶有闭合，顶部常延伸成 2 个叶耳。复聚伞花序或由数至多朵小花集成头状花序；花序有时为假侧生，花序下常具叶状总苞片，有时总苞片圆柱状，似茎的延伸；花雌蕊先熟，花下具小苞片或缺无；花被片 6 枚，2 轮，颖状，常淡绿色或褐色，外轮常有明显背脊；雄蕊 6 枚；花丝丝状；柱头 3；胚珠多数。蒴果常为三棱状卵形或长圆形，顶端常有小尖头；种子多数，表面常具条纹，有些种类具尾状附属器。

贴苞灯芯草 ♂

学　名：*Juncus triglumis* Linnaeus

俗　称：贴苞灯心草

形态特征　多年生草本，高 7–31 厘米。根状茎短，具褐色须根。茎丛生，直立，圆柱形，淡绿色，光滑，直径 0.7–1 毫米。叶全部基生，短于茎；叶片线形，长 2–6 厘米，粗 0.7 毫米，绿色，顶端尖；叶鞘长 1–4 厘米，边缘膜质；叶耳钝圆，常带淡紫红色。头状花序单一顶生，直径 5–9 毫米；苞片 3–4 枚，紧贴于花，宽卵形，长 4–6 毫米，宽 2.8–3.5 毫米，顶端钝圆或稍尖，暗棕色，有时最下面 1 枚稍长；花具短梗；花被片披针形，长 3–4 毫米，宽 1.3–1.6 毫米，外轮比内轮稍长，膜质，顶端渐尖，黄白色；雄蕊 6 枚，花药长圆形，长 0.7–1 毫米，淡黄色；花丝长约 3 毫米，黄白色；子房椭圆形；柱头 3 分叉，稍长于花柱。蒴果三棱状长圆形，长约 4 毫米，具 3 隔膜，顶端具短尖头，成熟时红褐色；种子长圆形，长约 0.9 毫米，锯屑状，顶端和基部具白色附属器，共长 2 毫米。

花期果期　6–7 月开花期，8–9 月果熟期。

地理分布　产于五台山北台顶、北台至中台、北台至庙庵及东台顶，荷叶坪。

生长环境　有一定的耐寒性，喜湿润；生长于海拔 600–3000 米的山坡、河旁。

主要用途　可引种栽培，做草原或草甸修复草种。

35

百合科
Liliaceae

通常为具根状茎、块茎或鳞茎的多年生草本。叶基生或茎生，后者多为互生，较少为对生或轮生，通常具弧形平行脉，极少具网状脉。花两性，很少为单性异株或杂性，通常辐射对称，极少稍两侧对称；花被片6，少有4或多数，离生或不同程度的合生（成筒），一般为花冠状；雄蕊通常与花被片同数，花丝离生或贴生于花被筒上；花药基着或丁字状着生；药室2，纵裂，较少汇合成1室而为横缝开裂；心皮合生或不同程度的离生；子房上位，极少半下位，一般3室，具中轴胎座，少有1室而具侧膜胎座；每室具1至多数倒生胚珠。果实为蒴果或浆果，较少为坚果；种子具丰富的胚乳，胚小。

35.1 知母属 *Anemarrhena* B.

根状茎横走，具较粗的根。叶基生，禾叶状。花葶从叶丛中或一侧抽出，直立；花2-3朵簇生，排成总状花序；花被片6，在基部稍合生；雄蕊3，生于内花被片近中部；花丝短，扁平；花药近基着，内向纵裂；子房小，3室，每室具2枚胚珠；花柱与子房近等长，柱头小。蒴果室背开裂，每室具1-2颗种子；种子黑色，具3-4条纵狭翅。

知母 ♂

学　名：*Anemarrhena asphodeloides* Bunge

形态特征　多年生草本。根状茎粗 0.5–1.5 厘米，为残存的叶鞘所覆盖。叶长 15–60 厘米，宽 1.5–11 毫米，向先端渐尖呈近丝状，基部渐宽呈鞘状，具多条平行脉，没有明显的中脉。花葶比叶长得多；总状花序通常较长，可达 20–50 厘米；苞片小，卵形或卵圆形，先端长渐尖；花粉红色、淡紫色至白色；花被片条形，长 5–10 毫米，中央具 3 脉，宿存。蒴果狭椭圆形，长 8–13 毫米，宽 5–6 毫米，顶端有短喙；种子长 7–10 毫米。

花期果期　7–8 月开花期，8–9 月果熟期。

地理分布　产于沁源、平定、平顺、五台、原平、离石、兴县、临县。

生长环境　适应性很强，耐寒，北方可在田间越冬，喜温暖，耐干旱，以疏松的腐殖质土壤为宜，低洼积水和过硬的土壤均不宜栽种；生长于海拔 1450 米以下的山坡、草地或路旁较干燥或向阳的地方。

主要用途　药用价值高，性苦寒，有滋阴降火、润燥滑肠、利大小便之效。

35.2 黄精属 *Polygonatum* Mill.

具根状茎草本。茎不分枝，基部具膜质的鞘，直立，或上部有时为攀缘状（某些具轮生叶的种类）。叶互生、对生或轮生，全缘。花生叶腋间，通常集生成伞形、伞房或总状花序；花被片 6，下部合生成筒，裂片顶端外面通常具乳突状毛，花被筒基部与子房贴生，呈小柄状，并与花梗间有 1 关节；雄蕊 6，内藏；花丝下部贴生于花被筒，上部离生，似着生于花被筒中部上下，丝状或两侧扁，花药矩圆形至条形，基部 2 裂，内向开裂；子房 3 室，每室有 2-6 颗胚珠，花柱丝状，多数不伸出花被之外，柱头小。浆果近球形。

玉竹 ♂

学　名：*Polygonatum odoratum* (Mill.) Druce

形态特征　根状茎圆柱形，直径 5-14 毫米；茎高 20-50 厘米。具 7-12 叶，叶互生，椭圆形至卵状矩圆形，长 5-12 厘米，宽 3-16 厘米，先端尖，下面带灰白色，下面脉上平滑至呈乳头状粗糙。花序具 1-4 花（在栽培情况下，可多至 8 朵），总花梗（单花时为花梗）长 1-1.5 厘米，无苞片或有条状披针形苞片；花被黄绿色至白色，全长 13-20 毫米，花被筒较直，裂片长 3-4 毫米；花丝丝状，近平滑至具乳头状凸起，花药长约 4 毫米；子房长 3-4 毫米，花柱长 10-14 毫米。浆果蓝黑色，直径 7-10 毫米，具 7-9 颗种子。

花期果期　5-6 月开花期，7-9 月果熟期。

地理分布　产于浑源、沁县、沁源、晋城、沁水、阳城、和顺、灵石、介休、垣曲、五台、宁武、偏关、翼城、蒲县、吕梁、离石、兴县、临县、中阳、交口。

生长环境 耐寒、耐阴湿，忌强光直射与多风，适宜生长在地土层深厚，富含砂质和腐殖质之处；生长于海拔 500-3000 米的凉爽、湿润、无积水的山野疏林或灌丛中。

主要用途 不仅具有观赏价值，更是具有很大的药用、养生、食用价值，可清热润肺、补益五脏、滋养气血。

黄精 ♂

学　名: *Polygonatum sibiricum* Delar. ex Redoute

俗　称: 鸡爪参、老虎姜、爪子参

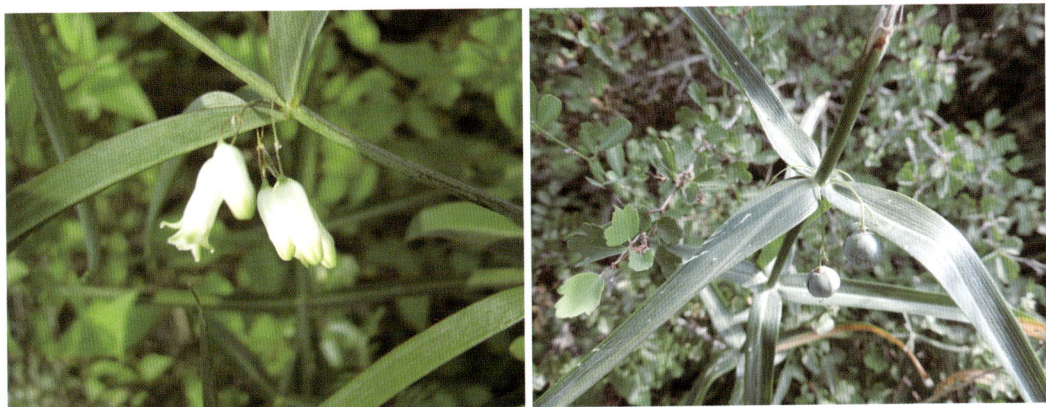

形态特征 根状茎圆柱状，由于结节膨大，因此"节间"一头粗、一头细，在粗的一头有短分枝（中药志称这种根状茎类型所制成的药材为鸡头黄精），直径 1-2 厘米；茎高 50-90 厘米，或可达 1 米以上，有时呈攀缘状。叶轮生，每轮 4-6 枚，条状披针形，先端拳卷或弯曲成钩。花序通常具 2-4 朵花，似呈伞形状，总花梗长 1-2 厘米，花梗长（2.5）4-10 毫米，俯垂；苞片位于花梗基部，膜质，钻形或条状披针形，长 3-5 毫米，具 1 脉；花被乳白色至淡黄色，全长 9-12 毫米，花被筒中部稍缢缩，裂片长约 4 毫米；花丝长 0.5-1 毫米，花药长 2-3 毫米；子房长约 3 毫米，花柱长 5-7 毫米。浆果直径 7-10 毫米，黑色，具 4-7 颗种子。

花期果期 5-6 月开花期，8-9 月果熟期。

地理分布 产于太原、阳曲、阳高、浑源、左云、平定、平顺、沁县、沁源、沁水、阳城、陵川、介休、运城等地。

生长环境 生长于海拔 800-2800 米的林下、灌丛或山坡阴处。

主要用途 观赏及药用。

35.3 葱属 *Allium* L.

多年生草本，大部分的种具葱蒜气味。鳞茎单生或丛生，鳞茎形态多样，从柱形直到球形，鳞茎外皮质地有膜质、革质或纤维质。叶片多为扁半的线形、狭条形、实心或空心的圆筒形，基部与闭合的叶鞘相连。花葶从鳞茎基部生出，基部常包于叶鞘内；聚伞状伞形花序，顶生，开放前为一闭合的总苞所包，开放时总苞单侧开裂或 2 至数裂；花两性，极少退化为单性；花被片 6，两轮；雄蕊 6，排成两轮，通常基部与花被贴生；子房 3 室，每室具 1 至数个胚珠，蜜腺有平坦、凹陷、具帘、隆起等多样形状，位于腹缝线基部，柱头全缘或 3 裂。蒴果，室背开裂；种子黑色，多棱形或近球形。

天蓝韭 ♂

学 名：*Allium cyaneum* Regel

形态特征 鳞茎数枚聚生，圆柱状，细长，粗 2-6 毫米；鳞茎外皮暗褐色，老时破裂呈纤维状，常呈不明显的网状。叶半圆柱状，上面具沟槽，比花葶短或超过花葶。花葶圆柱状，常在下部被叶鞘；总苞单侧开裂或 2 裂，比花序短；伞形花序近扫帚状，有时半球状，少花或多花，常疏散；小花梗与花被片等长或长为其 2 倍，稀更长，基部无小苞片；花天蓝色；花被片卵形，或矩圆状卵形，长 4-6.5 毫米，宽 2-3 毫米，稀更长或更宽，内轮的稍长；花丝等长，从比花被片长 1/3 直到比其长 1 倍，常为花被片长度的 1.5 倍，仅基部合生并与花被片贴生，内轮的基部扩大，无齿或每侧各具 1 齿，外轮的锥形；子房近球状，腹缝线基部具有帘的凹陷蜜穴；花柱伸出花被外。

花期果期 8-9 月开花期，9-10 月果熟期。

地理分布 产于离石、忻州。

生长环境 耐寒、耐旱；生长于海拔 2100-5000 米的山坡、草地、林下或林缘。

主要用途 幼叶可供食用；具有观赏价值。

山韭 ♂

学　名: *Allium senescens* L.

形态特征　具粗壮的横生根状茎；鳞茎单生或数枚聚生，近狭卵状圆柱形或近圆锥状；鳞茎外皮灰黑色至黑色，膜质，不破裂，内皮白色，有时带红色。叶狭条形至宽条形，肥厚，基部近半圆柱状，上部扁平，有时略呈镰状弯曲，短于或稍长于花葶，宽 2-10 毫米，先端钝圆，叶缘和纵脉有时具极细的糙齿。花葶圆柱状，常具 2 纵棱，有时纵棱变成窄翅而使花葶成为二棱柱状，高度变化很大，下部被叶鞘；总苞 2 裂，宿存；伞形花序半球状至近球状，具多而稍密集的花；小花梗近等长，比花被片长 2-4 倍，稀更短，基部具小苞片，稀无小苞片；花紫红色至淡紫色；花被片长 3.2-6 毫米，宽 1.6-2.5 毫米，内轮的矩圆状卵形至卵形，先端钝圆并常具不规则的小齿，外轮的卵形，舟状，略短；花丝等长，比花被片略长直至其长的 1.5 倍，仅基部合生并与花被片贴生，内轮的扩大成披针状狭三角形，外轮的锥形；子房倒卵状球形至近球状，基部无凹陷的蜜穴；花柱伸出花被外。

花期果期　7-8 月开花期，8-9 月果熟期。

地理分布　产于阳高、浑源、晋城、介休、芮城、五台、宁武、神池、五寨、岢岚、原平、隰县、交城、中阳。

生长环境　喜阳光、温暖；生长于海拔 2000 米以下的草原、草甸或山坡上。

主要用途　幼叶可供食用。

35.4　藜芦属 *Veratrum* L.

多年生草本。根状茎粗短，具多数稍肉质、成束的须根，须根表面常有横皱纹；茎直立，圆柱形，从基部至上部具叶，上部有毛，基部为叶鞘所包围，叶鞘枯死后许多成为棕褐色的纤维残留物。叶互生，向上逐渐变狭，并过渡为苞片状，基部常抱茎。圆锥花序，雄性花和两性花同株；花被片 6，离生，内轮较外轮长而狭，宿存；雄蕊 6；花丝丝状，比花被片短或稍长，花药近肾形，背着，汇合成 1 室；子房上端稍微 3 裂，3室，每室有多数胚珠；花柱 3，宿存，位于花柱顶端与内侧。蒴果椭圆形或卵圆形，多少具三钝棱；种子扁平，种皮薄，周围具膜质翅。

藜芦 ♂

学　名：*Veratrum nigrum* L.

形态特征　植株高达 1 米，通常粗壮。基部的鞘枯死后残留物为黑色纤维网。叶椭圆形、宽卵状椭圆形或卵状披针形，大小常有较大变化，通常长 22-25 厘米，先端锐尖，无柄或茎上部的叶具短柄，两面无毛。圆锥花序密生黑紫色花；侧生总状花序近直立伸展，通常具雄花；顶生总状花序常较长，几乎全部着生两性花；花序轴密被白色绵状毛；小苞片披针形，边缘和背面有毛；生于侧生花序上的花梗长约 5 毫米，约等长于小苞片，密被绵状毛，花被片开展或在两性花中稍反折，长圆形，长 5-8 毫米，先端圆，基部稍收窄，全缘；雄蕊长为花被片的 1/2。蒴果直立。

花期果期　7-8 月开花期，8-9 月果熟期。

地理分布　产于五台县五台山，沁水县下川，陵川县西闸水，夏县，垣曲县七十二道混沟。

生长环境　生长于山坡林下或草丛中。

主要用途　全草可做杀虫药；也可入药，具祛痰、催吐的作用，但有毒。

35.5 百合属 *Lilium* L.

鳞茎卵形或近球形；鳞片多数，肉质，卵形或披针形，白色；茎圆柱形，有的带紫色条纹。叶通常散生，较少轮生，披针形等，全缘或边缘有小乳头状凸起。苞片叶状，但较小；花常有鲜艳色彩，有时有香气；花被片6，2轮，离生，常多少靠合呈喇叭形或钟形，通常披针形或匙形，基部有蜜腺，蜜腺两边有乳头状凸起或无，有的还有鸡冠状凸起或流苏状凸起；雄蕊6，花丝钻形，花药椭圆形，背着，丁字状；子房圆柱形，花柱一般较细长；柱头膨大，3裂。蒴果矩圆形，室背开裂；种子多数，扁平，周围有翅。

山丹 ♂

学　名：*Lilium pumilum* DC.

形态特征 鳞茎卵形或圆锥形；鳞片矩圆形或长卵形，长2-3.5厘米，宽1-1.5厘米，白色；茎高15-60厘米，有小乳头状凸起，有的带紫色条纹。叶散生于茎中部，条形，中脉下面突出，边缘有乳头状凸起。花单生或数朵排成总状花序，鲜红色，通常无斑点，有时有少数斑点，下垂；花被片反卷，长4-4.5厘米，宽0.8-1.1厘米，蜜腺两边有乳头状凸起；花丝长1.2-2.5厘米，无毛，花药长椭圆形，长约1厘米，黄色，花粉近红色；子房圆柱形；花柱稍长于子房或长1倍多，柱头膨大，直径5毫米，3裂。蒴果矩圆形。

花期果期 花期7-8月，果期9-10月。

地理分布 产于沁源、阳高、浑源、晋城、介休、芮城、五台、宁武、神池、五寨、岢岚、原平、隰县、交城、中阳。

生长环境 喜土层深厚、疏松、肥沃、湿润、排水良好的沙质壤土或腐殖土，在半阴半阳、微酸性土质的斜坡上及阴坡开阔地生长良好；生长于海拔400-2600米的山坡草地或林缘，多散生。

主要用途 花色红、娇艳，钟状花形美观，可装点室内环境，也可以直接栽种于庭院，做自然式缀花草坪，散植于疏林草地，极具观赏魅力。

36

鸢尾科
Iridaceae

　　多年生草本。地下部分通常具根状茎、球茎或鳞茎；大多数种类只有花茎。叶多基生，条形、剑形或为丝状，基部呈鞘状，具平行脉。花两性，色泽鲜艳美丽，辐射对称，单生、数朵簇生或多花排列成总状、穗状、聚伞及圆锥花序；花或花序下有 1 至多个草质或膜质的苞片，花被裂片 6，两轮排列，花被管通常为丝状或喇叭形；雄蕊 3，花药多外向开裂；花柱 1，上部多有 3 个分枝，分枝圆柱形或扁平呈花瓣状，柱头 3-6，子房下位，3室，中轴胎座，胚珠多数。蒴果，成熟时室背开裂；种子多数，扁平，常有附属器或小翅。

36.1 **鸢尾属** *Iris* L.

　　多年生草本。根状茎长条形或块状。叶多基生，剑形、条形或丝状，叶脉平行，基部鞘状，顶端渐尖。花序生于分枝顶端或仅在花茎顶端生 1 朵花；花及花序基部着生数枚膜质或草质的苞片；花被管喇叭形、丝状或不明显，花被裂片 6 枚，2 轮排列，外轮花被裂片 3 枚，常较内轮的大，上部常反折下垂，基部爪状，多数呈沟状，平滑，内轮花被裂片 3 枚，雄蕊 3，着生于外轮花被裂片的基部；雌蕊的花柱单一，上部 3 分枝，呈花瓣状，柱头生于花柱顶端裂片的基部，多为半圆形，舌状。蒴果椭圆形、卵圆形或圆球形，成熟时室背开裂；种子梨形、扁平。

紫苞鸢尾 ♂

学　名： *Iris ruthenica* Ker.-Gawl.

形态特征　植株较原变种矮小。叶长 8–15 厘米，宽 1.5–3 毫米。花茎高 5–5.5 厘米；苞片长 1.5–3 厘米，宽 3–8 毫米；花淡蓝色或蓝紫色，直径 3.5–4.5 厘米；花被管长 1–1.5 厘米，外花被裂片长约 2.5 厘米，宽约 6 毫米，具深色条纹及斑点，内花被裂片长约 2 厘米；雄蕊长约 1.5 厘米，子房狭卵形，柱状，长约 4 毫米。

花期果期　4–5 月开花期，6–7 月果熟期。

地理分布　产于太原、沁源、沁水、阳城、陵川、灵石、介休、翼城、离石、中阳。

生长环境　耐旱喜阳；多见于向阳砂质地或山坡草地。

主要用途　栽培供观赏，是常见的园林观赏花卉。

37

兰科
Orchiidaceae

地生、附生或较少为腐生草本。有块茎或肥厚的根状茎。叶基生或茎生。花葶或花序顶生或侧生；花常排列成总状花序或圆锥花序，两性，通常两侧对称；花被片 6，2 轮；萼片离生或不同程度的合生；中央 1 枚花瓣的形态常有较大的特化，明显不同于 2 枚侧生花瓣，称唇瓣，唇瓣由于花（花梗和子房）180°扭转或 90°弯曲，常处于下方（远轴的一方）；子房下位，1 室，侧膜胎座，较少 3 室而具中轴胎座；除子房外整个雌雄蕊器官完全融合成柱状体，称蕊柱；蕊柱顶端一般具药床和 1 个花药，腹面有 1 个柱头穴，柱头与花药之间有 1 个舌状器官，称蕊喙（源自柱头上裂片），极罕具 2-3 枚花药（雄蕊）、2 个隆起的柱头或不具蕊喙的；蕊柱基部有时向前下方延伸成足状，称蕊柱足，此时 2 枚侧萼片基部常着生于蕊柱足上，形成囊状结构，称萼囊；花粉通常黏合成团块，称花粉团，花粉团的一端常变成柄状物，称花粉团柄；花粉团柄连接于由蕊喙的一部分变成固态黏块即黏盘上，有时黏盘还有柄状附属器，称黏盘柄；花粉团、花粉团柄、黏盘柄和黏盘连接在一起，称花粉块。果实通常为蒴果，具极多种子；种子细小，无胚乳，种皮常在两端延长成翅状。

37.1　手参属 *Gymnadenia* R.Br.

多年生陆生草本。块根掌状分裂。茎直立，在中部近基部具 3-5 片叶，基部被叶鞘。茎生叶通常无毛。穗状花序，顶生，具多花，密集呈圆筒状，花通常红色或紫红色，倒置；唇瓣位于下方；萼片离生，中萼片舟状，侧萼片常边缘外折；花瓣较萼片稍宽，直立伸展，与中萼片多少相靠成盔；唇瓣椭圆形或宽倒卵形，或多或少 3 裂，基部凹陷，具距，常弯曲；退化雄蕊 2，位于合蕊柱两侧，近于圆形；蕊喙位于两药室中间的下面；柱头 2 裂，不明显，贴生于唇瓣基部；花粉多颗粒状，具花粉块柄及黏盘；黏盘裸露，分开，线形或椭圆形；子房无柄。蒴果。

手参 ♂

学 名：*Gymnadenia conopsea* (L.) R. Br.

形态特征 植株高达 60 厘米。块茎椭圆形；茎具 4-5 叶，其上具 1 至数枚小叶。叶线状披针形、窄长圆形或带形，长 5.5-15 厘米，宽 1-2（2.5）厘米。花序密生多花，长 5.5-15 厘米；苞片披针形，先端尾状，长于花或等长；花粉红，稀粉白色；中萼片宽椭圆形或宽卵状椭圆形，长 3.5-5 毫米，稍兜状，侧萼片斜卵形，反折，边缘外卷，较中萼片稍长或近等长；花瓣直立，斜卵状三角形，与中萼片等长靠接，与侧萼片近等宽，具细齿；唇瓣前伸，宽倒卵形，3 裂，中裂片三角形；距窄圆筒状，下垂，长约 1 厘米，稍前弯，向末端常略渐窄，长于子房。

花期果期 6-8 月开花期，8-10 月果熟期。

地理分布 产于太原、长治、山阴、介休、垣曲、五台、宁武、洪洞、离石、方山、中阳。

生长环境 适宜生长在掺合细沙的草炭土、腐殖质土和肥沃的山地黑土，稍耐碱；生长于海拔 265-4700 米的山坡林下、草地或砾石滩草丛中。

主要用途 块茎药用，有补肾益精、理气止痛之效。

37.2 绥草属 *Spiranthes* Rich.

地生草本。根数条，指状，肉质，簇生。叶基生，多少肉质，叶片线形、椭圆形或宽卵形，罕为半圆柱形，基部下延成柄状鞘。总状花序顶生，具多数密生的小花，似穗状，常多少呈螺旋状扭转；花小，不完全展开，倒置（唇瓣位于下方）；萼片离生，近相似；中萼片直立，常与花瓣靠合呈兜状；侧萼片基部常下延而胀大，有时呈囊状；唇瓣基部凹陷，常有 2 枚胼胝体，多少围抱蕊柱，不裂或 3 裂，边缘常呈皱波状；蕊柱短或长，圆柱形或棒状；花药直立，2 室，位于蕊柱的背侧；花粉团 2 个，粒粉质，具短的花粉团柄和狭的黏盘；蕊喙直立，2 裂；柱头 2 个，位于蕊喙的下方两侧。

绥草 ♂

学　名：*Spiranthes sinensis* (Pers.) Ames

俗　称：盘龙参、红龙盘柱、一线香

形态特征 植株高达 30 厘米。茎近基部生 2-5 叶；花茎高达 25 厘米，上部被腺状柔毛或无毛。叶宽线形或宽线状披针形，稀窄长圆形，直伸，基部具柄状鞘抱茎。花序密生多花，长 4-10 厘米，螺旋状扭转；苞片卵状披针形；子房纺锤形，扭转，被腺状柔毛或无毛，连花梗长 4-5 毫米；花紫红、粉红或白色，在花序轴螺旋状排生；萼片下部靠合，中萼片窄长圆形，舟状，长 4 毫米，宽 1.5 毫米，与花瓣靠合兜状，侧萼片斜披针形，长 5 毫米：花瓣斜菱状长圆形，与中萼片等长，较薄；唇瓣宽长圆形，凹入，长 4 毫米，前半部上面具长硬毛，边缘具皱波状啮齿，唇瓣基部浅囊状，囊内具 2 胼胝体。

花期果期 6-8 月开花期，7-9 月果熟期。

地理分布 产于阳高县南北山，五台县陈家庄、榆树湾、豆村蒋坊、跑泉厂、石嘴乡，宁武县管涔山，交城县关帝山等。

生长环境 生长于海拔 900-1800 米的山坡林下草地、河滩路边杂草中。

主要用途 全草入药，具有清热凉血、消炎止痛、止血的功效。

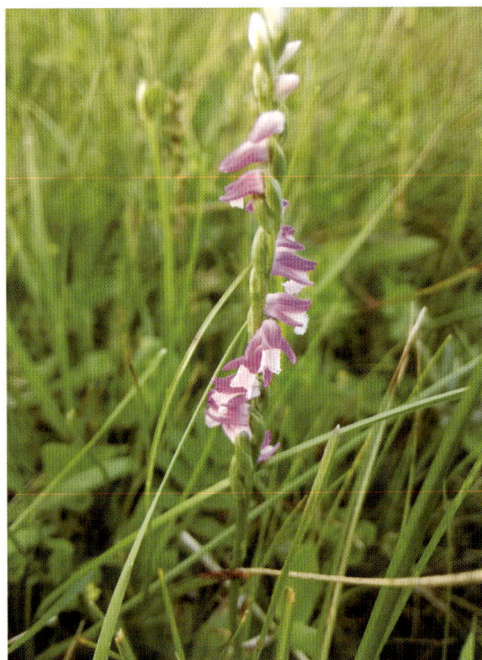

37.3 角盘兰属 *Herminium* L.

地生草本。块茎球形或椭圆形，1-2枚，肉质，不分裂，茎部生几条细长根；茎直立，具1至数枚叶。花序顶生，总状或似穗状；花小，密生，通常为黄绿色，常呈钩手状，倒置（唇瓣位于下方）；萼片离生，近等长；花瓣通常较萼片狭小，一般增厚而带肉质；唇瓣贴生于蕊柱基部，前部3裂（罕5裂）或不裂，基部多少凹陷，通常无距；蕊柱极短；花药生于蕊柱顶端，2室，药室并行或基部稍叉开；花粉团2个，为具小团块的粒粉质，具极短的花粉团柄和黏盘，黏盘常卷成角状，裸露；蕊喙较小；柱头2个，隆起而向外伸，分离；退化雄蕊2个，位于花药基部两侧。蒴果长圆形，通常直立。

角盘兰 ♂

学 名：*Herminium monorchis* (L.) R. Br.

形态特征 植株高达35厘米。块茎球形，直径0.6-1厘米；茎下部具2-3叶，其上具1-2小叶。叶窄椭圆状披针形或窄椭圆形，先端尖。花序具多花，长达15厘米；苞片线状披针形，长2.5毫米，先端长渐尖尾状；子房圆柱状纺锤形，扭转，连花梗长4-5毫米；花黄绿色，垂头，钩手状；萼片近等长，中萼片椭圆形或长圆状披针形，长2.2毫米，宽1.2毫米，侧萼片长状披针形，宽约1毫米；花瓣近菱形，上部肉质，较萼片稍长，向先端渐窄，或在中部多少3裂，中裂片线形；唇瓣与花瓣等长，肉质，基部浅囊状，近中部3裂，中裂片线形，长1.5毫米，侧裂片三角形。

花期果期 6-7月开花期，7-9月果熟期。

地理分布 产于太原、浑源、平定、沁源、陵川、平鲁、灵石、介休、五台、繁峙、宁武、偏关等。

生长环境 喜阴，忌阳光直射，喜湿润，忌干燥；生长于海拔600-3000米的山坡阔叶林至针叶林下、灌丛下、山坡草地或河滩沼泽草地中。

主要用途 带块茎全草民间做药用。

中文名索引

（按照英文字母排序）

拉丁文名索引

（按照英文字母排序）

289